SHUILI SHUIDIAN SHIGONG

水利水电施工

2017 年第 3 辑

全国水利水电施工技术信息网

中国水力发电工程学会施工专业委员会　主编

中国电力建设集团有限公司

U0341987

中国水利水电出版社

www.waterpub.com.cn

·北京·

图书在版编目（ＣＩＰ）数据

水利水电施工. 2017年. 第3辑 / 全国水利水电施工
技术信息网，中国水力发电工程学会施工专业委员会，中
国电力建设集团有限公司主编. -- 北京 ：中国水利水电
出版社，2017.10
　ISBN 978-7-5170-6146-5

　Ⅰ．①水… Ⅱ．①全… ②中… ③中… Ⅲ．①水利水
电工程－工程施工－文集 Ⅳ．①TV5-53

中国版本图书馆CIP数据核字(2017)第315856号

书　　名	**水利水电施工　2017 年第 3 辑** SHUILI SHUIDIAN SHIGONG　2017 NIAN DI 3 JI
作　　者	全国水利水电施工技术信息网 中国水力发电工程学会施工专业委员会　主编 中国电力建设集团有限公司
出版发行	中国水利水电出版社 （北京市海淀区玉渊潭南路 1 号 D 座　100038） 网址：www. waterpub. com. cn E－mail：sales@ waterpub. com. cn 电话：(010) 68367658（营销中心）
经　　售	北京科水图书销售中心（零售） 电话：(010) 88383994、63202643、68545874 全国各地新华书店和相关出版物销售网点
排　　版	中国水利水电出版社微机排版中心
印　　刷	北京瑞斯通印务发展有限公司
规　　格	210mm×285mm　16 开本　9.75 印张　369 千字　4 插页
版　　次	2017 年 10 月第 1 版　2017 年 10 月第 1 次印刷
印　　数	0001—2500 册
定　　价	**36. 00 元**

马来西亚巴贡水电站（中国水电基础局有限公司承担基础处理工程施工）

马来西亚吉隆坡潘岱污水处理厂深基坑施工图

马来西亚吉隆坡潘岱污水处理厂桩基施工图

马来西亚吉隆坡甲洞污水处理厂
深基坑施工图

马来西亚沙巴国际会展中心基础
处理及钢结构工程

马来西亚吉隆坡MRT-V2标桩基
工程

泰国中利腾晖 3MW 屋顶光伏发电项目

华谊集团泰国双钱轮胎厂厂房工程

泰国天合光能光伏工厂厂房工程

老挝东萨洪大桥工程

老挝 IHC 办公大楼工程

印度尼西亚芝拉扎火电厂二期扩建
工程碎石桩施工图

巴基斯坦卡西姆港燃煤应急电站海上
桩基工程

文莱都东水坝工程

新加坡地铁 T227 基础处理工程

新加坡地铁 T302 基础处理工程

新加坡地铁多美歌站深基坑地下连续墙
工程

阿拉伯联合酋长国阿布扎比酒店基坑
围护工程

厄瓜多尔科卡科多·辛克雷水电站
溢流坝防渗墙工程

苏丹麦洛维水电站（中国水电基础局
有限公司承担基础处理工程施工）

本书封面、封底照片均由中国水电基础局有限公司提供

《水利水电施工》编审委员会

前　言

　　《水利水电施工》是全国水利水电施工技术信息网的网刊，是全国水利水电施工行业内刊载水利水电工程施工前沿技术、创新科技成果、科技情报资讯和工程建设管理经验的综合性技术刊物。本刊以总结水利水电工程前沿施工技术、推广应用创新科技成果、促进科技情报交流、推动中国水电施工技术和品牌走向世界为宗旨。《水利水电施工》自2008年在北京公开出版发行以来，至2016年年底，已累计编撰发行54期（其中正刊36期，增刊和专辑18期）。刊载文章精彩纷呈，不乏上乘之作，深受行业内广大工程技术人员的欢迎和有关部门的认可。

　　为进一步提高《水利水电施工》刊物的质量，增强刊物的学术性、可读性、价值性，自2017年起，对刊物进行了版式调整，由杂志型调整为丛书型。调整后的刊物继承和保留了原刊物国际流行大16开本，每辑刊载精美彩页，内文黑白印刷的原貌。

　　本书为调整后的《水利水电施工》2017年第3辑，全书共分9个栏目，分别为：特约稿件、土石方与导截流工程、地下工程、混凝土工程、地基与基础工程、机电与金属结构工程、试验与研究、路桥市政与火电工程、企业经营与项目管理，共刊载各类技术文章和管理文章34篇。

　　本书可供从事水利水电施工、设计以及有关建筑行业、金属结构制造行业的相关技术人员和企业管理人员学习、借鉴和参考。

编者

2017年7月

目　录

机电与金属结构工程

试验与研究

路桥市政与火电工程

企业经营与项目管理

Contents

Foundation and Ground Engineering

Electromechanical and Metal Structure Engineering

Test and Research

Road & Bridge Engineering, Municipal Engineering and Thermal Power Engineering

Enterprise Operation and Project Management

水工建筑物防渗墙技术60年（下）：创新技术和工程应用

宗敦峰/中国水利水电建设集团有限公司

刘建发　肖恩尚/中国水电基础局有限公司

陈祖煜/中国水利水电科学研究院

【摘　要】　中国水利水电工程的高速发展产生了大量新兴技术。本文聚焦于防渗墙三大典型技术领域：①深度超150m的防渗墙修建技术；②病险水库防渗加固；③围堰防渗墙的特殊施工工艺。本文对这些技术及相应的典型案例进行了回顾，重点包括以下几个方面：①150m级防渗墙建设中泥浆以及造孔机械的技术创新；②存在管涌风险的老旧大坝的特殊堵漏工艺；③围堰防渗墙工程施工方法。

【关键词】　超深防渗墙　病险水库加固　围堰防渗墙工程　施工技术

1　前言

在过去的60年中，我国水利水电工程建设的规模越来越大，对防渗墙技术也提出了越来越多的要求。相关的创新技术主要体现在以下几个方面：

（1）我国西北、西南地区普遍存在深厚覆盖层河床，防渗墙的深度从最初的20m提升到150m，超深防渗墙施工技术实现了重大突破。

（2）防渗墙成为病险水库处理的重要技术手段，为我国大坝安全防控做出了巨大的贡献。

（3）围堰工程对于保证主体工程顺利进行至关重要，防渗墙成为土石围堰防渗技术的主要手段，其可靠性和有效性受到公认，因而获得了广泛的应用。

本文上篇[1]介绍的防渗墙施工的关键技术是实现上述重大突破的基础，本篇将介绍这三个领域的创新技术和实施方案，并回顾相关的应用实例。

2　超深防渗墙技术

2.1　概述

在各项地基处理和基础工程技术中，混凝土防渗墙是一项成熟的技术，仅在水利水电行业，我国现已建成数以万计常规深度的防渗墙工程，但深度超过70m的防渗墙工程屈指可数。防渗墙深度的增加使施工难度、各道工序的质量标准、发生缺陷甚至事故的可能性都大大增加。因此，对于超深防渗墙施工设计中的关键技术进行研究探索势在必行。我国目前已建或在建的深度超过70m的防渗墙工程统计见表1。

2.2　关键技术

在深厚覆盖层条件下建造防渗墙，孔壁稳定、清孔、接头处理等是问题的关键，也是制约超深防渗墙施工进步的技术难点。西藏旁多水利枢纽158m超深防渗墙是中国乃至世界现今最深的防渗墙，在施工及技术研究工作中，技术人员特别注重深厚覆盖层防渗墙施工工艺的探索及关键技术研究，为日后我国超深防渗墙施工提供了宝贵经验及技术支持。下面，本文结合西藏旁多水利枢纽防渗工程介绍超深防渗墙施工的关键技术。

2.2.1　工程概况

西藏旁多水利枢纽工程坝址位于西藏拉萨河中游，为碾压式沥青混凝土心墙砂砾石坝，Ⅰ等大（1）型工程，最大坝高72.30m。旁多水利枢纽坝基覆盖层深度超过424m，防渗墙深度达158m。该工程存在高寒缺氧、地层深厚复杂、施工干扰多等困难，创造防渗墙建造3项世界纪录——试验槽孔最大深度201m、防渗墙接头管拔管158m、防渗墙水下201m混凝土浇筑。防渗墙墙体设计厚度1.0m，完成防渗墙12.1万m²。图1为旁多防渗墙工程现场施工图。

表1 　　　　　　　　　　　　　　　国内墙深大于70m的防渗墙工程

工程名称	防渗墙施工起止年月	坝型	坝高/m	坝顶长/m	墙顶长/m	最大墙深/m	墙厚/m	截水面积/m²
铜街子堆石坝挡墙[2]	1984年5月—1986年6月	混凝土重力挡墙	28.00		178.34	74.40	1.0	7954
横山水库坝体加固[3]	1990年3月—1991年10月	薄黏土心墙坝面板堆石坝	70.20	380.00	313.00	72.26	0.8	14715
小浪底上围堰[4]	1993年4月—1994年1月	土石围堰	23.00	490.00	239.40	73.40	0.8	13832
小浪底主坝工程[4]	1993年2月—1994年10月	斜心墙堆石坝	154.00	1317.00	259.60	81.90	1.2	10541
	1997年2月—1998年3月				151.00	70.30	1.2	5101
三峡二期上围堰[5]	1997年2月—1998年4月	土石风化砂围堰	82.50	1439.60	992.30	73.50	0.8 1.0	42244
冶勒右岸防渗墙[6]	2001年7月—2005年5月	沥青混凝土心墙碾压堆石坝	125.50	411.00		84.00 试验段102	1.0	48000
瀑布沟水电站坝基防渗[7]	2004—2010年	砾石土心墙堆石坝	186.00	573.00	178.00	78.00	1.2	
狮子坪坝基防渗墙[8]	2005年10月—2006年10月	碎石心墙堆石坝	136.00			101.80	1.2	
泸定水电站坝基防渗[9]	2008年3月—2009年4月	黏土心墙堆石坝	79.50		425.30	154.00	1.0	30000
窄口水库坝体加固[10]	2008年10月—2009年6月	黏土宽心墙堆石坝	77.00	258.00	234.00	83.43	0.8	10932
下坂地水库坝基防渗[11]	2007年9月—2009年10月	沥青混凝土心墙砂砾石坝	78.00		303.76	85.00 试验段102	1.0	20100
旁多水利枢纽[12]	2009年7月—	沥青混凝土心墙坝	72.30	1052.00		201.00	1.0	
长河坝上围堰[13]	2011年4月—2011年5月	土工膜心墙堆石围堰	53.00	173.00		83.28	1.0	6486.42
长河坝下围堰[13]	2011年4月—2011年5月	土工膜心墙堆石围堰	14.50	174.00		83.28	1.0	10369.95
黄金坪坝基防渗墙[14]	2012年10月	沥青混凝土心墙堆石坝	82.50	407.44	276.20	129.00	1.2	23000
小石门水库除险加固	2012年12月—2014年2月	沥青心墙坝	81.50	536.40	512.95	121.50	1.0	21100
雅龙防渗墙	2015年1月—2015年8月	沥青混凝土心墙砂砾石坝	73.50	383.70	286.50	124.05	1.0	19195
乌东德水电站上围堰	2015年—	土石围堰	70.00	—	—	98.00	1.2	

图1　旁多防渗墙工程现场施工图

2.2.2 气举反循环清孔技术

清孔质量的好坏影响着槽孔浇筑能否顺利进行，而槽孔浇筑又是控制防渗墙质量最关键的一道工序。

气举反循环利用密度差产生工作压力来升扬排出孔底的沉渣，而工作压力大小取决于空压机的排气量和沉没比 $m^{[15]}$。因此，清孔深度不受大气压力限制，孔深越大排渣效率越高，适合超深防渗墙工程中对于清孔的要求。气举反循环法排渣清孔示意图如图 2 所示。

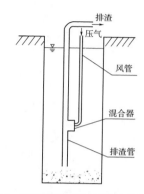

图 2　气举反循环法排渣清孔示意图

旁多水利枢纽防渗墙施工使用 MMH 正电胶泥浆，在槽孔底部由于长期膨化和钻具的副作用使得槽底泥浆较为黏稠，不宜直接使用气举反循环清孔。工程人员利用抽桶法将底部钻渣及浆液抽出，同时加注新制泥浆，待泥浆较稀时，抽测孔底淤积及泥浆指标，一般控制在含砂量不大于 6%，淤积厚度不大于 1m 为准，再使用气举反循环法进行清孔，大大提高了清孔效率和清孔质量[16]。

根据旁多水利枢纽工程防渗墙槽孔清孔方式均选用气举反循环法施工，经过工程验证，该法清孔效果良好，在超深槽孔清孔时运用气举反循环法清孔效果尤为明显，可以提高施工效率、成槽质量好，使槽孔较快具备混凝土浇筑的条件，为超深防渗墙施工提供了有力的质量保证，值得推广。

2.2.3 接头管起拔技术

在超深防渗墙工程中，运用接头管法进行墙段连接是现行最为先进的一种技术。而接头管的成功起拔与否是影响超深防渗墙施工的又一项关键技术，拔管的成功与否通常与起拔时间和起拔压力的掌控有关。但是对于超深防渗墙工程来说影响因素还包括孔形、孔斜、清孔效果、泥浆的静切力（悬浮岩屑能力）等。

（1）起拔力大小的主要影响因素。接头管与混凝土的接触特性及孔斜是拔管力大小的主要影响因素。为了更好地为旁多超深防渗墙接头管起拔提供支撑，针对旁多防渗墙，工程人员前期在试验槽段共统计了 30 组拔管力数据[17]，如图 3、图 4 所示。图 4 表明了孔斜对于拔管力的大小影响十分明显。

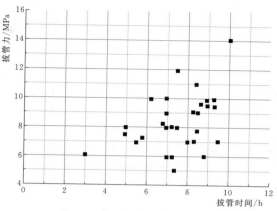

图 3　拔管力与拔管时间关系图

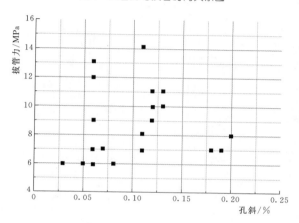

图 4　拔管力与孔斜关系图

拔管力大小的影响因素非常多，导致监测数据离散型比较大，但是从图 3 中可以看出随着拔管时间的推后，拔管力增大趋势越明显；从图 4 也可以看出随着孔斜增加，拔管力呈现较为明显的增大趋势，在孔斜为 0.10% 情况下与孔斜为 0.05% 相比，拔管力增加了 1 倍左右。

（2）限压拔管法理论。限压拔管法是将拔管力限制在一定范围内、用以保证拔管成功的一种方法。在泸定水电站大坝超深防渗墙施工中采用了这一拔管技术。这一技术的关键是准确确定最小拔管力与初拔时间。拔管时间的确定是以实验室给出的混凝土初凝时间为基本数据，再通过现场试验而确定的一个重要数据[18]。初凝时间确定之后再进行初拔试验确定最小拔管力。最大拔管力根据设备能力确定，一般情况下不应大于设备能力的 1/2。

（3）补浆。在接头管起拔过程中，会使得泥浆液面下降。在带接头箱的接头管拔管施工时，带接头箱的接头管每拔出 1m，接头孔中几乎形成等体积的空间，泥浆液面下降速度更快。这种情况会造成泥浆对孔壁压力迅速减小，在外界地下水对孔壁的作用下，容易造成塌孔。因此带浮箱的接头管每拔出一根都必须对接头孔内补充浆液。在旁多水利枢纽防渗墙接头管拔管施工时，采用的是边拔边补的方法。

2.2.4 特种重锤

当混凝土防渗墙的深度超过 80m 时，用普通冲击钻头造孔的工效很低，特别是劈打副孔十分困难。在泸定水电站防渗墙工程中，特种重锤研发并成功运用，大大提升了副孔钻进工效[19]。

在超深防渗墙造孔施工过程中，由于孔深过大主孔多少存在孔斜，副孔的实际位置发生了较大的变化，造孔施工中圆形冲击钻头很难找准副孔中心，劈打副孔难以取得有效进尺。应用专门研制的特种重锤有效地解决了这些问题。副孔专用重锤结构图如图 5 所示。

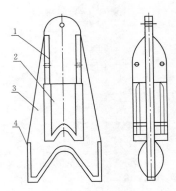

图 5　副孔专用重锤结构图
1—翼板；2—二阶冲击器；3—主板；4—导向板

（1）导向问题的解决。重锤的导向板起一次导向作用，其工作部采用倒"V"字形底刃起到二次导向的作用，利用底刃斜面与副孔接触时产生的横向推力将重锤的重心引向副孔顶部，有效保证了重的集中率。

（2）孤石的处理。圆形钻头劈打副孔一般在孤石处受阻，重锤采用二次底刃，下阶底刃厚度较小，单位面积上冲击力较大，可率先破岩开槽；上阶底刃将孔扩至设计要求的槽孔宽度。对于含有漂石和孤石的坚硬地层，这种掏槽扩孔工艺能大幅度提升钻进功效。

3　病险水库防渗加固

3.1　概述

截至 2007 年底，我国已建成各类水库 87085 座，其中大型水库 510 座，中小型水库 86575 座，且大多数修建于 20 世纪 50—70 年代[20]。目前，这些水库中约 37000 座属于病险水库，对社会和经济环境的破坏和灾害风险越来越大，威胁着社会稳定和经济发展[21]。

60 多年来，防渗墙在病险水库防渗加固中的应用已经极为普遍，不仅解除了病险水库的威胁，也标志着防渗墙技术不断的提高。本节主要介绍防渗墙技术在病险水库加固中的应用，见表 2。

表 2　　　　　　　　　　　　　　　　国内部分病险水库防渗墙加固工程

工程名称	病险及处理情况	坝型	坝高/m	坝顶长/m	最大墙深/m	墙厚/m	截水面积/m²
南谷洞水库坝体加固[22]	大坝上游坝面靠近两岸坡处连年出现塌坑、裂缝等险情，水库防渗体系基本失效，无法蓄水运用。通过垂直防渗墙以及上游做沥青混凝土防渗面板，基本解决了坝基渗漏	斜墙堆石坝	73.50	164.0	53.3	0.8	2913
澄碧河水库坝体加固[23]	水库蓄水后坝体出现过沉陷、裂缝和渗漏等问题。土坝外坡渗水从 1961 年开始 3 处，随着库水位上升，渗水点逐年增加。1971 年，水库水位达到 181.50m 高程时，坝外坡渗润总面积达 4315m²，占下游坡面积 10%，总渗漏量约为 3.34L/s。防渗墙竣工后，坝下游坡渗润区及渗水点全部处于干燥状态	心墙土坝	70.00	397.0	55.2	0.8	14751
黄羊河水库坝体加固[24]	1962 年水库蓄水上下水头差达 27.00m 时，下游坝脚出现浑水，最大渗流量达 150L/s。由于坝基管涌不断发展，出现塌坑，直接约 20m，深 2m。1972 年塌坑漏斗面积扩大到 2200m²，深 3m。防渗墙完工后，坝下游测压管水位普遍降低 2.30～5.20m，渗流量降低 41%～90%	宽心墙土石坝	52.00	126.0	64.4	0.8	5430
海子水库副坝加固[25]	蓄水后，坝下 200m 处有渗水现象，且随水位的升高渗水范围扩大，渗漏量增加，流量达 10L/s。沿副坝南岸坡脚，距坝 300m 处渗流量达 30L/s。修建防渗墙后，渗漏量减少 20% 左右	黏土斜心墙坝	28.00	616.5	44.0	0.8	13157

续表

工程名称	病险及处理情况	坝型	坝高/m	坝顶长/m	最大墙深/m	墙厚/m	截水面积/m²
柘林水库[26]	工程黏土心墙填筑质量差，心墙有多次裂缝，考虑在长期渗水作用下，心墙可能产生渗透变形，增设混凝土防渗墙，有效截断了渗流通道，防渗效果显著	黏土斜心墙坝	62.00	519.0	61.20	0.8	33000
邱庄水库坝体加固[27]	1960年水库首次蓄水，库水位60.66m时，实测坝基渗流量达1.6m³/s。由于管涌产生孔洞达40余个；1961年和1962年放空水库检查发现天然铺盖上有40多个塌坑。防渗墙建设后，水库渗流量只有建墙前的2%	均质土坝	28.00	926.0	58.70	0.8	37627
丹江口水库副坝加固[28]	在"75·8"暴雨中，坝的背水坡高154m以上发生浅层脱坡。在防渗墙修建后，防渗墙下游侧测压管水位变化幅度小。建墙后位于墙上游测压管水位上升，墙下游侧测压管与库水位联系被切断，抗渗性效果显著	心墙土石坝	56.00	1223.0	50.50	0.9	5589
松花坝坝体加固[29]	由于坝体土质复杂，填筑质量差，大坝建成蓄水后，曾经三次加固处理，仍不同程度地存在坝身裂缝、坝基及绕坝渗漏、坝后河床出现沙浮现象等多种病害。防渗墙建成后，主坝内浸润线说明防渗效果很好，应力变形正常	黏土心墙土石坝	48.60	224.0	53.20	0.8	4651
乌拉泊水库坝体加固[30]	混凝土防渗墙于1991年浇筑完成最后一个槽段后，效果非常明显，主坝段后渗流渠干枯，经过两次历史最高水位1083.00m考验，坝后亦无明流渗水。副坝绕渗仅15L/s，明流渗流量由防渗前的600~700L/s减少到15~20L/s。解决了坝基渗流稳定问题	土石坝	26.07	1100.0	47.40	0.8	16319
册田水库南副坝加固[31]	由于防洪标准偏低，坝体填筑质量差和坝基存在渗透不稳定等问题，水库一直处于低水位运行状态。防渗墙建成后，最高蓄水位已超过南副坝坝基出现渗透破坏的水位，从防渗效果来看是显著的。而且，作为永久性防渗工程，在国内册田水库塑性混凝土防渗墙尚属首例	土坝	41.50	930.0	44.00	0.8	12337
姐勒水库坝体加固[29]	水库大坝坝身和基础渗漏，主坝左肩下游坡发生管涌破坏，主、副坝背水坡出现浸水等病害。防渗墙建成后，经过1994年、1995年两年最高水位816.90m持续50d的观测，渗漏量约0.09259L/s，整体防渗效果明显	土石坝	20.80	216.00	49.10	0.8	6644
太河水库大坝加固[32]	由于大坝施工质量问题，水库蓄水后坝下渗漏严重。1992年在大坝上游坡脚发现四处塌坑，检查认为大坝防渗体已被水流击穿，形成漏水通道。防渗墙建成前，当库水位超过224.00m时，坝下游明显渗水，库水位超过226.00m时，坝后形成沼泽，并有明显冒水现象。建成后，经历了1997—1999年和2001年高水位达232.37m的运行期，坝后仍未发生任何渗漏现象	宽心墙砂卵石坝	48.50	1182.00	519.00	0.8	47600
黄壁庄水库副坝除险加固[33]	水库竣工后，副坝铺盖裂缝、坝顶裂缝、坝后渗透破坏和沼泽化、减压井排水沟淤堵等事故不断发生。建防渗墙前，当库水位达到113.80m时，减压井即有渗流溢出；成墙后，当库水位达到114.50m时，减压井也没有渗流溢出。防渗效果明显	水中填土均质坝	19.20	6907.3	66.50	0.8	5814

工程名称	病险及处理情况	坝型	坝高/m	坝顶长/m	最大墙深/m	墙厚/m	截水面积/m²
福山水库大坝除险加固[34]	由于施工初期坝基清理不彻底、坝体填土不密实，造成水库蓄水后坝基、坝体出现严重渗水，加之长期运行工程老化，致使渗漏日益加重，在主河床坝段贴坡反滤层上出现 7 股小水流。塑性混凝土防渗墙有效解决了渗漏问题	土坝	31.00	1482.0	33.70	0.6	
五岳水库除险加固[35]	主坝基础未彻底处理，坝体材料不均一，密实度不满足要求，坝体浸润线偏高，多处存在渗漏等问题。采用塑性混凝土防渗墙，在 1 个枯水期内完成施工	黏土心墙砂壳坝	28.80	561.0	31.50	0.6	
窄口水库加固[36]	窄口大坝主要问题包括裂缝问题、渗漏问题等，存在断层破碎带且渗漏严重，河床段坝体与基岩接触面渗流场有升高的趋势。防渗墙墙体采用刚塑性混凝土防渗墙组合，建墙后，坝体渗漏得到显著改善	黏土宽心墙堆石坝	77.00	258.0	83.43	0.8	10932
黄大山水库除险加固[37]	坝体填筑质量达不到要求，老河槽段坝基渗水，坝脚积水严重，坝体中重粉质壤土压实度不够，渗透系数大于 1×10^{-4} cm/s，防渗性能差。加固后，2012 年 7 月投入试运行，经过当年和第二年两个汛期高水位检验，坝脚不再有积水，防身效果明显	均质土坝	13.00	500.0	16.40	0.3	3720
大竹河水库大坝加固[38]	2011 年水库试蓄水，蓄水至 1202.00m 时观测发现大坝下游坝体浸润线较高，大坝渗流量为 16.9L/s。蓄水至 1212.90m，在大坝下游坝坡表面出现平行坝轴线的散浸带，随后逐渐扩大，量水堰可观测渗漏量 23.2L/s，构成潜在威胁。工程验收表明，处理效果显著	沥青混凝土心墙石渣坝	61.00	206.0			

3.2 关键技术

采用混凝土防渗墙处理病险水库的坝基渗漏问题，可以彻底消除坝体和坝基的隐患，根治险情，是一种较为可靠的处理手段。针对病险水库的加固，防渗墙施工通用技术如前文所述，这里以窄口工程为例简要介绍几个关键技术。

窄口水库位于河南省灵宝市，是一座集防洪、灌溉、养殖和旅游等为一体的大型水利工程，总库容为 1.85 亿 m³，主坝为黏土宽心墙堆石坝，现最大坝高为 77.00m，坝顶高程为 657.00m，坝顶宽 8m[39]。其始建于 1959 年，1987 年交付使用，运行中出现以下问题：①坝体发生不均匀沉陷，心墙出现大范围裂缝；②主坝两坝头破碎带渗漏严重，防渗效果差；③部分心墙内可能存在与库水位相通的裂缝；④坝基出现绕坝渗漏问题，局部出现渗水。

防渗墙共 234m 长，采用封闭式防渗墙，新增防渗墙顶部为坝体开挖后的 648.0m 平台，底部深入岩基 1.0m，最大墙深为 84.43m，墙厚 0.8m。在墙体材料设计中，615.00m 高程以上墙体材料采用塑性混凝土，615.00m 以下采用抗渗标号 W8 的 C10 混凝土[40]。

窄口水库主要有以下技术特色：①采用钢塑结合混凝土防渗墙，成功解决了防渗墙与老坝体的协调变形问题；②宽大裂隙坝体成槽固壁堵漏应急处理新技术；③创造性提出了膏状浆液进行断层破碎带宽裂隙基岩帷幕灌浆的新手法；④利用"深槽接头管法"成功施工；⑤根据自身特点提出三序法造孔成槽结束；⑥针对坝基两岸陡峭的特点，提出了平打法基岩接触段成槽法。

防渗墙效果观测[41]：防渗墙建成后，按照设计要求，在主坝防渗墙上下游多个横断面上，布置了 45 只渗压计，以监测主坝的渗流情况。主坝渗压计主要针对坝体浸润线、坝基扬压力及渗流量进行监测，进而反映出防渗墙的防身效果。渗压计测值过程线如图 6、图 7 所示。

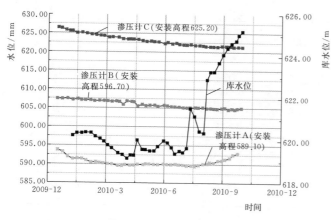

图6　渗压计测值过程线1

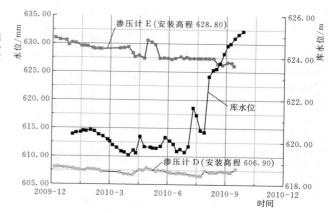

图7　渗压计测值过程线2

由过程线可以看出，由于在施工期水库水位较低，而渗压计大多埋设位置高于库水位，渗压计读数变化较小，基本没有水压力，只是在汛期水位有所增加，但非常小，符合工程水位变化情况。从观测资料过程线可以看出，渗压计测值变化平稳，且水位变化不大，各仪器测值没有发生明显跳跃现象，渗压计测值和库水位变化相符合，坝体浸润线和坝基渗压测值反映混凝土防渗墙的工程实施的效果。

4　围堰工程混凝土防渗墙

4.1　概述

1967年，四川龚嘴水电站首次用防渗墙作大型土石围堰的防渗设施，为防渗墙的推广应用开辟了广阔的前景。从此，混凝土防渗墙作为围堰防渗工程的首选方案出现在各种大型水利工程施工中，如小浪底、葛洲坝、三峡围堰等。混凝土防渗墙几乎成了围堰工程渗流控制技术的唯一选项。表3列出了国内使用围堰防渗墙工程的主要实例。

4.2　关键技术

围堰防渗墙快速施工技术：围堰防渗墙工程在保证施工质量下的快速施工，可以为整个电站工程缩短工期，有力保证其他项目施工的正常进行。以下简单介绍围堰防渗墙的快速施工技术，对防渗墙工程的建设都有着借鉴意义。

向家坝一期围堰塑性混凝土防渗墙的施工中，在开工延迟、工量增加、工期紧张的情况下，将"三钻两抓法"的成槽施工方法调整为以冲击钻机为主，抓斗和铣槽机为辅的"凿钻法"和"上抓下钻法"；地质条件摸清后，调整成槽施工设施由54台套增加到144台套。在2005年4月一个月内完成槽孔开挖15661.5m²，5月开挖成墙面积23820m²，此两项均为国内纪录。

表3　　　　　　　　　国内使用围堰防渗墙工程的主要实例

工程名称	防渗墙施工起止年月	围堰类型	墙顶长/m	最大墙深/m	墙厚/m	截水面积/m²
龚嘴电站上围堰[3]	1966年6月—1967年6月	土石围堰	193.70	47.80	0.8	8062.00
龚嘴电站下围堰[3]	1967年4月—1967年7月	土石围堰	86.00	52.00	0.8	4320.00
葛洲坝二期上游围堰[42]	1979年11月—1982年3月	土石围堰	822.30	47.30	0.8	51155.00
水口电站二期上围堰[43]	1989年5月—1990年1月	土石围堰	386.00	44.00	0.8	10044.00
小浪底上围堰[44]	1993年4月—1994年1月	土石围堰	239.40	73.40	0.8	13832.00
三峡一期围堰[45]	1993年6月—1994年7月	土石风化砂围堰	830.20	43.00	0.8	59000.00
三峡二期上围堰[5]	1997年2月—1998年4月	土石风化砂围堰	992.30	73.50	0.8，1.0	42244.00
三峡二期下围堰[46]	1997年2月—1998年5月	土石风化砂围堰	1075.90	66.70	0.8，1.0，1.1	36350.00
隔河岩引航道围堰[47]	1997年12月—1998年5月	土石围堰	52.00	18.20	0.8	5470.00
小湾水电站围堰防渗墙[48]	2004年11月—2005年3月	堆石围堰		48.52	0.8	3855.44
向家坝一期围堰[49]	2004年12月—2006年1月	土石围堰	1168.78	81.80	0.8	51788.00

续表

工程名称	防渗墙施工起止年月	围堰类型	墙顶长/m	最大墙深/m	墙厚/m	截水面积/m²
溪洛渡水电站上围堰[50]	2007年12月—2008年3月	斜心墙土石围堰	120.23	55.00	1.0	4296.12
溪洛渡水电站下围堰[50]	2007年11月—2008年3月	土工膜心墙土石围堰	97.85	52.20	1.0	3356.75
猴子岩上游围堰[51]	2011年11月—2012年5月	土工膜斜墙土石围堰	153.00	80.55	1.0	7613.87
猴子岩下游围堰[51]	2011年11月—2012年5月	土工膜斜墙土石围堰	114.31	80.99	1.0	6012.74
长河坝上围堰[13]	2011年4月—2011年5月	土工膜心墙堆石围堰		83.28	1.0	6486.42
长河坝下围堰[13]	2011年4月—2011年5月	土工膜心墙堆石围堰		83.28	1.0	10369.95
乌东德水电站上围堰	2015年—	土石围堰	—	98.00	1.2	—

在锦屏二级电站围堰防渗墙施工中，在常规槽段划分的基础上，采用"短、多、快"，重点突破深孔槽段的原则，以减少塌孔，有利于快速成槽，保证施工质量和进度[52]。上下围堰造孔全部采用CZ-30型冲击钻，并对防渗墙槽段进行合理的划分。同时，优化泥浆性能指标，加快成槽速度。最终，在复杂的地质条件下，短短85d内完成上下游围堰造孔进尺11145m，完成0.8m塑性混凝土浇筑7132.5m³。

深溪沟水电站围堰施工，主要以回填黏土挤密式冲击开孔，使用黏土在槽内制浆，钻孔时多冲击少抽砂，实行孔口回浆；副孔的施工则采用上劈下钻、多劈少钻的方式，避免了大范围的槽孔坍塌，减少了吊钻、卡钻事故，加快了施工进度[53]。在清孔上，选择了回填黏土清孔方式中的抽筒换浆清孔，既保证了槽孔清孔质量，又有效地节省了时间。深溪沟围堰工程在3个月内完成了深度超过60m的防渗墙，为今后的工程提供了宝贵的经验。

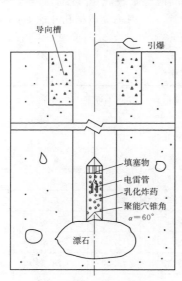

图8　孔内聚能爆破示意图

导向槽
引爆
填塞物
电雷管
乳化炸药
聚能穴锥角 α=60°
漂石

三峡工程二期上、下游围堰防渗墙施工采用的主要成槽工艺有"两钻一抓"法、"铣砸爆"法、"铣抓钻"法[54]。液压铣槽机是世界上最现代化的地下连续墙成槽

施工设备，为保证工程顺利进行，中国长江三峡工程开发总公司购进了1台德国宝峨公司的BC-30型液压铣槽机，并运用"铣砸爆"法施工成槽，充分发挥了液压铣的优点，降低了消耗，保证了成槽质量。在深槽段的施工中，运用液压铣、机械式抓斗和冲击式钻机，又开发了"铣钻结合"法成槽工艺。

巨石处理：通常围堰防渗墙地层情况复杂，所含大型漂石较多，结构松散，胶结性很低，需要采取相应手段，一般运用爆破的方法，包括地面钻孔预爆、水下定向聚能爆破、水下钻孔预爆等。三峡工程中采取水下定向聚能爆破的方法（见图8），解决孤石、漂石，改善钻头着力点，而且增加了钻孔进尺，大大提高了施工工效。

在墙段连接方面，除了采用传统的钻凿法套接外，还大量采用了铣削法和双反弧接头槽法。

对于固壁泥浆，对以膨润土为主材的低固相固壁泥浆的配比、性能、制输与净化等方面进行了较系统的研究，并大规模应用，已经基本取代了传统的黏土泥浆。

清孔换浆的方法大部分槽孔采用反循环泵吸法，抽吸出来的泥浆通过德国宝峨公司的BE-500型或国内的JHB-200型泥浆净化机后循环使用。

在液压铣试验阶段，对槽孔精检测工艺进行了试验采用重锤法、超声波检测法和液压铣测斜仪法进行对比研究。其中超声波监测法使用了国产CDJ-1型和日本KODEN牌DM-682型两种超声波测井仪。

5　结论

防渗墙技术引进我国以来，在水利水电行业获得了广泛的应用。据估计包括堤防防渗墙在内，全国混凝土防渗墙面积可能已经达到或超过500万m²。在各个行业的地下连续墙工程中，水工建筑物防渗墙是数量最多、规模最大、发展最快的技术。

本文介绍了防渗墙施工技术在深厚覆盖层、病险水库处理技术方面实现的重大突破以及在围堰防渗工程中获得的广泛应用。这些技术集中体现了水工建筑物防渗技术的进步，为在复杂条件下修建大型水利水电工程以及确保大坝安全做出了不可替代的重要贡献。

6 谢辞

作者感谢李相南、陈波在整理本系列论文相关资料过程中所做的大量工作。

参考文献

[1] 宗敦峰，刘建发，肖恩尚，等．水工建筑物防渗墙技术60年Ⅰ：成墙技术和工艺[J]．水利学报，2016，47（3）：455-462．

[2] 孟庆林．铜街子电站74米深混凝土防渗墙土压力盒的埋设[C]//水利水电地基与基础工程技术论文集，1988：16-22．

[3] 高钟璞，等．大坝基础防渗墙[M]．北京：中国电力出版社，2000：340-345．

[4] 高钟璞，王国民．小浪底主坝81.9m深混凝土防渗墙的施工[C]//水利水电地基与基础工程技术论文集，1996（1）：6-10．

[5] 蒋乃明，陈琪新．三峡工程二期围堰设计关键技术问题研究[C]//水利水电地基与基础工程学术交流会论文集，1998（1）：21-28．

[6] 赵献勇，苏少武，涂江华．冶勒水电站右岸深厚覆盖层防渗墙施工工艺研究[C]//水利水电地基与基础工程技术论文集，2004（3）：42-48．

[7] 涂江华，苏少武，吴虎波．瀑布沟水电站坝基防渗墙施工[C]//水利水电地基与基础工程技术论文集，2007（2）：22-28．

[8] 杨伟，翁嘉玲．狮子坪水电站坝基防渗墙试验施工[C]//水利水电地基与基础工程技术论文集，2006（1）：381-383．

[9] 李伟，郑远建．泸定水电站防渗墙下深厚覆盖层帷幕灌浆施工技术[J]．水力发电，2012（1）：54-56．

[10] 房小波，金昊．窄口水库高黏土心墙坝坝体混凝土防渗墙施工[C]//水利水电地基与基础工程技术论文集，2009（2）：12-18．

[11] 周春选，杨智睿，王健．新疆下坂地水库坝基防渗处理设计[J]．陕西水利水电技术，2005（2）：22-27．

[12] 韩伟，孔祥生，石峰，等．西藏旁多水利枢纽坝基158m深防渗墙施工技术[C]．158m超深地下连续墙施工技术，2014：3-14．

[13] 石峰，赵先峰，罗庆松．长河坝水电站复杂地层围堰防渗墙快速施工技术[J]．水利水电施工，2013（4）：36-41．

[14] 杜鹏，赵先锋．四川大渡河黄金坪水电站大坝防渗墙施工技术[J]．防护工程，2014（9）．25-31．

[15] 罗斌．浅谈气举法清孔在混凝土防渗墙施工中的应用[C]//水利水电地基与基础工程技术论文集，2006（3）：52-54．

[16] 石峰，陈红刚，梁荣，等．气举反循环清孔技术在158m深墙中的应用[C]//158m超深地下连续墙施工技术，2014：26-32．

[17] 韩伟，崔微．接头管施工拔管力确定的理论分析与监测验

证[J]．人民长江，2014（5）：46-49．

[18] 潘三行，何仁义，杨振中．超深混凝土防渗墙接头孔拔管施工技术[J]．水利水电施工，2008（3）：44-53．

[19] 潘三行，姚朝铭．特种重锤在超深防渗墙施工中的应用[C]//水利水电地基与基础工程技术论文集，2009（2）：42-48．

[20] 孙继昌．中国的水库大坝安全管理[J]．中国水利，2008（20）：10-14．

[21] 严祖文，魏迎奇，张国栋．病险水库除险加固现状分析及对策[J]．水利水电技术，2010，41（10）：76-79．

[22] 张伏祥，田洪武，王景玲．林州市南谷洞水库防渗方案研究[J]．河南水利，2003（4）：25-26．

[23] 广西壮族自治区百色地区水电局．混凝土防渗墙技术在险坝加固中的应用——澄碧河水库土坝裂缝分析和防渗处理[J]．水利水电技术，1978（1）：36-41．

[24] 牛运光．病险水库大坝除险加固实例连载（之六）[J]．水利建设与管理，2002（1）：75-78．

[25] 赵凤莲．海子水库南副坝渗流观测分析[J]．北京水利，1994（3）：39-41．

[26] 牛运光．病险水库大坝除险加固实例连载（之十三）[J]．水利建设与管理，2003（3）：80-85．

[27] 牛运光．几座土石坝渗漏事故的经验教训（上）[J]．大坝与安全，1998（2）：53-59．

[28] 牛运光．病险水库大坝除险加固实例连载（之三）[J]．水利建设与管理，2001（4）：78-80．

[29] 龚木金．混凝土防渗墙在云南病险水库加固中的应用[J]．云南水力发电，2005，21（1）：40-44．

[30] 王世玲．乌拉泊水库砼防渗墙施工简介[J]．新疆水利，1994（1）：20-31．

[31] 林宗禹，郭巨才，宋建飞，等．塑性混凝土在册田水库大坝防渗墙的应用[J]．山西水利科技，1996（1）：24-28．

[32] 肖树斌，汪文生．太河水库大坝除险加固[C]．1998年水利水电地基与基础工程学术会议论文集，1998．

[33] 王德文，朱新瑞，刘义发，等．黄壁庄水库副坝垂直防渗墙防渗效果分析[J]．南水北调与水利科技，2002，23（6）：38-40．

[34] 涂葵阳，盛丽娟．塑性混凝土防渗墙技术在福山水库大坝除险加固工程中的应用[J]．水利建设与管理，2006，26（1）：56-57．

[35] 李军，兰福江，刘聪．五岳水库塑性混凝土防渗墙施工技术[J]．河南水利与南水北调，2011（8）：157-158．

[36] 赵廷华．窄口水库大坝坝体防渗加固技术研究[J]．人民黄河，2010，32（6）．139-141．

[37] 郭攀攀．塑性混凝土防渗墙在黄大山水库除险加固工程中的应用[J]．陕西水利，2014（11）：55-57．

[38] 位敏，周和清，章赢．大竹河水库沥青混凝土心墙坝渗漏分析及处理方案研究[J]．大坝与安全，2014（10）：45-50．

[39] 王四巍，马英，高丹盈．窄口水库除险加固防渗墙设计优化研究[J]．人民黄河，2009，31（5）：110-111．

[40] 刘雪霞，董振锋．刚性与塑性防渗墙组合在高土石坝中的应用[J]．人民长江，2013，44（16）：29-31．

[41] 河南省水利勘测设计研究有限公司，中国水电基础局．高土石坝加固深控技术研究 [R]．2012 (12).

[42] 饶维轩．葛洲坝工程大江上游围堰混凝土防渗墙接头管拔管成孔技术的应用 [J]．水利学报，1983 (10)：51-58.

[43] 高钟璞．塑性混凝土在水口水电站主围堰防渗墙中的应用 [C] // 水利水电地基与基础工工程技术论文集，1991：1-8.

[44] 高钟璞，安致文，王国民．小浪底水利枢纽上游围堰塑性混凝土防渗墙的施工 [J]．水力发电，1994 (3)：10-12.

[45] 胡迪煜．三峡一期土石围堰防渗墙试验及施工 [J]．水利水电工程设计，1995 (3)：12-16.

[46] 张弘．三峡工程二期下游围堰防渗墙的施工 [C] // 1998年水利水电地基与基础工程学术会议论文集，1998.

[47] 周昌茂．隔河岩水利枢纽下游引航道围堰防渗墙施工 [C] // 堤防及病险水库垂直防渗技术论文集，2000：82-83.

[48] 张金海．小湾水电站围堰防渗工程施工 [C] // 2005年水利水电地基与基础工程学术会议论文集，2005：368-375.

[49] 程频，田学良，黄灿新．向家坝水电站塑性混凝土防渗墙施工 [C] // 探矿工程：岩土钻掘工程，2006，33 (12)：22-25.

[50] 张世荣，田学良．溪洛渡水电站上下游围堰防渗墙施工 [C] // 2008水利水电地基与基础工程技术论文集，2008.

[51] 孟建正．猴子岩水电站基坑上下游围堰防渗墙施工技术 [C] // 2015年水利水电地基与基础工程学术会议论文集，2015.

[52] 杨培洲，常明云，舒向东．锦屏二级电站围堰基础塑性混凝土防渗墙快速施工技术 [J]．四川水利，2009，30 (6)：16-20.

[53] 涂江华．深溪沟水电站围堰防渗墙快速施工 [C] // 2009年地基基础工程与锚固注浆技术研讨会论文集，2009.

[54] 宗敦峰．三峡工程二期上游围堰防渗墙施工中的主要技术问题 [J]．水力发电，1999 (11)：9-12.

白鹤滩水电站截流设计与施工

杨承志 王信成/中国水利水电第八工程局有限公司

【摘　要】 白鹤滩水电站河谷狭窄，施工道路布置困难。大江截流具有流量大、受溪洛渡水电站蓄水影响顶托水位变幅大、覆盖层厚、抛投强度大等特点，属于典型的高山峡谷地区大流量、变水位、深水深覆盖层截流。方案编制时，充分考虑了溪洛渡水电站蓄水引起的顶托水位变化，以及坝址处边坡开挖规划和物料特性等因素，选取了宽戗堤立堵法截流，龙口水力学指标适中，创造了开挖料作为主要抛投材料直接进占的条件，运输距离近，截流保证率高；在来流量为 3010m³/s 的情况下，结合现代信息技术，及时掌握了截流过程中龙口水力学指标，合理采用开挖料直接进占实现了优质高效截流，单向进占抛投强度为 2050m³/h，经济效益与节能减排效果明显，对今后类似工程具有推广应用价值。

【关键词】 变水位　深水深覆盖层　宽戗堤　立堵截流

1　工程概述

白鹤滩水电站位于金沙江下游四川省宁南县和云南省巧家县，上接乌东德水电站，下邻溪洛渡水电站，距溪洛渡水电站 195km。施工期采用围堰全年挡水隧洞导流方式。导流隧洞分别布置在左岸和右岸，共 5 条导流隧洞，左岸 3 条、右岸 2 条，参与截流的导流隧洞为 4 条。考虑防渗墙施工和围堰填筑工期影响，白鹤水电站截流施工采用分期施工方案，同步在戗堤上游形成防渗施工平台，进行防渗墙施工。为了确保围堰填筑工期，于 2015 年 11 月下旬完成截流合龙。

导流洞工程于 2014 年 4 月底完成过流验收和安全鉴定，并已顺利过流。为了进一步加大导流洞分流比，改善分流条件，于 2014 年 12 月对导流洞进口水下淤渣进行了清理。

为确保截流成功，施工中对截流方案设计和截流施工关键技术开展了深入研究，提出了宽戗堤单向立堵截流方案，结合现代信息技术，进一步优化了实施抛投物料，提高了抛投强度，实现了优质高效截流。

2　主要特点及难点

（1）白鹤滩水电站截流具有流量大，隧洞分流条件复杂，下游梯级电站顶托水位变幅大，陡峭峡谷河床施工道路布置困难等诸多特点。

（2）规划的渣场备料运距远，左岸和右岸交通条件受限，对高强度抛投强度制约大。

根据工程开挖规划，在右岸边坡设置集渣平台，合理安排开挖与出渣进度，备足截流物料，提高了抛投强度，并减少了二次倒运工程量。

（3）采用现代信息技术，实时调整抛投物料，减少了特殊材料的使用，并提高了抛投强度，节约工程投资，节能减排效果明显。

3　截流设计

3.1　截流边界条件

由于左岸和右岸坝肩、泄洪洞进口边坡及电站进水口开挖边坡施工过程中部分石渣下江，致使坝址段水位较大幅度壅高。另外，由于导流洞进出口围堰前缘基岩较厚，进出口围堰爆破拆除后水下清渣受水位和清渣设备本身的制约，难以清理至导流洞进出口设计底板高程，影响分流效果。针对坝址段河床堆渣和可能发生的导流洞进出口引渠堆渣情况，经多次讨论研究，提出了实施阶段应允许考虑进出口围堰爆破拆除的各种可能工况，最终确定以导流洞进出口堆渣高度分别为 7m 和 5m

作为分流前提条件进行截流设计,并进行了相关模型试验,为截流设计提供科学依据。

3.2 截流时段与截流流量

根据金沙江水文特性,10月中下旬为主汛期的汛末,流量较大,不宜安排截流,11月开始进入退水期,流量相对较小。综合考虑围堰施工工期和截流水力学指标计算情况,截流时段选为11月上旬至11月中旬,相应10年一遇旬平均流量为4660~3720m³/s。

结合防渗墙试验平台施工,戗堤进占时间确定为11月上旬,按11月上旬10年一遇旬平均流量4660m³/s进行截流水力学计算。

3.3 截流方式

采用单向进占、宽戗堤立堵方式截流。一期截流完成后在左侧预留15m宽龙口,并首先在右岸上游填筑形成防渗墙试验平台。

3.4 截流戗堤设计和戗堤轴线布置

考虑到白鹤滩水电站截流时,溪洛渡水电站蓄水对白鹤滩水电站下游水位的顶托影响,根据水力学计算,当来流量为截流设计流量4660m³/s时,截流合龙后相

应上游水位约为604.36m,考虑波浪爬高及戗堤安全超高,戗堤顶高程确定为605.50m。截流戗堤轴线布置在上游围堰轴线上游,截流戗堤轴线与堰轴线平行,距堰轴线上游21.5m,堤顶宽45.0m,堤顶长98.46m,戗堤按梯形断面设计,上、下游边坡均为1:1.5,进占向堤头边坡1:1.3。

3.5 截流水力学计算

考虑到白鹤滩水电站截流时,溪洛渡水电站实际蓄水位存在不确定性,如果考虑回水位的影响,而实际截流时溪洛渡水电站蓄水水位偏低,将增加截流难度。设计阶段不考虑回水影响,实际截流时,如果受回水影响抬高了水位,对降低截流难度是有利的,只是增加了截流时的水深,截流偏安全,但截流备料量应按考虑回水影响工况计算。

根据实际堆渣情况下的导流洞泄流曲线、11月上旬10%频率流量4660m³/s及相关实测地形资料等进行截流水力学计算,主要计算成果见表1和图1。截流计算成果表明,截流戗堤龙口合龙后,上游水位约为601.64m;龙口最大平均流速(戗堤轴线上)约为4.33m/s,相应于龙口宽55m,龙口单宽功率29.24(t·m)/(s·m);截流最终总落差为1.68m。

表1　　　　　　　　　　　　　截流水力学计算成果(进口岩埂7m)

龙口宽度 /m	流速 /(m/s)	单宽流量 /[m³/(s·m)]	单宽功率 /[(t·m) /(s·m)]	上游水位 /m	落差 /m	龙口泄流量 /(m³/s)	导流洞泄流量 /(m³/s)	备注
70	3.37	39.21	53.63	601.10	1.14	830	3830	
65	3.49	33.12	48.89	601.19	1.23	677	3983	
60	3.54	26.21	41.51	601.28	1.32	531	4129	
55	4.33	18.18	29.24	601.30	1.34	500	4160	
50	3.73	10.60	18.58	601.42	1.46	327	4333	
45	3.37	4.11	7.84	601.55	1.59	122	4538	
40	3.37	4.14	7.97	601.56	1.60	102	4558	
35	3.04	3.04	5.95	601.59	1.63	63	4597	
30	3.03	3.06	6.03	601.60	1.64	48	4612	
25	2.66	2.07	4.13	601.62	1.66	24	4636	
20	2.61	2.09	4.18	601.63	1.67	14	4646	
15	2.30	2.02	4.05	601.63	1.67	4	4656	
0	0	0	0	601.64	1.68	0	4660	
最大指标	4.33	39.21	53.63	601.64	1.68	830	4660	

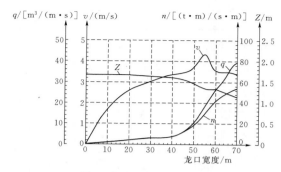

图 1　龙口水力学参数曲线

3.6　龙口设计

根据水力学计算成果结合龙口布置情况将截流戗堤分为非龙口段和龙口段。非龙口段为右岸预进占段,长约28.5m;龙口段为70m,从右向左分3个区段进占(图2)。分区情况如下:

Ⅰ区:龙口宽70.0～45.0m,龙口平均流速3.37～4.33m/s,最大平均流速4.33m/s。

Ⅱ区:龙口宽45.0～15.0m,龙口平均流速2.30～3.37m/s,最大平均流速3.37m/s。

Ⅲ区:龙口宽15.0～0.0m,龙口平均流速0～2.30m/s,最大平均流速2.30m/s。

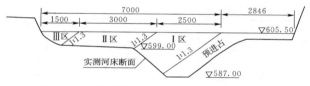

图 2　龙口分区(单位:高程以 m 计,其余以 cm 计)

3.7　龙口护底

前期泄洪洞进口、坝肩槽及水垫塘边坡开挖时,河床两岸堆积了部分大块石及特大石,尤其是在戗堤轴线部位,起到了龙口及下游护底作用。综合考虑龙口冲刷、戗堤坍塌、河床实际情况等因素,参考以往类似工程成功经验,龙口处不做护底。

3.8　截流物料及抛投材料

根据白鹤滩水电站的施工条件及当地材料状况,宜选用石渣料及大块石作为截流抛投材料。针对坝址处玄武岩开挖料整体性差,大、中块石料较少,以小于等于0.6m的石渣料为主的情况,在截流过程中准备部分钢筋石笼代替特大石,并考虑部分备用量作为安全储备。根据截流水力学计算成果,参照已建工程截流实践经验,龙口不同分区的抛投材料数量见表2。

表 2　　　龙口合龙段抛投材料汇总

区段	龙口宽/m	抛投材料/m³				合计/m³
		石渣(0.1～0.4m)	中石(0.4～0.7m)	大石(0.7～1.1m)	特大石(大于1.1m)	
Ⅰ	70～45	12107	8157	2344	240	22848
Ⅱ	45～15	9185	2358	198	0	11741
Ⅲ	15～0	2575	287	0	0	2862
龙口设计量/m³		23867	10802	2542	240	37451

4　截流模型试验

4.1　模型工况

根据水文条件及实施过程可能出现的情况,尽可能涵盖各种可能出现的截流情况,截流模型试验共进行了14种截流工况试验,详见表3。

表 3　　　　　　　　　　　　　　　截流模型试验工况

方案	工况	截流流量频率及时段	预进占流量/(m³/s)	截流流量/(m³/s)	下游水位	进占方式	龙口宽度/m
单向进占方案(比较进占方案)	1	10%、11月上旬平均流量	7724	4660	天然情况	单戗立堵、左岸单向进占	80
	2	10%、11月上旬平均流量	7724	4660	回水影响情况	单戗立堵、左岸单向进占	80
双向进占方案(推荐进占方案)	3	10%、11月上旬平均流量	7724	4660	天然情况	单戗立堵、双向进占	85
	4	10%、11月上旬平均流量	7724	4660	回水影响情况	单戗立堵、双向进占	85
	5	10%、10月下旬平均流量	7724	6110	天然情况	单戗立堵、双向进占	85

续表

方案	工况	截流流量频率及时段	预进占流量/(m³/s)	截流流量/(m³/s)	下游水位	进占方式	龙口宽度/m
双向进占方案（推荐进占方案）	6	10%、10月下旬平均流量	7724	6110	回水影响情况	单戗立堵、双向进占	85
	7	10%、11月中旬平均流量	7724	3720	天然情况	单戗立堵、双向进占	85
	8	10%、11月中旬平均流量	7724	3720	回水影响情况	单戗立堵、双向进占	85
5m 积渣影响	9	10%、11月上旬平均流量	7724	4660	天然情况	单戗立堵、双向进占	85
	10	10%、11月上旬平均流量	7724	4660	回水影响情况	单戗立堵、双向进占	85
10m 积渣影响	11	10%、11月上旬平均流量	7724	4660	天然情况	单戗立堵、双向进占	85
	12	10%、11月上旬平均流量	7724	4660	回水影响情况	单戗立堵、双向进占	85
导流洞进出口 5m 岩坎影响	13	10%、11月上旬平均流量	7724	4660	天然情况	单戗立堵、双向进占	85
	14	10%、11月上旬平均流量	7724	4660	回水影响情况	单戗立堵、双向进占	85

4.2 模型试验

试验研究了 3 个控制流量：3720m³/s、4660m³/s、6110m³/s。各工况截流龙口主要水力参数对比详见表 4。在各种截流方式下，随着流量的增加，截流落差、龙口最大平均流速等水力学指标相应地增大。河道积渣影响截流试验部分水力学指标比推荐方案略高，但比导流隧洞进、出口残留岩坎（5m）对截流影响试验的水力学指标低。截流比较方案采用单戗立堵、左岸单向进占截流，推荐方案采用单戗立堵、左右岸双向进占截流，两方案水力学指标接近。最大龙口落差、流速、单宽流量、单宽功率等水力学指标适中，但是水深大，预进占时，在天然下游水位下，戗轴线中心水深达 22.72m，在回水下游水位下，戗轴线中心水深达 27.79m。右岸地形陡峻，场地及道路条件较差，应考虑达到设计施工强度的工程措施。

表 4 各工况截流龙口主要水力参数对比

方案	工况	分流点最高水位/m	预进占水深/m	合龙前导流洞分流比/%	最大龙口落差/m	最大龙口平均流速/(m/s)	最大龙口中心线流速/(m/s)	最大龙口单宽流量/[m³/(s·m)]	最大龙口单宽功率/[(t·m)/(m·s)]	困难区段/m
比较	1	598.16	22.86	59.6	1.32	3.91	4.57/4.29	49.65	47.66	60～30
	2	606.52	27.36	70.0	1.18	3.59	4.18/3.95	41.60	44.09	65～35
推荐	3	598.22	22.72	63.7	1.34	3.64	4.49/4.42	49.22	47.40	70～40
	4	605.48	27.79	64.3	1.20	3.50	4.12/3.76	45.78	33.25	70～40
	5	600.89	22.85	57.2	1.61	4.06	4.73/4.66	70.61	89.53	60～30
	6	606.75	27.83	59.6	1.36	3.43	4.32/3.96	69.18	55.49	60～30
	7	596.08	22.68	70.9	1.28	3.10	3.28/3.02	34.12	38.83	65～35
	8	605.00	27.77	75.9	0.94	2.94	3.15/3.10	25.16	16.80	65～35

续表

方案	工况	分流点最高水位/m	预进占水深/m	合龙前导流洞分流比/%	最大龙口落差/m	最大龙口平均流速/(m/s)	最大龙口中心线流速/(m/s)	最大龙口单宽流量/[m³/(s·m)]	最大龙口单宽功率/[(t·m)/(m·s)]	困难区段/m
5m积渣影响	9	599.88	25.80	69.0	1.49	3.64	4.26/4.03	38.30	30.18	60～30
	10	605.68	29.18	65.2	1.07	3.49	3.33/3.49	47.66	36.22	65～35
10m积渣影响	11	600.76	22.53	72.6	1.46	3.26	3.49/3.18	39.39	36.62	65～35
	12	605.88	28.80	65.5	1.06	3.64	3.64/3.80	45.53	35.90	65～30
5m残留坎影响	13	598.18	22.75	52.5	1.36	3.22	3.56/3.33	62.73	69.54	60～30
	14	606.10	27.82	52.0	1.17	3.75	3.83/3.61	58.95	48.19	60～30

5 截流施工

5.1 截流备料

截流备料种类包括石渣料（粒径小于 0.4m）、中石（半径为 0.4～0.7m）、大石（半径为 0.7～1.1m）、特大石（半径大于 1.1m）等。截流备料按 4660m³/s 流量（考虑 7m 岩埂）截流方案对应龙口水力指标和抛投材料进行备料，考虑抛投材料在运输途中有损耗，以及实际施工时，有可能来流量大于设计流量，也可能截流流失量大于设计流失量，因此在备料时，参照三峡、溪洛渡等工程的合龙施工资料后，石渣备料系数取 1.4，中石、大石和特大石的备料系数取 1.5。

5.2 截流道路规划

截流备料场布置在左岸上游矮子沟渣场、右岸 F17 沟集渣平台、右岸坝肩上游高程 610.00m 平台及右岸导流洞进口高程 653.00m 平台，为保证截流抛投料运输强度，在右岸沿江布置有较宽的施工道路。

大江截流施工道路有六城临时营地沿江公路、3 号公路、上游临时交通桥、4 号公路、401 号公路、403 号、403-1 号交通洞、右岸高程 610.00m 辅助交通洞、右岸沿江施工道路。

于截流前对上述道路进行了修复，确保了截流施工强度和交通安全。

5.3 截流主要施工设备

根据现阶段河床地形及水力学计算确定龙口进占过程中总抛投量为 37451m³，计划 48h 进占完成，平均抛投强度为 780m³/h，最大抛投强度为 936m³/h。根据截流抛投强度要求，结合设备的装载运输能力，截流投入

设备见表 5。

表 5 截流投入设备表

名称	规格及型号		单位	数量	备注
挖掘机	CX360	2.0m³	台	1	装大石
	CAT349	2.7m³	台	1	
	CX360	2.0m³	台	1	装中石
	VOLVO EC360BLC	1.9m³	台	1	
	PC400	1.8m³	台	1	
	SK350	1.6m³	台	1	
	CAT349	2.7m³	台	2	装石渣
	ZX360H	1.8m³	台	1	
	ZX330	1.8m³	台	3	
	PC300	1.2m³	台	1	应急
装载机	ZIV115	6.6m³	台	1	道路疏通及装块石
	CAT980G	5.0m³	台	1	道路疏通及装块石
	ZL50C	3.0m³	台	2	道路维护
	ZL50E-3	3.0m³	台	1	应急
自卸汽车	3305F	32t以上	辆	8	大石、特大石运输
	北方奔驰欧曼等		辆	42	石渣、块石料运输
			辆	5	钢筋石笼运输
			辆	10	备用
推土机	CATD8T	9m³	台	2	
	TY320B	10m³	台	1	
	SD32	10m³	台	1	
	SD160	5m³	台	1	

名称	规格及型号		单位	数量	备注
汽车吊	QY16	16t	台	2	吊装钢筋石笼
平板拖车	40t		台	1	

5.4 预进占

10月上旬开始进行右岸预进占段填筑。此时正值溪洛渡水库高水位运行，平均库水位599.53m（正常蓄水位600.00m），水库回水末端在六城坝至六城水文站之间，受回水影响：3000～5000m³/s流量范围内，导流洞进、出口之间的河道水位整体抬高6m左右，水面落差由蓄水前的2m左右降低到0.6m左右，流速由3.8m/s左右降低到2.2m/s左右。

通过预进占施工，不仅减轻了大江截流进占后期填筑压力，削减了施工高峰强度，而且为后期大江截流龙口段进占摸索了经验，为截流实战做好了准备工作，预进占至左岸预留70m宽龙口。

5.5 截流演练

在对理论分析和水工模型试验结果进行论证和研究的基础上，决定进行截流演练。于2015年10月下旬进行了演练，演练情况表明：现场施工组织和施工能力满足截流工程要求。通过演练理顺了截流填筑程序。对现场发现的问题进行了积极的处理，保证了演练及后续戗堤填筑的顺利进行。

5.6 龙口合龙

2015年11月6日，根据龙口合龙时水文气象资料显示，戗堤处金沙江来流量仅3010m³/s，同时导流洞进出口之间河道基本不受溪洛渡水库回水影响，河道呈天然状况，龙口区水位下降较多，合龙施工前水位约为597.50m，施工难度降低。此外，考虑整个工程需要，为保证11月中上旬河床即预留龙口过流以及尽快实施防渗墙施工要求，故将龙口合龙段施工调整为两期进行。第一期为龙口70～56m进占，安排在11月上旬实施；第二期为剩余龙口进占，安排在11月下旬实施。

第一期为截流施工的相对困难段，实施截流流量为3010m³/s，导流隧洞分流比99.6%，最大龙口流速3.8m/s，最大落差为2.68m，采用中石及石渣料完成进

占，料源取自右岸边坡开挖集渣平台，无需二次转运，提高了施工效益。从2015年11月6日9：00开始至13：00结束，历时约4h，共投入大型挖装运设备57台（套），抛投量约8085m³，最大小时抛投强度达2050m³/h。第一阶段结束时，龙口上下游及过流面采用块石护坡，确保过流安全，此时剩余龙口宽约为56m，戗堤上游处水位为597.52m，龙口水面宽约为4.4m。

第二期为剩余龙口进占，即戗堤合龙，于2015年11月27日完成。此时段来流量较小，采用集渣平台石渣料即完成戗堤进占。

6 结论

本工程针对截流流量大、受溪洛渡水电站蓄水影响顶托水位变幅大、覆盖层厚、抛投强度大等特点，通过方案比选和试验研究，科学合理地采用了宽戗堤单向进占立堵截流方式，成功地解决了高山峡谷地区大流量、变水位、深水深覆盖层截流施工难题，降低了龙口水力学指标，在来流量为3010m³/s的情况下，结合现代信息技术，及时掌握了截流过程中龙口水力学指标，合理采用开挖料直接进占实现了优质高效截流，单向进占抛投强度为2050m³/h，经济效益与节能减排效果明显，对今后类似工程具有推广应用价值。

（1）合理选择备料场地。根据现场条件，左岸矮子沟高程707.00m平台为截流块石料的主要储存场地，考虑左右岸互通施工交通条件受限，为保证截流抛投强度，选择右岸江边集渣平台作为截流石渣料堆存场地，并提前在该场地堆存约2000m³块石料作为应急备用，合理的备料场地选择极大地提高了截流抛投强度和成功率。

（2）截流备料经济合理。针对溪洛渡水电站蓄水位的不确定性，充分考虑了戗堤下游回水对截流的影响，即水力学指标计算不考虑回水影响，据此选备钢筋石笼等特殊材料，而备料总量满足回水影响要求，整个备料过程经济合理。

（3）戗堤龙口段分两期进行。为保证围堰填筑及防渗墙施工工期，现场采用右岸单向进占截流方案，11月6日戗堤龙口段I区进占后首先在右岸上游填筑形成防渗墙试验平台，剩余预留龙口作为防渗墙试验阶段河床过流通道。

（4）采用现代信息技术，及时掌握龙口水力学指标，为安全优质高效施工创造有利条件。

某堆石坝面板抬动成因分析与修复处理技术研究

姬 伟 涂雨田/中国水利水电第十二工程局有限公司

【摘 要】 海蓄电站下水库大坝为混凝土面板堆石坝，施工期遭遇两次强台风，坝前基坑被洪水及泥石流淹没，造成坝体反向排水管堵塞，基坑在抽排水过程中坝体反向水压力过大，引起面板局部抬动。本文主要阐述了面板抬动成因以及修复处理的施工对策，并总结施工经验。

【关键词】 海蓄电站 大坝面板 局部抬动 修复处理

1 工程概况

海南琼中抽水蓄能电站（以下简称"海蓄电站"）位于海南省琼中县境内，工程建成后其主要任务是承担海南电力系统的调峰、填谷、调频、调相、紧急事故备用和黑启动等任务。电站安装 3 台单机容量 200MW 的可逆式水泵水轮发电机组，总容量为 600MW，为大（2）型二等工程。枢纽建筑物主要由上水库、输水系统、发电厂房及下水库等 4 部分组成。

下水库位于南渡江腰仔河支流——黎田河上游峡谷区，主要建筑物有大坝、溢洪道和放水底孔。主要临时建筑物有导流洞、上下游围堰工程。下水库大坝为混凝土面板堆石坝，坝顶高程为 257.00m，坝顶宽度为 8.0m，坝顶长度为 370.0m，最大坝高为 54.0m。

下水库大坝面板厚 40cm，最大斜长 86m，一期浇筑到顶，混凝土强度等级 C30W10F100，配双层双向钢筋网片，钢筋保护层为 10cm。面板分块宽度分别为 12m 和 8m，其中 12m 宽的 8 块，8m 宽的 30 块，总计 38 块。

2 大坝引排水系统

2.1 坝体反向排水

为了引排施工期间坝内地下水、下渗雨水及施工用水等，在下水库大坝底部共设置了三根 DN200 反向排水管，布置于河床趾板 203.50m 高程。排水管间距为 6m，长为 12m，伸入坝体堆石区内 1.0m，排水管出口在趾板头上游端出露 10cm，排水管在坝体内进口端分别设花管、滤网及卵石排水体等措施，坝内水通过反向排水管排出至河床趾板上游的集水井内。

2.2 大坝基坑抽排水

在大坝上游基坑河床趾板上游设置一级集水井，在上游围堰下游底脚设置二级集水井，一级、二级集水井内各架设两台 22kW 泥浆泵、浮筒式结构，通过一级、二级集水井抽排水系统将大坝上游基坑内的水抽排至围堰上游。

2.3 大坝岸坡引排水

下水库大坝上游左、右岸各有一条较大的山谷，山谷常年流水且汛期时较大，自然条件下均流入大坝基坑内。为了拦截和引排上游左右岸山谷来水，分别在左、右岸坡修筑引水明渠至上游围堰。其中左岸通过与岸坡施工道路相结合，在道路内侧修建引水明渠至上游围堰顶部并引排水至上游；右岸通过在山谷底部修建黏土防渗土石围堰并拦蓄山谷来水至 230.00m 高程，再通过引水明渠及预埋在上游围堰内直径 1m 的涵管引排水至上游。

3 面板抬动情况

3.1 第一次抬动

下水库大坝面板混凝土于 2016 年 4 月 11 日开始浇筑，6 月 23 日浇筑完成，表面止水于 8 月 10 日施工完成，8 月 11 日开始施工面板表面水泥基渗透结晶型防水涂层等。

2016年8月16—19日，受第8号台风"电母"影响，海蓄电站区域普降特大暴雨，暴雨引发大坝上游两岸山谷形成山洪，冲毁了右岸引水明渠及部分上游土石围堰并形成了泥石流淹没了坝前基坑，基坑内最高水位达到217.58m，高出河床趾板约14.0m。

2016年8月31日，基坑水位抽排水降至河床趾板高程203.50m，开始挖运基坑内渣土和淤泥，在清理河床段趾板时发现，坝体内预埋的三根反向排水管管口受渣土覆盖及泥沙充填造成堵塞和排水不畅，河床段MB19～MB21三块面板底部发生抬动，周边缝局部有水流涌出。经测量，面板底部抬动最大高度为12cm，位于MB20面板处。另外，MB19～MB21面板周边缝上部约4m范围出现裂缝密集带。

3.2 第二次抬动

2016年9月3日，开始对MB19～MB21三块面板底部抬动破坏进行修复处理，2016年10月10日，面板第一次抬动破坏修复全部完成，并在该三块面板下部增加了三块混凝土压重。

2016年10月12—14日，受热带风暴影响，施工区普降大暴雨，大坝基坑进水。2016年10月17—18日，受21号强台风"莎莉嘉"正面袭击，海蓄电站区域普降特大暴雨，暴雨形成山洪再次冲毁了右岸引水明渠及部分上游土石围堰并淹没了坝前基坑，基坑内最高水位达到228.00m，高出河床趾板24.5m。

2016年10月19日，根据参建各方讨论确定后的抽排水方案开始进行基坑抽排水，大坝下游量水堰防渗墙顶部高程为213.00m，基坑213.00m高程以上抽排水按照1～2m/d控制，213.00m高程以下抽排水按照不大于1m/d控制。

2016年11月3日，坝前基坑水位降至209.50m高程时，发现面板MB19～MB22发生鼓出（抬动）现象，于是立即停止抽排水并通知参建各方，并对发生抬动的面板进行了测量。

2016年11月10日，根据专家组意见，采取在MB22面板209.50m高程以下分批钻孔排水逐步降低坝内水位，并重新开始进行基坑内抽排水。

2016年11月16日，基坑抽排水完成并清除了约5m厚的基坑沉渣及淤泥。

通过全面检查发现：

（1）坝体底部预埋的三根反向排水管被淤泥及沉渣堵塞，反向排水失效。

（2）MB19～MB21面板底部的三块混凝土压重体向上游发生明显位移。

（3）经测量：MB19～MB22面板、高程215.00m以下（斜长约14.6m）范围发生抬动，最大抬动达24cm，位于MB21与MB22接缝处底部，周边缝局部渗水。

（4）采用探地雷达检测：MB19～MB22面板与挤压边墙间存在脱空异常，总体上异常主要集中在面板下部即213.00m高程以下；除MB20面板挤压边墙与垫层间局部存在脱空异常外，其余面板下挤压边墙与垫层间无明显脱空异常。

（5）MB19～MB22面板高程210.00m以下产生多处裂缝密集带，经检测多为贯穿裂缝；高程210.00m以上局部存在密集型细裂缝带，经检测宽度普遍小于0.2mm且未贯穿。

4 面板抬动成因分析

4.1 坝基地形因素

本工程下水库上游坝基开挖至弱风化基岩作为趾板建基面，最低高程为203.00m，往下游河床段坝基均开挖至全、强风化层，高程约为211.00m，坝基上下游前低后高且高差约8.0m，坝体内水只能向上游通过反向排水管排出，加之大坝下游量水堰基础防渗墙已形成，量水堰顶部高程为213.80m，坝基前低后高的地形及量水堰的形成是导致坝体内反向水压过大的不利因素。

4.2 监测仪器失效

两次台风来临前，坝基河床段预埋的监测仪器渗压计均失效，无法测得坝体内实时水位值，不能为基坑抽排水提供相应的参考和预警。

4.3 强台风影响

两次台风来临前，面板已形成了完全封闭的防渗系统，特大暴雨导致山洪及泥石流淹没坝前基坑，堵塞了坝体反向排水管，造成反向排水失效。由于坝体内部水位较高，随着坝前基坑抽排水的不断进行，坝体反向水压越来越大，最终导致面板局部抬动，周边缝止水损坏而漏水，是造成抬动破坏的本质原因。

5 面板抬动修复处理

面板第一次抬动范围及幅度均较小，通过对MB19～MB21三块面板高程208.70m以下（斜长8m）进行凿除并重新浇筑，恢复了止水铜片并重新施工了表面止水。

面板第二次抬动范围及幅度均较大，修复及处理方法具体如下：

（1）疏通反向排水管。采用高压水冲洗等办法，对堵塞的坝体反向排水管进行疏通，恢复坝体反向排水。

（2）对面板脱空及裂缝进行检查。采用探地雷达对面板脱空进行全面检查，检查范围为MB17～MB24面板、高程 230.00 以下范围。

采用读数显微镜、非金属超声检测分析仪对面板裂缝宽度和深度检测、统计和分析，结合面板脱空情况确定面板凿除的范围及裂缝处理方案。

（3）面板局部凿除及浇筑。对 MB19～MB22 四块面板 210.00m 高程以下（斜长 10.3m）全部凿除，修复周边缝及垂直缝止水铜片，重新浇筑面板混凝土，重新施工面板表面止水。面板新旧混凝土水平横缝按施工缝进行过缝处理并按面板压性缝增设表面止水。

为防止施工时损坏止水铜片，面板混凝土凿除采用风镐结合混凝土切割的方式，先沿垂直缝及周边缝止水范围外对面板混凝土切割，切割深度为 50cm，然后凿除面板中间大面积的混凝土，最后采用小型风镐人工凿出周边缝及垂直缝部位混凝土，并小心剥露出止水铜片。

对面板凿除后下部的垫层料进行试坑检测，共检测 8 组，未发现垫层料细颗粒流失情况，抽检干密度及颗粒级配满足设计要求。

（4）面板脱空区灌浆处理。根据测量及探地雷达检测结果，对未凿除的脱空区域的面板全部进行回填灌浆，回填灌浆范围适当进行了扩大，其中 MB19～MB22 面板灌浆范围为 215.00～210.00m 高程，MB18、MB23 面板灌浆范围为周边缝向上 2～3 排孔区域。

灌浆孔布孔原则为间距 3m×3m，梅花形布孔，灌浆布置见图 1。

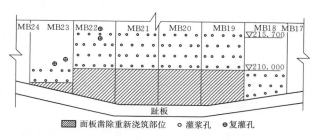

图 1　大坝面板脱空回填灌浆布置示意图

灌浆采用 YTP-26 型手风钻钻孔，孔深穿透挤压边墙，灌浆顺序为自下而上逐排逐孔无压回填灌浆，灌浆材料采用水泥＋粉煤灰混合浆液，浆液配合比为：水泥：粉煤灰=1：3（重量比），水：（水泥＋粉煤灰）=（2～1）：1。

面板脱空回填灌浆原则上采用自流灌浆，参考灌浆压力为 0.01～0.05MPa，灌浆压力以孔口压力表读数为准，以上一排灌浆孔出浆时该排灌浆停止灌浆，待凝 24h 后进行上排灌浆。施工过程中，根据具体情况，采用限流、限量和灌浆压力调整等方式，灌浆时全程对面板抬动进行监测。

面板脱空区回填灌浆于 2016 年 12 月 9 日开始，钻设灌浆孔 98 只，共灌注水泥＋粉煤灰混合浆液 108t，面板回填灌浆于 2016 年 12 月 31 日完成，经第三方检测单位采用探地雷达进行脱空检测后表明，灌浆饱满，满足设计要求。

灌浆完成并经验收合格后，对灌浆孔采用环氧砂浆回填密实，孔口粘贴三元乙丙橡胶增强型 SR 防渗盖片表面防渗处理。

（5）面板裂缝处理。对缝宽 $\delta<0.2mm$ 的未贯穿裂缝采用 SK 手刮聚脲表面涂刷处理，涂刷厚度 3mm；对贯穿性裂缝或缝宽 $\delta\geqslant0.2mm$ 的裂缝先进行化学灌浆，再进行表面涂刷 SK 手刮聚脲。化学灌浆采用 LW 水溶性聚氨酯灌浆材料，灌浆设备采用 HY-2 型电动高压堵漏灌浆机。

（6）面板涂刷聚脲。根据专家意见及设计要求，对 MB18～MB23 六块面板高程 215.00m 以下表面涂刷 3mm 厚 SK 手刮聚脲。聚脲施工时先在混凝土表面涂刷界面剂，待界面剂表干（沾手不拉丝）后开始涂刷聚脲。涂刷时分层刮涂，每遍刮涂厚度小于 1mm，第一遍的聚脲表干后再涂刷第二遍聚脲，直至达到设计厚度要求。

6　结语

海蓄电站下水库面板第一次抬动修复处理自 2016 年 9 月 3 日开始，2016 年 10 月 10 日完成；第二次抬动修复处理自 2016 年 11 月 18 日开始，2017 年 1 月 4 日完成并经验收合格后开始坝前黏土回填及石渣盖重，2017 年 1 月 18 日石渣盖重完成。下水库于 2017 年 2 月 17 日通过专家组蓄水验收，2017 年 3 月 15 日顺利下闸蓄水，截至 2017 年 6 月 28 日，下水库水位已蓄至 247.00m 高程，坝后量水堰渗流量经测量在 4.0L/s 以内，工程运行正常。

面板施工期发生两次抬动并进行了修复处理，总结几点经验教训供类似工程借鉴与参考：

（1）面板堆石坝在施工期间必须要高度重视坝体反向排水，应保证足够的反向排水管数量及排水管的通畅性，防止堵塞，必要时应在不同高程设置相应数量的备用反向排水管。

（2）面板施工完成后，应选择晴好的天气及时或尽快完成坝前黏土回填及石渣盖重的施工，若坝体反向排水流量较大时，可以采取相应的措施在黏土及石渣回填至一定的高度时再进行反向排水管的封堵，从而防止反向水压过大对面板造成破坏。

（3）要重视大坝岸坡等周边引排水设施的建设，有效规避泥石流等灾害的影响；正确掌握基坑上下游排水顺序，控制基坑上下游的水位差在安全范围内。

积石峡水电站溢洪道超大型弧门铰支座预应力锚索施工

顾锡学/中国水利水电第四工程局有限公司

【摘　要】　积石峡水电站溢洪道超大型弧门铰支座采用 OVM15－27 型、OVM15－19 型预应力锚索是提高弧门液压油缸基础锚固，保证工程设计功能及大型弧门安全运行的重要措施。文章针对积石峡水电站溢洪道堰闸段超大型弧门的安装运行，重点介绍了 OVM15－27 型及 OVM15－19 型预应力锚索的施工特性、工艺过程及成果分析。

【关键词】　超大型弧门铰支座　预应力锚索　质量检测

1　概况

积石峡水电站溢洪道为岸边开敞式，位于引水发电系统左侧，轴线与坝轴线垂直，由引渠、堰闸段、泄槽段及挑流鼻坎段 4 部分组成。溢洪道为低堰，帷幕灌浆廊道 3m×4m，位于堰体下部。堰顶高程为 1836.00m，堰闸段顶部高程为 1861.00m，净宽 15m，设 1 扇 15m×20.6m 平板检修门，启闭设备与引水系统的拦污栅、泄洪排沙底孔检修门共用 2×2000/630kN 双向门式启闭机。工作门为 15m×21.5m 的弧门，由 2×3600kN 液压启闭机操作。溢流堰后接宽 15m 的等宽泄槽，泄槽末端采用挑流消能方式。溢洪道设计泄流量 2141m³/s，校核泄流量 3446m³/s，最大单宽流量为 230m³/(s·m)，最大流速为 31.3m/s。

溢洪道堰闸段布置有 OVM15－27 型及 OVM15－19 型预应力锚索，分为主锚索和次锚索。主锚索采用 OVM15－27 型，在溢洪道堰闸段立面方向（左、右边墩溢 0＋17.00～溢 0＋41.05；高程在 1838.95～1851.414m 范围内）采用扇形布置，共 40 束。次锚索采用 OVM15－27 型、OVM15－19 型两种型式，在左、右闸墩牛腿位置水平方向布置，其中 OVM15－27 型锚索 8 束，OVM15－19 型锚索 16 束。OVM15－27 型单束主锚索锁定吨位为 4680kN，永存吨位为 3900kN，超张拉吨位为 5150kN；OVM15－19 型单束锚索锁定吨位为 3840kN，永存吨位为 3200kN，超张拉吨位为 4230kN。主锚索安装有 6 台 5000kN 的锚索测力计，次

锚索安装有 5 台 4000kN 和 1 台 5000kN 的锚索测力计。安装预应力锚索测力计的锚索采用无黏结钢绞线，其余均为有黏结钢绞线。预应力锚索钢绞线选用低松弛钢绞线，直径为 15.24mm，强度等级为 1860MPa。预应力锚索管采用内径为 120～150mm、壁厚为 6mm 的镀锌钢管进行埋设，锚索管埋设时其偏差角度小于 2°，孔口位置误差要低于 5mm。

2　施工工艺

2.1　工艺流程

OVM15－27 型及 OVM15－19 型预应力锚索施工工艺流程如下：材质检验→机具率定→钢绞线下料、编束→钢绞线穿束→灌浆→张拉→混凝土回填。

2.2　流程说明

（1）施工准备。搭设施工平台，整理施工场地，采用全站仪进行测量放线确定孔位以及锚孔方位角（或拉线尺量配合测角仪定位），并做出标记。

（2）钻孔。锚孔造孔平顺推进，孔径、孔深满足设计要求，退钻要求顺畅，用高压风吹验不存在明显飞溅尘渣及水体现象，同时复查锚孔孔位、倾角和方位。

（3）锚索的制作。对预应力钢绞线进行了材料质量检验，从检验结果（表 1、表 2）可知原材料力学性能各项指标符合规范要求。

表 1　　　　　预应力钢绞线力学性能检验表

卷号	力学性能					
	最大破断力/kN		抗拉强度/MPa		伸长率/%	
	试验值	规定值	试验值	规定值	试验值	规定值
	261	≥260	1860	≥1860	4.1	≥3.5
970772-2	262	≥260	1870	≥1860	3.9	≥3.5
	262	≥260	1870	≥1860	4.1	≥3.5
结论	依据 GB/T 227—2003《预应力混凝土用钢绞线》对上述的预应力钢绞线样品进行检验，检验结果：最大破断力、抗拉强度、伸长率符合规范要求					

表 2　　　　　预应力钢绞线力学性能检验表

强度等级 1860MPa		钢绞线弹性模量 E/GPa		整根钢绞线的最大力 F/kN		抗拉强度 R_m/MPa		规定非比例延伸力 $F_{P0.2}$/kN		最大力总伸长率 ($L_0 \geq 400$mm) A_{gt}/%
钢绞线公称直径 D_0/15.24mm		标准值	实测值	标准值 不小于	实测值	标准值 不小于	实测值	标准值 不小于	实测值	标准值 不小于	实测值
试样序号	第一组	195			270		1930		256		6.1
					270		1930		259		6.4
					273		1950		262		6.5
	—	195±10		260	—	1860	—	234	—	3.5	—
					—		—		—		—
					—		—		—		—
平均值		195			271		1937		259		6.3
检验结论	检验结果符合国家标准 GB/T 5224—2014《预应力混凝土用钢绞线》中的有关规定									

锚筋体长度严格按照设计要求制作，锚固段长度制作允许误差为±50mm，应充分考虑张拉设备和施工工艺要求，一般预留超长 1.0～1.5m。钢绞线下料及编束在设有防雨设施的场地完成。制作时进行外观检验和锚筋体各部件检查。锚筋经除油、除锈处理，无油污和锈斑，筋股顺直完好，有无碰割损伤。锚筋筋股的排列分布与编束绑架符合设计要求，不扭不叉，互不贴接，排列均匀，绑架牢固。塑料套管、注浆套管、隔离（对中）支架、紧箍环以及导向尖壳绑扎捆架需符合设计要求，塑料套管绑扎稳固密塞，具有足够强度，外观完好，无破损修补痕迹；注浆管安装位置正确，捆扎匀称，松紧适度；隔离（对中）支架、紧箍环和导向尖壳等分布均匀、定位准确，绑扎结实稳固，并按锚筋体长度和规格型号进行编号挂牌，使用前需经现场监理工程师认可。

2.3　锚索穿索

主锚索垂直运输可利用门机进行锚索的垂直吊运及穿束，钢绞线的主锚索送束在下游端平台上进行，人工在孔口搭设临时施工平台，利用吊车配合导链将锚索逐步送入孔内。送束时，要控制好速度，要求只进不出，匀速顺直进入，不能在钢管内发生扭曲、翻转现象。次锚索穿束在闸墩浇筑区内即可。穿束时，为便于人员操作，在回填区搭设简易的操作平台进行穿束，次锚索内侧（即闸墩牛腿处）人员需进行操作时，可由上向下放置吊篮进行施工。次锚索垂直运输与主锚索运输形式相同。

穿锚索板要求上、下游两端同时进行，比如主锚索钢绞线从1号到27号，锚板孔也是从1号编到27号，两端人员同时将编有1号的钢绞线两端穿入编有1号的锚板孔内，然后再穿2号的，依次按照顺序穿入，直至穿完。并在两个端头穿束前对锚板在截面方向上的位置进行确定，每根钢绞线对应上下游锚板相同孔位，每根钢绞线超出锚固端工具锚板外侧200mm，将上游锚固端处的锚夹片上紧，外侧包裹塑料布做好保护工作。

2.4 锚索灌浆

锚索安装完成后，对锚孔及钢绞线验收合格后进行注浆，采用 JBW150/40 压降泵。

第一次灌浆：浆液规格采用灰砂比 1∶1～1∶2，水灰比 0.38～0.45 的水泥砂浆，水泥采用 425 号普通硅酸盐水泥，必要时可以加入一定量的外加剂或掺加剂。灌浆前对管道进行检查无阻塞后方可进行注浆，注浆的速度控制在 100L/min，注浆的压力控制在 0.5～1.5MPa，待孔内的泥浆或杂质均由水泥浆体所置换溢出孔口，即完成。

第二次灌浆：为提高锚固段的抗拔能力，待第一次灌浆浆液达到初凝强度后，进行二次注浆，二次注浆的材料宜选用水灰比 0.45～0.5 的纯水泥浆，必要时掺入适量的早强剂。注浆压力不宜低于 2.5MPa，并稳定在 10min 以上，注浆量达到水泥 30kg/m，直至孔口溢出浆液。

2.5 锚索张拉

闸墩锚索张拉在闸墩混凝土达到设计强度后，两侧应同时、同吨位、同步加荷的张拉方式进行张拉。

穿束就位后于两端分别安装 OVM 锚具、装配好夹片（单孔装 3 片夹片）和按照图纸要求的测力计（压力传感器），并检查灌浆管路并试通风。张拉顺序为先张拉闸墩次锚索后再张拉闸墩主锚索。在张拉钢丝束时，先进行单股预紧张拉，再进行整股预紧循环张拉，最后进行整股分级张拉。由于穿心式油压千斤顶较重，采用三角架配导链将千斤顶吊装到锚索上，三角架由三根 $\phi48\times$ 3.5mm 的钢管和带挂钩的 10mm 钢板组成，三角架的高度由浇筑的混凝土平台和下游端孔口的高度确定，并调整其倾角使其在锚索中心轴线上，油压千斤顶应配置相应孔数的限位板、工具锚和相应张拉吨位的高压油泵。

循环张拉，在第一次张拉作业时，宜按照先左右后中间，先上下后中间和先对角后中间的作业原则进行，第一次张拉作业值为设计张拉力值的一半，张拉宜分为 5～6 级进行，除第一次张拉需要稳定 30min 外，其余每级持荷稳定时间为 5min，并分别记录每级荷载对应锚筋体的伸长量，并做好记录。张拉时锚筋体受力要均匀，发现异常情况应分析原因，并及时处理解决。若为压力分散型预应力锚索或荷载分散型预应力锚索，应按照设计张拉要求对各单元锚索分别进行张拉，当各单元锚索在同等荷载条件下因自由段长度不等而引起的弹性伸长差得以补偿后，再同时张拉各单元锚索。第二次张拉作业，即按照第一次张拉作业顺序循环张拉作业，直至张拉满足设定最大张拉荷载值。

2.6 锚筋锁定

锚筋张拉至设定最大张拉荷载值后，持荷稳定 10～15min，然后卸荷进行锁定作业。锁定使用锚具和夹片应符合技术标准与质量要求。若发现有明显预应力损失，及时进行补偿张拉。

2.7 锚孔封锚

锚筋锁定后，须用机械切割余露锚筋，严禁电弧烧割，并留长 5～10cm 外露锚筋，以防拽滑。最后用水泥净浆注满锚垫板及锚头各部分空隙，并按设计要求封锚处理，宜用不低于 20MPa 的混凝土封闭，防止锈蚀和兼顾美观。

3 质量控制

（1）锚固工程开工前对锚索进行性能试验（破坏性抗拔试验），以确定锚索的极限承载力，检验锚索在超过设计拉力并接近极限拉力条件下的工作性能和安全程度，以便在正式使用前调整锚索结构参数或改进锚索的制作工艺，保证施工质量。

（2）进场的钢绞线（钢筋）必须验明其产地、生产日期、出产日期、型号规格、并核实生产厂家的资质证书及其各项力学性能指标，同时必须进行抽样检验，确保其各项参数达到锚固施工要求。

（3）锚孔检验标准见表 3。

表 3　　　　锚孔检验标准

项次	检查项目		规定值或允许偏差	检验方法及频率
1	孔位	坡面纵向	+50mm	用经纬仪或拉线和尺量检查
		坡面横向	+50mm	用经纬仪或拉线和尺量检查
		孔口标高	+100mm	用经纬仪或拉线和尺量检查
2	孔向	孔轴线倾角	+0.5°	用测角仪或地质罗盘检查
		孔轴线方位	+1.0°	用测角仪或地质罗盘检查
		孔底偏斜	锚孔深度的 3%	用钻孔测斜仪检查
3	孔径		设计孔径的 +5%，0	验孔或尺量检查
4	孔深		大于设计深度 200～500mm	验孔或尺量检查

（4）锚索张拉前对张拉设备进行鉴定，孔口支撑墩尺寸和混凝土强度应满足张拉要求，张拉过程中仔细观察锚索应力的变化，如发现明显的松弛，分析原因并采取措施。

（5）压浆过程中详细的记录水泥浆用量，一般实际用量应高于计算用量的 20%，孔口应流出灰浆。如用浆量太大，需做好记录，根据实际情况，判别是否由岩层裂隙或空洞造成。

4 结语

积石峡水电站溢洪道堰闸段预应力锚索施工存在工期紧、质量要求高、与金属结构安装施工干扰大等问题。通过预应力锚索的合理施工，成功克服了施工中的各种问题，缩短了工期，及时有效地完成了堰闸段大吨位预应力锚索的施工，使溢洪道堰闸段超大型弧门施工运行得到了安全保障，为以后类似工程施工提供了参考。

玛尔挡水电站导截流设计与施工综述

唐云娟/北京鑫恒集团

白　涛/青海华鑫水电开发有限公司

【摘　要】 黄河玛尔挡水电站设计因地制宜采用围堰一次性拦断河床，土石围堰全年挡水，隧洞导流的导流方案。实施阶段不断优化方案，修改围堰戗堤位置，合理调整截流时间。克服了在高陡边坡、窄深峡谷地带、场地受天然条件限制的困难。过程中通过截流设计调整优化，减少了施工难度，改善了截流条件，降低了截流风险，缩短了工期，降低了成本，实现了截流目标，从而保证了后续工程的施工，其经验可资类似工程借鉴。

【关键词】 玛尔挡水电站　导截流　设计与施工　综述

1　工程概述

玛尔挡水电站位于青海省同德县与玛沁县交界处的黄河干流上，控制流域面积为98346km²，多年平均径流量为533m³/s。正常蓄水位为3275.00m，相应库容为14.822亿m³，调节库容为7.06亿m³，具有季调节能力。工程开发主要任务为发电，电站装机容量2200MW，多年平均发电量73.04亿kW·h。工程等级为一等大（1）型工程，枢纽建筑物主要由混凝土面板堆石坝、右岸泄洪放空洞、右岸溢洪道、750kV开关站、右岸地下引水发电系统等组成。主要建筑物级别为1级，次要建筑物级别为3级。

2　坝址区自然条件

2.1　水文、气象条件

黄河上游径流主要为流域内降水形成，以雨水补给为主，融雪补给为辅。上游有天然湖泊、沼泽的调蓄，径流变化相对稳定。年内径流变化受环流形势、降水、气温和下垫面等因素的影响，汛期6—9月径流量约占全年总径流量的60%，枯水期12月至次年3月径流量约占年总径流量的10.4%。

黄河上游洪水涨落较缓，历时较长，洪次较少，间隔较长，大小洪水年周期交替现象比较明显。一次洪水过程历时约40d，7月及9月洪水出现频次较多，且9月洪峰流量比7月大，6—8月次之，10月偶有发生。

根据青海省气象局刊布的同德县气象站1971—2000年地面气候资料统计，年平均气温为0.5℃，1月平均气温最低，为－13℃，7月平均气温最高为11.6℃。平均年降水量为425.2mm，年蒸发量为1482.4mm，最大风速为25m/s，最大冻土深度为162cm。气候特点是冬季寒冷干燥，夏季凉爽。春、秋季短且多风，气温日、年差较大，霜期长，雨量少，蒸发量大，空气湿度低。夏、秋季节降雨量占全年降雨量的70%以上。在地区分布上，降水中心主要位于黄河上游吉迈—玛曲—唐乃亥区间，其中以上游吉迈—玛曲区间的降水量最大，年降水量为600mm，最大年降水量可达960mm。玛曲以下降水量逐步递减，至同德年降水量降至425mm。

2.2　上游围堰地形地质条件

上游围堰位于大坝趾板上游300～385m处，堰顶高程为3135.00m，围堰高度为53m，平水期河水位高程为3089.00m，河面宽度为62m，堰顶河谷宽度为118.3m。河床覆盖层浅，厚2～5m，堰基覆盖层粒度成分以卵石为主，含漂石，级配不良，强透水，渗透破坏类型主要为管涌型，需采取有效的防渗处理措施。左岸天然坡角68°，地形较完整，天然岸坡整体稳定。边坡基岩裸露，岩性为中生代二长岩。右岸边坡呈上陡下缓特征，以3165.00m高程为界，3165.00m以上坡度为73°，3165.00m以下坡度为42°，岸坡地形较完整，天然稳定性较好。边坡基岩裸露，岩性为三叠系变质砂岩（$T_{2-3}Ss$），岩体结构面主要为顺层裂隙和层间挤压带。

2.3 下游围堰地形地质条件

下游围堰位于大坝下游坡脚 176～188m 处，堰顶高程为 3088.30m，围堰最大高度为 16m，平水期河水位高程为 3082.80m，河面宽度为 87.05m，堰顶河谷宽度为 101.4m。河床覆盖层厚约为 15m，堰基覆盖层粒度成分以卵石为主，含漂石，且有大孤石，级配不良，强透水，渗透破坏类型主要为管涌型，需采取有效的防渗处理措施。左岸天然坡度为 55°，地形较完整，天然岸坡整体稳定。右岸天然坡度为 42°，岸坡地形较完整，天然稳定性较好。两岸边坡基岩裸露，岩性为三叠系变质砂岩（$T_{2-3}Ss$），岩体结构面主要为顺层裂隙和层间挤压带。

3 施工导流设计

3.1 导流标准

根据 DL/T 5397—2007《水电工程施工组织设计规范》规定，确定导流建筑物级别为 4 级。相应设计洪水标准按 20～10 年一遇重现期选取。初设施工总进度安排，第 2 年 11 月主河床截流，第 2 年 11 月到第 5 年 5 月为初期导流阶段，期间由围堰挡水，导流洞泄流。坝址 10 年、20 年一遇洪水流量分别为 $Q_{10\%}=2940m^3/s$，$Q_{5\%}=3390m^3/s$，两者相差 $450m^3/s$。考虑到本工程为黄河干流上第二大水电站，地理、社会环境和施工条件特殊等因素，设计选用 $Q_{5\%}=3390m^3/s$ 洪水标准进行导流设计。

3.2 导流型式

玛尔挡水电站地处高原寒冷地区，年平均气温较低，冬季寒冷加之高原缺氧，全年需停工两个半月，春末、夏、秋季是大坝填筑和混凝土施工的黄金时段，比选比较采用土石围堰全年导流为最优方案。截流之后的第三个汛期之后即可由坝体挡水度汛，这对大坝填筑全断面平起上升，填筑强度和上升速率适中，工期保证率高，对坝体沉降变形有利。故本工程采用围堰一次性挡断河床，土石围堰全年挡水，隧洞导流的导流方案。

4 导流建筑物

导流建筑物由上下游围堰和左岸导流洞组成，导流洞总长 1263.686m，闸门采用洞内竖井式布置，隧洞断面采用圆拱直墙式城门洞形，净断面尺寸为 13m×16m；上、下游围堰均采用土石围堰，上游围堰采用防渗墙上接均质土坝的防渗方式，下游围堰采用防渗墙防渗，上

游围堰最大高度 53m，下游围堰最大高度 16m。

4.1 导流洞

（1）结合左岸导流洞进出口位置地形地质条件和水位特征值，确定进口高程为 3090.00m，出口高程为 3079.00m。由于导流洞进口边坡高陡，进口明渠较短，仅 14.455m 长，进口采用三面收缩的椭圆曲线，进口边坡开挖坡度为 4∶1。

（2）洞身段全长 1263.686m，其中进口喇叭段为 16m，进口渐变段长度为 30m，闸室前渐变段长度为 30m，闸室段长度为 17.5m，闸室后渐变段长度为 30m，城门洞形断面长度为 1105.29m，隧洞断面尺寸 13m×16m（宽×高）。

（3）出口明渠长 140m，其中涵洞段长度 25m，明渠段长度 115m，出口明渠位于赛日托沟上游侧。明渠底板高程为 3079.00m，明渠末端设消力坎，消力坎顶部高程为 3082.50m，出口消能工采用消力池加消力坎的底流消能方式。

（4）导流洞封堵闸门采用洞内竖井方案，闸门井中心线布置在导流洞桩号 0+451.00 处，闸室底板高程为 3088.50m，启闭机平台高程为 3143.90m，闸门井高度为 62.4m，闸室及其渐变段长 77.5m，其中闸前渐变段长 30m，闸室段长 17.5m，闸后渐变段长 30m，闸室内设置中墩，设两孔封堵闸门，闸门孔口尺寸 6.5m×16m（宽×高）。

4.2 围堰堰体构造

上游围堰堰顶高程确定为 3135.00m，围堰建基面高程为 3082.00m，围堰高度为 53m。上游围堰防渗体设计以防渗施工平台为界分为下部堰基及上部堰体两部分。3130.00m 高程以上堰体全部采用黏土防渗。上游围堰采用堰基混凝土防渗墙＋黏土的防渗型式。围堰两岸岸坡采用帷幕灌浆防渗。

堰体采用砂砾石料或石渣填筑堰体。截流戗提高程为 3105.00m，布置在围堰轴线下游，即与过坝交通洞下叉洞出口相衔接。上游坡面采用块石护坡，沿上游围堰轴线 3130.00m 以下采用混凝土防渗墙，3130.00～3135.00m 采用均质土进行填筑施工的设计方案。

4.3 截流时段选择

原计划安排于 2013 年 10 月底前完成截流，2014 年 2 月 28 日之前上游围堰防渗墙施工平台完成；2014 年 4 月 30 日之前上游围堰防渗墙施工完成；2014 年 5 月 31 日之前围堰填筑完成；2014 年 6 月 30 日完成本合同工程。水力学计算成果表明 10 月下旬截流标准采用 $P=20\%$ 时，旬平均流量为 $837m^3/s$，戗堤前最高水位为 3102.88m，合龙时最大流速为 $6.13m^3/s$。

5 施工阶段优化调整

5.1 截流时段和截流标准选择

根据黄河上游河段水文特性和玛尔挡水电站施工准备阶段的实际情况，截流时间调整为 2013 年 11 月下旬进行，但截流标准采用 $P=20\%$ 不变。经水力学计算分析，11 月下旬截流平均流量为 372m³/s，对应的戗堤前最高水位为 3096.70m。10 月 20 日军功站实测坝址径流量为 463m³/s，11 月 20 日实测坝址径流量为 295m³/s。于是业主决定实施主河床上游围堰截流，承包商于 2013 年 11 月 20 日开始进占，2013 年 11 月 26 日开始合龙，此时戗堤前堰址水位略低于截流所选定的标准，至 11 月 28 日完成围堰合龙，合龙历时 72h 一次性截流成功。

5.2 戗堤优化调整

（1）将戗堤位置由围堰轴线下游侧调整到围堰轴线上游侧，即将戗堤轴线位置调整布置在围堰轴线的上游侧 79.25m 处，使戗堤成为上游围堰堰体的组成部分。调整后的截流戗堤顶长约 104.50m，戗堤顶高程为 3098.00m，戗堤顶宽调整为 20m，戗堤按梯形断面设计，迎水面坡比为 1∶1.5，背水面坡比为 1∶1.5，调整后堤长增加约 20m，戗堤顶部高程降低 7m，戗堤顶宽减少 10m，工程量减少一半以上。

（2）设计单位曾考虑利用左岸过坝交通洞下叉洞唯一交通条件，采用从左岸向右岸进占的单戗堤立堵截流方式，但因上游围堰位于峡谷之中，两岸陡峻，场地狭小，作业困难，抛投强度受到制约。如果龙口布置于围堰下游侧，受河床自然坡降较大影响，特殊材料准备量需要增加一倍以上，应急处理措施也发挥不了效力，截流安全风险显存，故研究确定作进一步优化调整。

（3）鉴于截流之前导流洞进口的 0 号施工支洞已经形成的有利条件，截流可以利用 0 号施工支洞与左岸低线过坝交通洞的下叉洞修筑道路，形成物资、截流材料的循环道路。同时提供为截流准备的特殊材料堆放场地，缩短了运输距离，保证了抛投强度，可为截流创造有利条件。

5.3 截流戗堤断面尺寸与龙口位置

戗堤总长 104.5m，从左岸预进占，龙口留在右岸，龙口宽度设为 70m。根据合龙过程中不同宽度龙口的流速、落差及单宽能量等水力学指标，龙口段进占共划分为三个区，以便于施工时控制抛投材料及采用适当的抛投技术。

Ⅰ区龙口宽度从 70m 进占至 50m，进占长度 20m，龙口流速先逐步增大后再逐步减小，50～60m 龙口时流速达到最大值，该区是龙口进占最困难段、流速最大、水力指标最高、抛投强度最高的区段；Ⅱ区抛投龙口宽

度从 50m 进占至 20m，进占长度 30m，龙口流速由 4.46m/s 减小至 3.37m/s；随着水位升高，导流洞的分流能力逐步加大，Ⅲ区抛投龙口宽度从 20m 进占至合龙，龙口流速由 3.37m/s 迅速减小至 0m/s，水下的三角堰已逐渐变窄，水深也逐渐变浅，戗堤稳定性好转，抛投难度随即消失。

5.4 截流施工

玛尔挡水电站右岸无施工道路，故采用单向立堵法进行截流。左岸仅布置了一条 0 号交通洞至截流戗堤顶部 3098.00m 高程，截流只能由左岸向右岸进占。截流之前，利用 0 号施工支洞洞口形成回车平台，由左岸向右岸进占。在进占过程中，当左岸戗堤进占至龙口部位时利用钢筋笼对龙口进行裹头防护，保证预进占堤头填料的稳定，避免在龙口合龙施工时因裹头坍塌造成人员、设备的损伤。

在上游围堰戗堤沿线填筑备料平台施工时，需控制围堰轴线两侧 5m 范围内填料的粒径，尽可能采用粒径小于 40cm 的石渣料，避免大块料的集中及特大石的出现，以降低后续围堰防渗墙施工难度，保证防渗墙施工质量。

综上所述，截流方式采用上游围堰单向立堵法进占正确，同时截流设计中的关键选择了合适的截流时段以及根据实际地形选择合适的戗堤位置。从时间上看，11 月下旬与 10 月底完成截流，截流完成时间虽然晚了近 1 个月，但围堰完工时间并没有因此滞后。

实施阶段调整为 11 月下旬截流，降低了戗堤顶部高程，大幅减少了特殊材料的用量，同时降低了截流的难度。如果按原计划时间截流，戗堤顶部高程要比调整方案高 7m，两者相比较：一是戗堤工程量要增加一倍以上；二是围堰合龙时特殊材料备用量也要增加；三是黄河 10 月下旬径流量远高于 11 月下旬径流量，鉴于河床自然坡降较大，预计围堰合龙时困难不小，因而截流风险不可低估。

6 结束语

施工导流、截流是玛尔挡水电站工程建设的关键节点，围堰工程于 2013 年 11 月 20 日开工，2013 年 11 月 28 日合龙，按计划顺利实现了截流目标。截流至今历经三年多，围堰正常运行至今，围堰施工质量总体良好、防渗墙施工质量可靠，堰后渗流量较小，效果良好。实践证明，由于截流时间向后调整，选择了适宜的截流标准，加之方案适宜，准备充分，预案可靠，因而截流风险得到有效释放，是获得成功的关键。本次截流设计立足于现有施工条件，在确保围堰安全施工的情况下，因地制宜，不断进行调整优化截流方案，改善截流条件，调整截流时段为 11 月下旬，减少了截流施工难度，缩短了工期，降低了成本，从而保证了后续工程的施工。

土质心墙结构型式对高土石坝坝坡稳定影响分析

李　斌/中国电力建设集团有限公司

【摘　要】　土质心墙作为高土石坝防渗体系的重要部分，其型式的选择受地形、地质条件、枢纽布置、坝体和坝基渗流、坝坡稳定、坝体应力和变形、抗震能力、施工及造价等方面因素综合考量。本文依托糯扎渡、两河口以及双江口等高土石坝工程，通过分析对比直心墙、斜心墙结构下的高土石坝坝坡安全系数、危险滑裂面位置，提出不同心墙结构型式对于高土石坝坝坡稳定的影响，为250～300m级高土石坝的心墙选型提供参考借鉴。

【关键词】　高土石坝　心墙类型　坝坡稳定　安全系数

1　引言

随着重型土石方机械及其配套设备在国内的推广应用，我国的土石坝建设得到了快速发展。近年来，糯扎渡[1-2]（261.5m）、两河口（295m）、双江口（314m）等一批超高土石坝的建设，为我国300m级超高心墙坝筑坝技术发展提供了有力的支撑。

土石坝的心墙型式除应满足工程地质条件、施工条件、坝体构造要求和土料性质等条件外还应满足渗流条件，本文仅通过心墙对坝坡稳定的影响开展研究，以期获得相应经验。

根据200m级高土石坝的建设经验[3-5]，通常大坝的安全运行主要取决于坝坡的抗滑稳定、筑坝材料的渗透稳定以及坝体变形稳定，尤其是土石坝坝坡及坝体在设计及运行期的稳定性是设计中最为关键的因素之一。因此，研究分析心墙型式选择对于坝坡稳定及坝体应力的影响，对于尚无成套设计准则及安全评价系统的200m级以上的高土石坝来说是十分必要的[6-7]。本文依托糯扎渡（261.5m）、两河口（295m）以及双江口（314m）等三个超高土石坝工程，研究对比不同心墙结构型式下的坝坡稳定性，为该类高土石坝的心墙选型提供参考借鉴。

2　工程概况

（1）糯扎渡工程[1-2]。糯扎渡电站位于澜沧江下游普洱市思茅区和澜沧县交界处，是澜沧江下游水电核心工程，也是实施云电外送的主要电源点。电站由拦河大坝、左岸溢洪道、左岸引水发电系统等组成。大坝砾质土直心墙堆石坝，最大坝高261.5m，坝顶宽为18m，上游坡比1∶1.9，下游坡比1∶1.8。心墙两侧为反滤层，反滤层以外为堆石体坝壳。

（2）两河口工程。两河口水电站位于四川省甘孜州雅江县境内雅砻江干流与支流庆大河的汇口口下游，是雅砻江中下游的"龙头"水库，枢纽建筑物由拦河大坝、洞式溢洪道、泄洪洞、放空洞、地下发电厂房、引水及尾水建筑物等组成。大坝为直心墙堆石坝，最大坝高295m，坝顶宽为16m，上游坡比1∶2，下游坡比1∶1.9。心墙两侧为反滤层，反滤层与堆石体坝壳之间设置过渡层。

（3）双江口工程[6-7]。双江口水电站系大渡河干流"三库22级"的第5级电站，是大渡河干流上游的控制性水库工程。枢纽工程由拦河大坝、泄水建筑物、引水发电系统等组成。大坝为土质直心墙堆石坝，最大坝高314m，坝顶宽度16m。心墙两侧设置了两层反滤，上、下游反滤层Ⅱ与坝体堆石之间设置过渡层。

各工程主要结构设计参数见表1。

3　各工程坝体分区及材料参数

各工程在设计过程中，对于坝体分区进行了大量的研究分析，本文仅研究心墙结构对坝坡稳定的影响，为便于对比，对于同一工程直心墙、斜心墙采取统一分区。分区及材料参数采用工程最终确定分区方案及材料参数。坝坡稳定分析计算模型图中分区标号与各工程材料参数标号一致。

表1 工程结构设计参数表

坝名	坝高/m	心墙型式	心墙材料	上游坝坡	下游坝坡	心墙顶宽/m	心墙坡度	反滤层坡度	反滤层厚度	过渡层坡度	过渡层顶宽/m
糯扎渡	261.5	直心墙	砾石土	1:1.9	1:1.8	10	1:0.2	1:0.2	4m/6m	1:0.2	10
双江口	314	直心墙	砾石土	1:2.0	1:1.9	4	1:0.2	1:0.2	4m/6m	1:0.3	10
两河口	295	直心墙	砾石土	1:2.0	1:1.9	6	1:0.2	1:0.2	4m/6m	1:0.3	10

各工程计算模型、各类土层编号及材料参数如下:

(1) 糯扎渡工程。糯扎渡坝坡稳定性分析计算模型见图1,糯扎渡工程坝坡稳定计参数见表2。

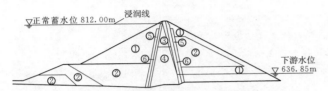

图1 糯扎渡坝坡稳定性分析计算模型

表2 糯扎渡工程坝坡稳定计参数表

参数	线性强度			
坝料	μ_f	σ_f	μ_c	σ_c
①I区堆石料				
②II区堆石料				
③混合土料	0.351	0.035	180.421	39.693
④掺砾土料	0.421	0.042	239.205	47.841
⑤细堆石料				
⑥反滤料				

参数	非线性强度			
坝料	μ_ϕ	σ_ϕ	$\mu_{\Delta\phi}$	$\sigma_{\Delta\phi}$
①I区堆石料	53.669	2.576	7.748	0.775
②II区堆石料	51.213	2.509	8.421	0.842
③混合土料				
④掺砾土料				
⑤细堆石料	51.213	2.509	6.207	0.621
⑥反滤料	52.047	2.550	9.316	0.932

(2) 双江口工程。双江口坝坡稳定性分析计算模型见图2,双江口工程坝坡稳定计参数见表3。

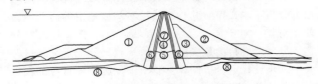

图2 双江口坝坡稳定性分析计算模型

表3 双江口工程坝坡稳定计参数表

坝料	非线性强度		天然密度	饱和密度
	μ_ϕ	$\mu_{\Delta\phi}$	$\rho/(t/m^3)$	$\rho_{sat}/(t/m^3)$
①上游堆石	41.9	2.76	2.12	2.33
②下游堆石I	51.24	7.73	2.09	2.29
③下游堆石II	49.4	7.9	2.07	2.27
④反滤I	43.82	4.62	2.00	2.25
⑤反滤II	47.17	6.9	2.02	2.26
⑥过渡料	46.68	5.8	2.09	2.29
⑦砾石心墙料	41.67	4.7	2.10	2.33
⑧坝基砂砾石 上层	49.03	7.42	2.05	2.25
⑧坝基砂砾石 中层			2.03	2.23
⑧坝基砂砾石 下层			2.06	2.25

(3) 两河口工程。两河口坝坡稳定性分析计算模型见图3,两河口工程坝坡稳定计参数见表4。

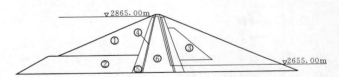

图3 两河口坝坡稳定性分析计算模型

表4 两河口工程坝坡稳定计参数表

坝料	线性强度	非线性强度		天然密度	饱和密度
	μ_c	μ_ϕ	$\mu_{\Delta\phi}$	$\rho/(t/m^3)$	$\rho_{sat}/(t/m^3)$
①堆石I		49	6	2.18	2.28
②堆石II		48	6	2.14	2.25
③堆石III		43	6	2.05	2.15
④反滤料		43.82	4.62	2.20	2.30
⑤过渡料		45	7	2.17	2.27
⑥心墙料	4	41.67	4.7		

4 不同心墙类型的坝坡稳定分析对比

本文采用2009版STAB程序分别对三个工程土石坝的最大坝剖面进行各种工况坝坡稳定安全系数进行计

算，各工程直心墙、斜心墙在不同工况下的坝坡安全系数见表5（取最小安全系数）。

表5 不同工程坝坡稳定性汇总表

计 算 工 况		糯扎渡工程		双江口工程		两河口工程	
		直心墙	斜心墙	直心墙	斜心墙	直心墙	斜心墙
上游坝坡安全系数	①竣工期	2.073	1.970	1.835	1.522	2.123	2.057
	②稳定渗流期（正常蓄水位）	1.925	1.85	1.938	1.75	2.220	2.127
	③稳定渗流期（死水位）	1.997	—	1.838	1.791	1.997	1.897
	④水位骤降（正常蓄水位→死水位）	1.800	1.691	1.559	1.502	1.821	1.800
	⑤稳定渗流（正常蓄水位）遇地震	1.442	1.438	1.379	—	1.383	1.358
	⑥稳定渗流（死水位）遇地震	—	—	1.336	1.287	1.362	1.296
下游坝坡安全系数	A. 竣工期	1.869	1.859	2.029	2.015	1.726	1.733
	B. 稳定渗流期（正常蓄水位）	1.675	1.646	1.806	1.75	1.708	1.744
	C. 稳定渗流期（死水位）	—	—	—	—	1.728	1.746
	D. 稳定渗流（正常蓄水位）遇地震	1.423	—	1.469	1.483	1.321	1.362

（1）直心墙方案在蓄水后稳定渗流期，上、下游正常水位情况下的安全系数均大于1.5，斜心墙方案水位骤降至库底时的安全系数均大于1.5。

（2）斜心墙方案坝坡破坏形式是上游堆石体主动破坏与下游边坡滑动的复合破坏形式，但上游主动破坏区范围较大且明显，斜心墙方案最危险滑块位置涵盖上游坝坡2/3部位。直心墙方案坝坡滑裂面大部分出现在上游边坡的软岩料区，最危险滑块位置涵盖上游坝坡1/3部位，下游的剪切滑动面的位置也稍低。所有斜心墙方案下游坝坡危险滑裂面位置较直心墙方案距坝顶稍近。产生上述区别的原因是由于作用在斜心墙上向下的渗透力分量较大，增加了心墙下游侧的应力从而提高了其抗剪强度。

（3）上游坝坡安全系数均以直心墙土石坝较大，尤其以库水位骤降情况下最为明显，下游坝坡安全系数两者相差很小。

（4）下游坝坡安全系数均以斜心墙土石坝较小，通过分析，可能是由于斜心墙浸润线溢出点高程、下游坝壳最大水力比降和渗流流速均较直心墙大导致。

5 结论

（1）心墙型式的选择应根据坝料特性、坝区地形地质条件、地震烈度、坝基处理、枢纽布置条件、投资等工程多种因素综合考虑。从本文研究分析来看，同等条件下的直心墙、斜心墙方案坝坡稳定安全性均可满足要求。

（2）现行土石坝设计规范仅对200m级以下土石坝坝坡稳定提出要求，即正常蓄水期安全系数大于1.5，

竣工期和库水位骤降时大于1.3，地震时安全系数大于1.2；参照现有土石坝设计规范标准要求，初步确定本文3座土石坝设计，无论采用直心墙还是斜心墙方案，其坝坡稳定均可满足要求。

（3）直心墙方案上游坝坡安全系数高于斜心墙方案，下游坝坡安全系数两者相差不大。斜心墙方案的上、下游坝坡危险滑裂面位置较直心墙方案距坝顶稍近，相应的加固设计方案有所区别。

（4）根据坝坡稳定计算结果可知，坝顶部位是影响坝坡稳定的关键。在进行土石坝坝坡设计时，应做好其结构设计工作。

参 考 文 献

［1］张宗亮．糯扎渡水电站工程特点及关键技术研究［J］．水力发电，2005，31（5）：4－7.

［2］张宗亮，袁友仁，冯业林．糯扎渡水电站高心墙土石坝关键技术研究［J］．水力发电，2007，32（11）：5－8.

［3］陈祖煜．土质边坡稳定分析原理·方法·程序［M］．北京：中国水利水电出版社，2003.

［4］李国英，王禄仕，米占宽．土质心墙土石坝应力和变形研究［J］．岩石力学与工程学报，2004，23（8）：1363－1369.

［5］连镇营，韩国城，孔宪京．强度折减有限元法研究开挖边坡的稳定性［J］．岩土工程学报，2001，23（4）：407－411.

［6］杜效鹄，李斌，陈祖煜，等．特高坝及其梯级水库群设计安全标准研究Ⅱ：高土石坝坝坡稳定安全系数标准［J］．水利学报，2015，46（06）：640－649.

［7］周建平，王浩，陈祖煜，等．特高坝及其梯级水库群设计安全标准研究Ⅰ：理论基础和等级标准［J］．水利学报，2015，46（05）：505－514.

水电工程地下洞室系统建造期通风研究

彭运河/中国水利水电第八工程局

【摘　要】　本文基于乌干达卡鲁玛项目地下洞室群的施工期通风的设计与实践为基础，分析国际工程项目在卫生标准与《水工建筑物地下工程开挖施工技术规范》的差异，同时探讨国际工程地下洞室群施工期通风的计算方法和采取的必要措施。

【关键词】　境外项目　水电工程　建造期　洞室群　通风

1　概述

由于地形的限制或者是由于环境保护的需要，水力发电站项目往往会将水力发电系统、变压器和一些控制设备中一部分或者全部布置在地面以下。这样就需要在地下开挖厂房以及相关的变压器、水流控制闸等多个洞室，同时为了建造这些洞室以及为了引入水流和排出水流又需要建造多条隧洞，这些隧洞和洞室就构筑了复杂的地下洞室系统。

水电工程的地下洞室群往往是通过爆破手段开挖形成，炸药在爆炸过程中将在工作面产生大量的有害气体和粉尘，这些有害气体和粉尘必须排除或者稀释到一定程度后才允许人员进入，同时，工作人员和内燃设备在进入工作面以及在工作过程中都需要消耗一定的氧气，这种为了保证施工人员在地下洞室建造期的施工通风和除尘就是地下工程建造期通风。

2　空气质量标准对比分析

洞内的空气质量是人员准入的重要标准，同时也是需风量计算的重要基础。2011 年 7 月 28 日，我国国家能源局修订和发布了 DL/T 5099—2011《水工建筑物地下工程开挖施工技术规范》（以下简称《水工地下规范》[1]），该规范作为中华人民共和国电力行业标准，代号为 DL/T 5099—2011，在规范中明确规定了空气中有害物质的最高容许含量。2016 年 2 月 25 日，我国国家安全生产监督管理总局批准和发布了修订的《煤矿安全规程》[2]，也规定了矿井有害气体最高允许浓度。《煤矿通风综合技术手册》[3] 比较了国际上通用的卫生标准。各个标准比较见表 1。由于本文主要研究水电项目地下工程通风技术，基于不存在瓦斯等有害气体，如果探明在该地区存在瓦斯等有害气体，则需要另做专项研究。

表 1　　　　空气质量标准表

标准	氧气 ≥/%	一氧化碳 ≤/10^{-6}	二氧化碳 ≤/10^{-6}	二氧化硫 ≤/10^{-6}	二氧化氮 ≤/10^{-6}
《煤矿安全规程》	20	24	5000	5	2.5
英国		50	5000	10	10
美国	18	50	5000①	2	3
德国		50	5000	2	5
《水工地下规范》	20	24②	5000	5	2.5

① 美国曾规定在 15min 的短期内，二氧化碳的允许浓度为 15000×10^{-6}。

② 《水工地下规范》对一氧化碳的最高允许含量和工作时间作了特别规定，当工作时间在 20min 以内，一氧化碳的最高含量可达 200×10^{-6} mg/m³；当工作时间超过 20min 但在 30min 以内，一氧化碳的最高含量可达 100×10^{-6}；当工作时间超过 30min 但在 1h 以内，一氧化碳的最高含量可达 50 $\times 10^{-6}$。

从表 1 中可以看出，《水工地下规范》规定的空气质量与我国国家安全生产监督管理总局发布的《煤矿安全规程》中规定的空气质量标准是一致的。但在一氧化碳的最高含量上根据工作时间做出了特别规定。与国际通用规范相比，氧气含量、一氧化碳的最高含量、二氧化碳最高含量和二氧化氮的最高含量均接近或严于欧美标准，而二氧化硫的最高含量较欧美标准总体偏低。二氧化硫的最高含量较欧美标准总体偏低的主要原因是因为二氧化硫有窒息性的臭味及激烈的刺激性，所以因高浓度气体而致死的中毒事故是极少的，人类在二氧化硫浓度达到（50～100）×10^{-6}时，还可以耐受 0.5～1h。因此，可以得出，在国际上进行水电工程地下洞室群施工时，采用电力行业标准 DL/T 5099—2011《水工建筑物地下工程开挖施工技术规范》作为空气质量衡量标准是合适的。

3 《水工地下规范》对水电工程地下洞室通风的其他要求

3.1 风速与温度

按《水工地下规范》规定，洞内平均温度不应超过 28℃，根据不同温度，应按表 2 调节洞内风速。

表 2 温度与风速关系

温度/℃	15 以下	15～20	20～22	22～24	24～28
风速/(m/s)	<0.25	<1.0	>1.0	>1.5	>2.0

《煤矿安全规程》并无此要求，但其中第六百五十五条规定：当采掘工作面空气温度超过 26℃时，必须缩短超温地点工作人员的工作时间，当采掘工作面的空气温度超过 30℃时，必须停止作业。在新建或改扩建矿井设计时，必须进行矿井风温预测计算，超温地点必须有降温设施。

同时，还值得注意是《水工地下规范》指的是洞内平均温度和洞内风速，而《煤矿安全规程》定义的是工作面和超温点。

3.2 风速规定

《水工地下规范》规定，工作面附近的最小风速不得低于 0.15m/s，最大风速不得超过表 3 的规定。

表 3 风速要求

部位	最小风速/(m/s)	最大风速/(m/s)
掘进中的隧洞、竖井	0.15	4.00（4.00）
运输与通风洞	（0.25）	6.00（6.00）
升降人员与器材的井筒		8.00（8.00）
（专用通风洞、井）		（15.00）

注 表中括号内的数字为《煤矿安全规程》中的规定。

3.3 通风量要求

按《水工地下规范》要求，地下工程开挖时工作面

和运输通道的通风量，应根据下列原则分别计算，取其中最大数值。

（1）按洞内同时工作的最多人数计算，供给 3.0m³/(人·min) 的新鲜空气。

（2）按爆破后 20min 内将工作面的有害气体排出或冲淡至容许浓度计算，每公斤炸药（2 号岩石硝铵炸药）爆破后，可产生折合成 40L 一氧化碳气体。

（3）洞内柴油机械按 4.0m³/(min·kW) 风量计算，并与同时工作的人员所需的通风量相加。

（4）计算通风量时，漏风系数可取 1.2～1.45。

（5）计算的通风量，应按最大最小容许风速和相应洞内温度所需的风速进行校核。

（6）当海拔超过 1000.00m 时，应在计算的通风量中乘以高程修正系数，见表 4。

表 4 高程修正系数

高程修正项目	修正系数
施工人员所需风量	1.30～1.50
爆破散烟通风量	≈（高程-1000）×0.0001525+1.11
使用柴油机械的通风量	1.20～3.90

在《煤矿安全规程》中，施工人员的供风量是按 4.0m³/(人·min) 计算，而海拔超过 1000.00m 的影响没有特殊规定，漏风系数应根据风管长度和风管质量确定。

4 通风方式和风量计算

各洞室风量的计算是施工通风设计的基础，公式很多，标准也不一样。水利水电施工组织设计手册亦有地下工程的通风设计，《水工地下规范》也有标准，但大部分都源于矿山工程的井巷通风设计[4]。本设计研究参考了多个地下工程的通风设计，如国内的小湾和溪洛渡地下厂房工程，也参考了一些抽水蓄能的地下工程通风，还有地铁工程的通风设计。

根据国内大型地下厂房工程的施工经验，地下厂房按平面多工序，立体多层次施工方式，计算施工人员、爆破散烟、机械设备和排尘要求等需风量并取其中最大数值。

4.1 施工人员需风量计算

施工人员需风量按下式计算

$$Q_p = f_{ep} K_1 K_2 m q_p$$

式中　Q_p——施工人员所需风量，m³/min；

　　　f_{ep}——高程修正系统，可按表 4 选取，亦可取 1.0；

　　　K_1——风量备用系数，取 1.15；

K_2——漏风系数，根据风管质量和100m风管漏风量计算，可取100m风管漏风量为1%；

m——洞井内同时工作人数，各洞室人数不一致，按施工组织分别计算；

q_p——洞井内每人所需空气量，按 $4.0\text{m}^3/$（人·min）计算。

4.2 爆破散烟需风量

爆破散烟需风量根据排烟方式确定，一般采用压入式，随着隧洞的加长，压入式通风的需风量很大，同时随着岔道的形成，相互向干道内排入乏风，影响干道内的空气质量，因此采取混合式通风，将乏风通过管道输至洞外，可以避免干道内空气污染，同时，采用混合式通风可以缩短通风换气段的长度，从而减少压入的风量。

无论是采取压入式通风还是混合式通风，为稀释爆烟而需压入的风量均按下式计算[5,6]。

$$Q_f = f_{es}K_1K_2\frac{7.8^3}{t}\sqrt{W_{et}A^2L^2}$$

式中 Q_f——爆破散烟所需风量，m^3/min；

f_{es}——高程修正系，可按表4选取，亦可取1.0；

W_{et}——同一时间爆破耗药量，kg，按进尺和岩石性质确定；

A——隧洞/先导洞断面面积，m^2；

L——通风换气段长度，取洞长或炮烟稀释的安全距离，m；

t——设计排烟时间，按规范或施工组织设计的进度要求，取20min、30min或60min。

值得研究的是，该式是以1kg炸药产生100L一氧化碳气体和有害气体容许浓度为 20×10^{-6} 代入沃洛宁公式而推导出来的[6]，而实际《水工地下规范》规定"1kg炸药产生40L一氧化碳气体及有害气体的容许浓度为 24×10^{-6}"。根据沃洛宁公式，采用上式的计算结果将比原沃洛宁公式高出44%，因此，上式应改写为

$$Q_f = f_{es}K_1K_2\frac{5.4^3}{t}\sqrt{W_{et}A^2L^2}$$

式中参数同上。

采取压入式通风时，出风口距工作面的距离不应超过有效射程，有效射程为 $(4\sim5)\sqrt{A}$，如按45m^2断面面积计算，压入式通风的有效射程为26.8~33.5m。当风口超过该距离，污风将在工作面形成回流旋涡，很难排出。

在计算压入风量时，特别应注意 L，它是通风换气段长度，取洞长或炮烟稀释安全距离的较小值或者混合式通风方式下吸风口至工作面的长度，同时也可能就是工作区段需换气段的长度。

炮烟稀释安全距离为 $400W_{et}/A$。

根据《水工地下规范》对工作时间和允许含量作出的特别规定，意味着在只□内，有害气体的含量不需完全稀释到□度，因此，可以根据施工计划，将通风□至工作面60~100m以内，这样将大大□减少能耗和施工成本。

当交通干道内有施工任务或者为了□气质量，往往需要采取混合式通风方□风方式时稀释爆烟的需风量按沃洛宁公□量，然后考虑洞内最小排尘风速要求计□算公式如下：

$$Q_{in} = f_{es}K_1K_2\frac{5.4^3}{t}\sqrt{W_{et}A^3}$$

$$Q_{out} = 1.2Q_{in}\ 或\ Q_{out}=Q_{in}+$$

式中 Q_{in}——爆破散烟采用混合式通风□ m^3/min；

Q_{out}——爆破散烟采用混合式通风□ m^3/min；

v——设计的排尘风速，按断面□ 或0.25m/s；

其他参数意义同上。

对厂房等大洞室的开挖，根据类似□下式计算：

$$Q_f = 2.3Vf_{es}K_1K_3\lg\left(\frac{500}{V}\right)$$

式中 Q_f——爆破散烟所需风量，$\text{m}^3/$□

K_3——涡流扩散系数，与厂房□查手册；

V——开挖容积，m^3。

由于境外项目存在硬风管采购、加□上的难度，一般很少采用抽出式通风。

4.3 按燃油机械单位功率需风量计□

$$Q_{dm} = f_{sim}f_{en}K_1K_2(P_m+P_p)$$

式中 Q_{dm}——柴油设备所需风量，$\text{m}^3/$□

f_{sim}——柴油设备同时工作系统；

f_{en}——高程修正系，可按表4选取，亦可取1.0；

P_m——工作面上柴油设备的总功率，设备数量和容量按洞室大小确定；

P_q——单位千瓦柴油机所需风量，为 $4.0\text{m}^3/$（min·kW）；

P_p——考虑各工作面同时工作人员的供风要求，按人数换算成功率。

4.4 最小风速要求和最大风速校核

隧洞供风量除按表上述要求算后还应按表3中的要求核算最小风速和最大风速。

5 通风规划和风机、风管的选择

5.1 通风规划

地下洞室和隧道构成水电工程复杂的地下网络，随着地下工程的深入、不同工作面的开启和关闭以及各工作面在测量、钻孔、爆破、排烟、出渣各环节中，风量均是变化的，风量需求是动态的，因此合理地规划通风措施、选择合适的通风设备及风道是地下洞室群经济、快速施工的重要因素之一。

要进行通风规划，首先要根据地下网络结构将复杂的地下洞室群分解成独立的不同单元，根据可能的进风口位置、排风路径计算需风量和需风时间，绘制进度垂直图，汇总分析设备情况，再进行调整，最后分独立巷道掘进阶段、循环通风阶段分区规划通风布置。

5.2 风机选择

地下洞室在钻孔、装药、排烟和出渣过程中，需风量都不一样，因此，在施工过程中应根据工艺要求，合理调整供风量，以减少不必要的能耗，降低施工成本。

目前，国内应用较多的是多档位风机，在不同的工序情况下选择不同的风机档位改变送风量。近期国内还出现了可逆风机，在排烟阶段采取抽出式排风措施通风，而在其他工艺阶段采取压入式通风措施供风，这样要求风管是能够承受负压的。

在国外，由于受制于当地的加工水平和运输成本，硬风管的制作、运输、安装成本较高，不适应境外项目，但风机多选择变频风机。变频风机可以根据风量需要变换频率以最小的功率确保所需的风量。

5.3 风管选择

风管的选择与风量、风压、送风距离和风管质量有关，境外项目宜优选柔性大直径风管。

风管的理论送风距离可按下式计算：

$$L = H(D^5)/(6.5\alpha Q^2)$$

式中　L——风管的理论送风距离，m；

H——风机的风压，Pa，由选择的风机性能决定；

D——风管的直径，m；

Q——设计供风量，m^3/s；

α——风管的摩擦阻力系数，需由专业书籍查找，对柔性风筒可按 $D \geq 1.2$，$\alpha = 0.002$；$1.0 \leq D < 1.2$，$\alpha = 0.0026$；$0.8 \leq D < 1.0$，$\alpha = 0.00272$；$D < 0.8$，$\alpha = 0.00284$ 选用。

风管的摩擦阻力系数是影响风管送风能力的重要因素，根据有关研究，风筒表面光滑并不能降低风管摩擦阻力系数，反而凹凸的表面有良好的低摩擦阻力系数。

当采用单级风机的风压计算时，风管不能输送额定

的风量时，可布置串联风机送风或者布置 2 条或多条风管并联供风，还可以研究缩短风管距离的措施，如增加辅助通风洞或者竖井。

6 案例分析

乌干达卡鲁玛水电站项目位于非洲东部，地处平原地区，并在国家野生动物园内，为了开发利用尼罗河的水力资源，同时又不造成很大的生态环境破坏，项目采取全地下引水发电方式开发。

地下洞室包括包括引水洞、发电厂房、主变洞和尾调洞、尾水洞等以及为厂房洞室服务的交通洞、通风洞、排水洞、出线竖井和施工支洞和施工通风竖井等共计 40 条 27.26km 长。

由于工程地处平原地区，交通洞、通风洞、出线竖井的出口几乎在同一高程，因此，自然风压的利用价值非常有限，同时排风距离相对较长。

根据工程的浅埋特点和总进度要求，规划在厂房左端增设施工通风竖井，通过小平洞与施工支洞及尾调排风洞连接，形成循环供风通道，缩短风管长度。通风划分为三大区域，分期进行通风。

第一区为通风兼安全洞通风区：由于通风兼安全洞的底坡陡，所以在第 1 阶段全设计为压入式通风，当厂房的导洞与施工通风竖井形成循环通道时，进入第 2 阶段通风，采用负压通风和局部通风。

第二区为主交通洞通风区：由于主交通洞底坡缓、洞室长、岔道多，施工干扰大，所以在第 1 阶段设计为混合通风，第 2 阶段是在各施工支洞、洞室通过附加平洞与施工通风竖井相接后，采用负压排风，形成循环通风。大洞室采用负压通风和局部通风。

第三区为独通风区：主要为竖井开凿时的独立通风。

风机采用变频风机，满足长隧道送风需要。按照风量计算成果，供风分 4000m^3/min、2000m^3/min、800m^3/min 和 400m^3/min 4 个等级，对于 4000m^3/min 的风量要求，采用 2 支 2000 级风机代替，长管线采用 2 台串联解决。根据进度垂直图，确定风机数量为 17 台，总功率 1143kW。

风管选择柔性风管，直径分为 1400mm、1200mm、1000mm、700mm 4 种，未使用负压风管。根据进度垂直图，确定风机数量为 13000m。

工程从 2014 年 3 月 4 日开始进行地下工程开口工作，至 2016 年 8 月 26 日完成厂房集水井开挖，标志着地下工程圆满完成。通风规划满足了开挖的需要，未发生因通风不畅而造成的窝工或人员中毒现象，经检测，空气质量满足《水工地下规范》和乌干达国家规定空气质量标准。

7 结语

本研究是基于境外水电项目的地下洞室群的通风,适应于无瓦斯等有毒和易爆气体溢出的地下洞室群。本文纯属个人观点并在乌干达卡鲁玛项目得以应用,对类似项目有一定的参考价值。

参 考 文 献

[1] 中华人民共和国国家能源局. DL/T 5099—2011 水工建筑物地下工程开挖施工技术规范 [S]. 北京:中国电力出版社,2011.

[2] 国家安全生产监督管理总局. 煤矿安全规程 [S]. 北京:中国法制出版社,2016.

[3] 范天吉. 煤矿通风综合技术手册 [M]. 长春:吉林电子出版社,2003.

[4] 马洪琪,周宇,和孙文. 中国水利水电地下工程施工 [M]. 北京:中国水利水电出版社,2011:598.

[5] 马洪琪,周宇,和孙文. 中国水利水电地下工程施工 [M]. 北京:中国水利水电出版社,2011:611.

[6] 范天吉. 煤矿通风综合技术手册 [M]. 长春:吉林电子出版社,2003:206.

超深竖井正井法施工在江门中微子实验站配套基建工程中的应用

孔维春　王卫治/中国水利水电第六工程局有限公司

【摘　要】 本文立足江门中微子试验站配套基建工程竖井施工，详细叙述了超深竖井正井法施工的技术控制和施工要点，为类似工程施工提供借鉴。

【关键词】 超深竖井　正井法

1　前言

目前国内外地下工程中，竖井施工十分普遍，根据其施工条件不同，其施工方法也有所区别，依据水利水电工程施工经验，对于超深竖井一般采用反井钻机法施工。本工程竖井施工井深611.3m，开挖直径6.2m，衬砌后净直径5.5m，是本工程重要的施工通道之一。由于本工程竖井底部无法先形成交通洞，因此本工程竖井施工不能采用水利水电工程中反井钻机施工技术。根据本工程的实际情况，竖井施工选用正井法施工，开挖与混凝土衬砌同步进行，混凝土施工紧随开挖施工，省略初期支护施工工序，直接进行混凝土衬砌，减少了工程成本，提高了施工安全。本文将详细阐述超深竖井正井法施工的施工技术要点。

2　工程概述

2.1　工程简介

江门中微子试验站配套基建工程位于广东省江门市开平市金鸡镇和赤水镇之间，距阳江核电站和台山核电站均约57km。试验室洞室群包括试验大厅、斜井、竖井、地下安装间和其他功能性辅助洞室。竖井位于试验厅西北侧的东坑石场，入口标高127.00m，底高程－484.30m，井深611.3m，净直径5.5m，竖井全断面采用混凝土衬砌支护。

2.2　工程特点

竖井是地下洞室群向外界的主要通道之一，工期紧且需要优先形成。不适合采用水利水电工程常规的竖井开挖方法施工，需要采用正井法施工，具有以下特点：

（1）竖井深度深：竖井深611.3m，这种布置应用较少。

（2）该工程由于竖井井筒深，竖井底部无通道，不适合采用反井钻机开挖。根据本工程特点，只能采用正井开挖方法。

（3）竖井向下开挖过程中，同步自上而下进行混凝土施工。

3　施工布置

根据竖井井口场地实际施工情况，进行现场临建工程的布置，主要包括：施工道路、施工生活辅助设施、施工风水电供应系统、施工通风、施工排水、施工通信、井内运输等，竖井施工场地布置详见图1。

竖井井筒内排水管、供风管、供水管、电缆以及通风管，均采用凿井绞车悬挂。井内运输采用3m³吊桶进行出渣、施工人员和零星材料运输，输送混凝土采用1.5m³底卸式吊桶。

竖井通信系统采用防爆电话通信，井口至绞车房可用普通电话通信。提升机信号系统采用井底工作面（或吊盘）→井口→绞车房逐级传递，通过电铃点数传递信息。井口信号房设一个专用转换开关控制主提升绞车的换向回路。绞车房与井口设置一套工业电视监控系统，绞车司机可以监视井口的提升情况。

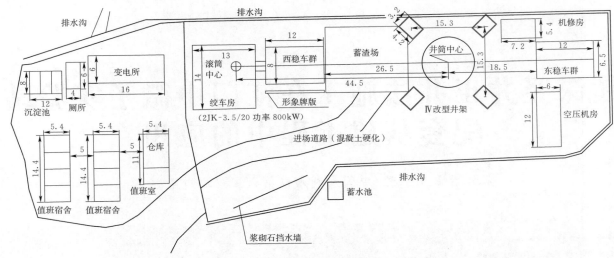

图 1　竖井场地平面布置图

4　凿井辅助系统及设施

4.1　提升

提升机选用 2JK－3.5/20 型矿井提升机，渣石吊桶采用 $3m^3$ 座钩式吊桶。提升绞车除提升吊桶外，还需提升钻孔用的 SJZ6.7 型伞钻。

4.1.1　提升机型号

2JK－3.5/20 型矿井提升机，卷筒直径：3.5m，个数：2 个，宽度：1.5m，钢丝绳最大静张力：20t，最大静张力差：18t。最大提升高度（以直径 43mm 钢丝绳计算），一层：464m，二层：938m。减速机型号：ZLYQ－1810，传动比：12.97，电动机型号：YR1000－12/1430－800，功率：800kW，转速：481r/min，钢丝绳速度：7m/s。

4.1.2　提升机的布置

提升绞车位于井筒西方，井筒施工时采用主滚筒做单钩提升，提升机主轴中心线距井筒中心线的水平距离 44.5m，钢丝绳弦长 52.7m，提升机双滚筒中心线与井筒中心线重合。双罐笼提升钢丝绳最大内偏角均为 1°，外偏角均为 0°44′。提升天轮选用 $\phi2500$ 一套，钩头采用 11t 钩头，钩头上方设保护伞。提升机见图 2。

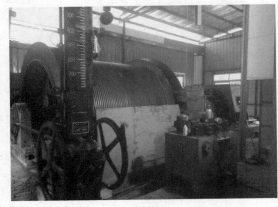

图 2　提升机

4.2　钻孔设备

采用国产 SJZ－6.7 型伞钻钻孔，伞钻技术规格如下：

型号：SJZ6.7，支撑臂：3 个，支撑臂范围：6.6～8.6m，动臂个数：6 个，配用凿岩机型号：YGZ－70，推进程：4.4m，垂直炮孔圈径：1.65～8.2m，工作压力：0.5～0.7MPa，工作水压：0.3～0.5MPa，钻杆规格：B25×159mm，钻头直径：38～55mm，钻杆长度：4.7m，收拢后高度：7.2m，收拢后外接圆直径：1.9m，重量：7000kg，最大耗风量：$68m^3/min$。伞钻见图 3。

图 3　伞钻

4.3 出渣设备

在井筒中布置一台 HZ-6 中心回转式抓岩机，伞钻钻孔爆破后，石渣由 HZ-6 中心回转式抓岩机装渣至吊桶内，利用提升绞车提至地面，在井架二层台采用座钩式自动翻渣至蓄渣场，用装载机装车，用运渣汽车运至弃渣场。

中心回转抓岩机技术特征：抓岩能力：50～60m³/h，压缩空气工作压力：0.5～0.7MPa，抓斗容量：0.6m³，压缩空气平均需风量：22m³/min，提升能力：1100kg（不包括抓斗），提升速度：0.2～0.4m/s，外形尺寸：920mm×820mm×7010mm，机重：8092kg（包括抓斗）。抓岩机见图4。

图4　抓岩机

4.4 井架

根据竖井断面尺寸、钻孔方式、井深等参数，选用Ⅳ改型钢管井架，技术特征如下：

主体架角柱跨距为 15.3m×15.3m，天轮平台尺寸为 7m×7m，井架高度为 25.87m，卸渣台高度为 10.5m，井架自重为 72t，允许过卷高度（根据提升机速度，按照规范要求，井架顶部以下 7.38m 处需要安设缓冲装置，防止吊桶或其他提升物提升高度过高对井架顶部天轮造成破坏，该距离为过卷高度）为 7.38m，井架见图5。

4.5 封口盘

在井口设置封口盘，防止人员或物体掉落。封口盘采用钢结构，主梁采用 45 号工字钢，副梁采用 30 号、20 号工字钢，井盖门制成整体组装式，为满足吊桶在井盖门上存放的要求，特用 20 号槽钢把井盖门进行加固。锁口盘各孔口均设金属盖门，封口盘各处缝隙堵严。

4.6 吊盘

吊盘主要由上下两层，下层为主要工作平台，上层

图5　井架

主要起防护作用。吊盘主要技术参数如下：

（1）吊盘为双层钢结构，外径 5300mm，上、下层间距 3.6m，上、下层间设立柱 5 根，上层盘主、副梁由 25 号工字钢和槽钢制成，下层盘由 30 号工字钢和槽钢制成。上、下层均铺设 δ5 网纹钢板。

（2）悬吊点设在下层盘，吊盘用 3 根钢丝绳悬吊。

（3）上层盘为保护盘，下层盘为工作盘。下层盘设 HZ-6 中心回转抓岩机 1 台。信号系统设在下层盘。工作面常用工具放置在工作盘上，井壁固定的压风管、排水管、风筒均站在下盘上安装。吊盘距工作面不大于 40m。

（4）吊盘各孔设盖板，井壁固定管路处的缺口设栏栅杆，高 1.2m。

（5）悬挂吊盘的钢丝绳选择计算结果是：吊盘绳选 18×7-FC-32-1770 钢丝绳，3 根。

（6）吊盘悬吊天轮、稳绳悬吊天轮 φ650mm，10 个。吊盘及稳绳凿井绞车选 JZ-10/600A 型 5 台。

4.7 砌壁模板

（1）砌壁采用 YJM-φ5560mm 整体下行液压伸缩式金属模板，整个模板由 30 号槽钢做骨架、δ8 钢板做外模板组合而成，上部设上斜式刃角。模板伸缩口用丁字板封挡，设液压油缸 5 个。

（2）模板全高 4800mm，自重 17t（考虑黏结混凝土）。有效高度 4500mm，下刃脚 300mm，用 3 根绳悬吊，悬吊钢丝绳型号为 18×7-FC-32-1770 不旋转钢

丝绳。

（3）悬吊天轮采用 ϕ650mm 5 套，凿井绞车 JZ-10/600A3 台。砌壁模板见图 6。

图 6　砌壁模板

4.8　安全梯

竖井井筒施工期间，吊盘以下设钢丝绳软梯，梯子间距 400mm，平时放在吊盘上，在紧急情况下，软梯从吊盘放至井底，井底工作人员可通过软梯升至吊盘，然后通过罐升至地面。安全梯选用 JAZ-5/1000 型稳车，18×7-FC-22-1770 不旋转钢丝绳悬吊。

5　吊挂设施选型计算

5.1　主提升设备选型计算

5.1.1　钢丝绳的选择

选 18×7-FC-36-1870 不旋转钢丝绳，其技术特征为：钢丝绳破断力 Q_z＝794000N，标准每米重量 P_{SB}＝5.05kg/m。

（1）钢丝绳最大悬垂高度 H_0：井筒的深度＋井口水平高至井架天轮平台的高度：

$$H_0 = 611.3 + 25.87 \approx 638 \text{（m）}$$

（2）悬吊荷重 $Q_{物}$ 的计算：

3m³ 吊桶：$Q_{物} = g \times [G + K_m V\gamma_g + 0.9 \times (1-1/K_s)V\gamma_s] + Q_1 + Q_2 = 9.8 \times [1430 + 0.9 \times 3 \times 1800 + 0.9 \times (1-1/1.53) \times 3 \times 1000] + 2109 + 2340 = 75257$（N）

式中　K_m——装满系数，取 K_m＝0.9；
　　　V——吊桶容积，V＝3m³；
　　　γ_g——松散矸石容重，取 r_g＝1800kg/m³；
　　　γ_s——水容重，取 r_s＝1000kg/m³；
　　　K_s——岩石松散系数，取 K_s＝1.53；
　　　G——3m³ 座钩式吊桶重量，G＝1430kg。

Q_1 为 11t 钩头及连接装置重量，为 2109N。

Q_2 为滑架及缓冲器装置重量＝1923N＋245N＋

172N＝2340N。

（3）钢丝绳单位长度重量 P_s：

$P_s = Q_{物}/(110\sigma_B/m_a - H_0)$
　　＝75257/[110×1870/(7.5×9.8)－638]/9.8
　　＝(75257/2160.64)/9.8
　　＝3.55（kg/m）

式中　σ_B——钢丝绳公称抗拉强度，取 σ_B＝1870MPa；
　　　m_a——安全系数，提物取 m_a＝7.5，提人取 m_a＝9。

（4）钢丝绳安全系数校核：

提物时：$m = Q_z/(Q_{物} + P_s g H_0)$

3m³ 吊桶提物 611.3m 井深时：m＝794000/(75257＋3.55×638×9.8)＝8.14＞7.5，符合要求。

按最大重量 12 人，每人 100kg 计算。

提人时：m＝794000/(12×100×9.8＋3.55×638×9.8)＝23.6＞9，符合要求。

提伞钻时：总荷载 $Q_0 = Q_{钻} + Q_{滑} + Q_{卡} + Q_{钩}$＝7000＋203＋215＝7418（kg）

提升全井深时悬吊总荷重：$Q_0 + P_{SB} H_0$＝7418＋5.05×638＝10662（kg）

m＝794000/(10662×9.8)＝7.59＞7.5，符合要求。

5.1.2　天轮的选择

由条件：$D \geqslant 60d_s$＝60×36＝2160（mm）

式中　d_s——钢丝绳直径，取 36mm。

选提升天轮 ϕ2500mm，满足要求。

5.1.3　验算提升机强度

选用 2JK-3.5/20 提升作为主提升机，其主要指标如下：卷筒直径 3.5m，卷筒宽度 1.5m，钢丝绳最大静张力 20t，最大静张力差 18t。由

$$F_{ch} \geqslant Q_0 + P_{SB} H_0$$

式中　F_{ch}——提升机主轴强度，要求允许的钢丝绳最大静张力差 180000N。

3m³ 吊桶提 611.3m 井深时：悬吊总荷重为 75257N。

$Q_0 + P_{SB} H_0$＝75257＋5.05×(638＋44.5)×9.8＝109033.93（N）

F_{ch}＝18×1000×9.8＝176400（N）＞109033.93N，符合要求。

5.1.4　提升机电动机功率验算

3m³ 吊桶提 611.3m 井深时，由

$$P = F_g \times V_{mB}/\eta_C$$

P＝109033.93×5.4/0.85＝692.68（kW），可知 800kW 电机可满足要求。

5.2　伞钻提升验算

（1）提升伞钻时悬吊总荷重：

$$Q_0 = Q_{钻} + Q_{滑} + Q_{卡} + Q_{钩}$$
$$＝7000＋203＋215＝7418（kg）$$

（2）提升全井深时悬吊总荷重：

$Q_0 + P_{SB} H_0 = 7418 + 5.05 \times 638 = 10662$ （kg）$<$ 18000kg，机械强度符合要求。

（3）钢丝绳安全系数校验：

$n = 794000/(10662 \times 9.8) = 7.59 > 7.5$，符合要求。

（4）电机功率校验：

$P = 106620 \times 5.4/0.85 = 677.35$ （kW），可知：800kW 电机能满足要求。

5.3 吊盘悬吊设施

（1）基本参数如下：

1）吊盘自重：$Q_盘 = 9500$kg。

2）HZ-6 抓岩机在工作时重量：9037kg。

3）分风器、风水带重：$Q_风 = 865$kg。

4）汽绞车重量：$Q_汽 = 650$kg。

5）工作人（12 人×100kg/人）重量：$Q_人 = 1200$kg。

6）信号、照明、通信电缆及附件重 $Q_电 = 1928$kg。

说明：电缆型号 $3 \times 6 + 1 \times 6$，每米重 0.826kg，卡子按 1kg/6m。

（2）平衡绳选择计算，按 1/4 吊盘重加上三根电缆选择计算。

1）绳端荷重：

$Q_0 = (Q_盘 + Q_抓 + Q_风 + Q_人 + Q_汽 + Q_注)/4 + Q_电$
$= (9500 + 9037 + 865 + 1200 + 650 + 1200)/4 + 1928$
$= 7541$ （kg）

2）钢丝绳单重 P_s：

$P_s = Q_0/(110\sigma_B/m_a - H_0)$
$= 7541/[110 \times 1770/(7.5 \times 9.80) - 638]/9.8$
$= (73901.8/2010.98)/9.8$
$= 3.75$ （kg/m）

式中 σ_B——钢丝绳公称抗拉强度，取 $\sigma_B = 1770$MPa；
m_a——安全系数，取 $m_a = 7.5$。

3）钢丝绳选 18×7-FC-32-1770 不旋转钢丝绳，其技术特征为：

每米重 $P_{SB} = 3.9$kg/m，钢丝绳破断力 $Q_z = 594000$N。

4）验算安全系数：

$m = Q_z/(Q_0 + P_{SB} H_0) = 594000/73901.8 + 3.9 \times 638 \times 9.8 = 6.1 > 6$，符合要求结论。

选 $\phi650$mm 单轮 10 个，JZ-10/600A 稳车 5 台。

5.4 模板悬吊设施

5.4.1 悬吊钢丝绳选择计算

（1）模板自重：$Q = 166600$N，再加一部分混凝土重量，按 39240N 计算。

（2）终端荷重：$Q_0 = Q/3 = (166600 + 39240)/3 = 68613$ （N）。

（3）计算钢丝绳单重 P_s：

$P_s = Q_0/(110\sigma_B/m_a - H_0) = 68613/[110 \times 1770/(7.5 \times 9.8) - 638]/9.8 = 3.48$ （kg/m）

式中 σ_B——钢丝绳公称抗拉强度，取 $\sigma_B = 1770$MPa；
m_a——安全系数，取 $m_a = 7.5$。

（4）选 18×7-FC-32-1770 交互捻钢丝绳，其技术特征为：每米重 $P_{SB} = 3.9$kg/m，钢丝破断力 $Q_z = 594000$N。

（5）验算安全系数：

$m = Q_z/(Q_0 + P_{SB} \cdot H_0) = 594000/(68613 + 3.48 \times 638) = 8.38 > 6$，符合要求。

5.4.2 结论

选 $\phi650$mm 天轮 5 套，选凿井稳车 JZ-10/600A，3 台。

5.5 伞钻夺钩计算

5.5.1 悬吊钢丝绳选择计算

（1）伞钻自重：$Q = 7000$kg。

（2）终端荷重：$Q_0 = 7000 + 35 = 7035$ （kg）$= 70350$ （N）（每副卡子按 5kg 计算，共 7 副）。

（3）计算钢丝绳单重 P_s：

$P_s = Q_0/(110\sigma_B/m_a - H_0) = 70350/[110 \times 1770/(7.5 \times 9.8) - 638]/9.8 = 3.56$ （kg/m）

式中 σ_B——钢丝绳公称抗拉强度，取 $\sigma_B = 1770$MPa；
m_a——安全系数，取 $m_a = 7.5$。

（4）钢丝绳选 18×7-FC-32-1770 不旋转钢丝绳，其技术特征为：每米重 $P_{SB} = 3.9$kg/m，钢丝绳破断力 $Q_z = 594000$N。

（5）验算安全系数：

$m = Q_z/(Q_0 + P_{SB} \cdot H_0) = 594000/(70350 + 3.56 \times 638) = 8.17 > 7.5$，符合要求。

5.5.2 结论

选凿井稳车 JZ-10/600A 1 台，选 $\phi650$mm 天轮 1 套。

6 施工方案

本竖井工程为深井，为实现竖井施工快速、安全、优质、高效的目标，根据竖井结构特性，竖井施工采用光面爆破开挖技术，采用Ⅳ改型钢管井架机械化配套装备，SJZ6.7型风动伞钻凿岩，HZ-6型中心回转抓岩机装岩，2JK-3.5/20绞车单钩提升，配 3m³ 吊桶座钩式翻渣，整体金属下行模板砌壁，进行开挖衬砌混合作业的施工方案。

先利用伞钻钻孔，人工装药，光面爆破；再利用抓岩机将爆破石渣装 3m³ 吊桶，2JK-3.5/20绞车单钩提升至地面，井底剩余2m厚石渣后停止出渣，利用抓岩机整平石渣；然后将模板下移，模板底部放置在整平后的石渣平台上，待模板全部就位后，浇筑混凝土；最后采用抓岩机装 3m³ 吊桶的出渣方式，将剩余部分石渣全部清理，进入下一循环钻孔施工（见图7）。

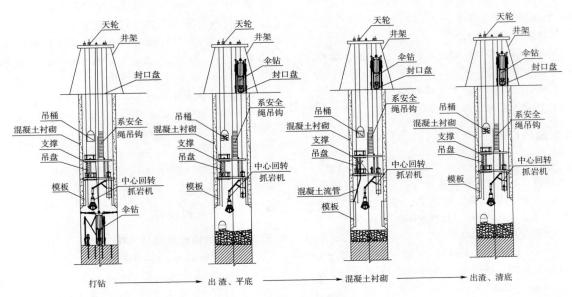

图7　竖井施工流程图

6.1　钻孔

采用 SJZ6.7 型风动伞钻凿岩钻孔。

伞钻的起落是竖井施工的一个关键工序。井底做完清底工作，通知钻工班下井，钻工班班长和 2～3 名钻工带着伞钻中心架下井，地面留 2～3 名钻工准备钻杆钻头等物品。吊桶提至地面后，井口把钩工与钻工一起配合将吊桶推出井筒范围存放，摘掉提升钩头。信号工打起钩点，将钩头提至二层台下方。工作人员将伞钻收拢到最小直径，从伞钻夺钩梁上拉至井口位置。吊挂工佩戴好保险带从二层台下至伞钻平台上，拴挂好保险带。信号工打落钩点将提升钩头落至合适位置。吊挂工将夺钩绳套挂在提升钩头上，并锁好钩头保险销。信号工打起钩点，绞车工缓慢起升提升钩头。待钩头预紧后，吊挂工将吊挂伞钻的绳套从伞钻夺钩梁上的卸扣上摘掉。吊挂工解开保险带，递给二层台把钩工，二层台把钩工将保险带挂在安全可靠的地方后，吊挂工上到二层台上。

井口信号工起钩点，提升机司机将伞钻提至能够打开井盖门的高度，井口把钩工打开井盖门。钻工和把钩工站在井盖门四周，扶正伞钻，井口信号工打落钩点，绞车司机缓慢下放伞钻。伞钻落至井盖门下方后，井口把钩工关闭井盖门。绞车司机下放伞钻时将绞车动力制动投入运行，以保证下放速度均匀、缓慢。待到吊盘上方时，下放速度减至 0.5m/s，吊盘上作业人员扶送伞钻顺利通过吊盘。

井下钻工班班长将伞钻中心架放在井筒中心位置。伞钻下放至井底 1m 左右时，井下作业人员扶正伞钻，缓慢落在伞钻中心架上。吊挂工佩戴保险带顺扶梯爬到伞钻平台上，挂好保险带。井底信号工通知地面作业人员下放夺钩绳，并打落钩点，地面作业人员启动夺钩稳

车将夺钩钢丝绳下放至伞钻上方 500mm 位置。吊挂工将伞钻夺钩绳套用卸扣连接到夺钩钢丝绳套内。信号工听到吊挂工的起钩信号后打起钩点。地面作业人员启动夺钩稳车，拉紧夺钩钢丝绳，待提升钢丝绳松弛到可以顺利摘掉的位置，吊挂工通知信号工打停点。待夺钩钢丝绳停稳后，吊挂工摘掉提升钩头后顺扶梯下至井底。

信号工打起钩点将提升钢丝绳提至地面挂吊桶。准备下钻杆、钻头和其他辅助材料。

钻工班班长和井下的钻工将伞钻风管连接牢固后，将伞钻钻臂摆到炮孔位置。

吊桶内的钻工待吊桶落至伞钻上方 1m 处，吊桶停稳后，将吊桶内的工具材料、钻杆、钻头卸到井下。然后顺着扶梯下到井底。扶梯收至不妨碍钻孔的地方放置。

钻孔后，卸下钻杆钻头，收拢伞钻。钻杆钻头等装入吊桶中，提至地面。卸完吊桶内的物品后，将吊桶摘到地面，空钩头下井。吊挂工佩戴保险带顺扶梯爬上伞钻平台，挂好保险带后，将提升钩头挂在伞钻提升绳套内，闭锁保险销。打点预紧提升钢丝绳，松下夺钩钢丝绳。吊挂工摘掉夺钩钢丝绳，将夺钩钢丝绳提至吊盘位置放好。吊挂工下到井底后，信号工打点将伞钻提至地面，挂在夺钩梁上，拉至检修位置。

6.2　爆破

爆破材料采用乳化炸药和非电毫秒延期雷管、炸药的规格为 ϕ42mm×400mm。施工时采用光面爆破，导爆管导爆，严格控制装药量。放炮前，地面井筒周围设警戒线。

伞钻钻孔孔深 4.5m，孔径 50mm，每循环钻孔爆破时间约 4h。采用光面爆破，在伞钻钻孔完成后，开始进

行装药，最后由爆破工负责装药连线，连完线后，所有人员升井，停止通风机。爆破工在距井口 50m 以外的起爆箱连接放炮母线，然后合闸送电。放炮后立即拆除放炮母线并将起爆箱上锁。

放完炮后，启动通风机，并不少于 30min 且炮烟吹出井口后方可安排作业人员下井。由爆破工和安全员、带班班长、吊盘信号工一起乘吊桶下井。吊桶落至下层吊盘后，吊桶内人员下到吊盘上，对吊盘进行扫盘和安全检查。将爆破的渣块等危害立井安全的物品装入吊桶。在安全员，带班班长确认吊盘上无杂物及渣石威胁安全后，安全员、爆破员、带班班长乘坐吊桶至井底，检查爆破情况，确认无瞎炮、残炮后，爆破员升井，抓岩机司机和井底作业人员乘坐吊桶入井开始出渣。

6.3 出渣

采用 1 台中心回转抓岩机出渣装桶，并采用人工清底。布置 1 套单钩提升，石渣上井后经溜渣槽落地后，再由装载机装自卸汽车运至指定弃渣场。

6.3.1 井下装渣

绞车司机听到落钩点后，通过视频监控观察井盖门是否打开。如果已经正常开启，将吊桶落入井筒内，缓慢通过井盖门后，加速下放，下放速度不能超过绞车允许运行速度。离吊盘上口 10m 左右，速度必须降至 1m/s，吊桶缓慢通过吊盘。吊盘信号工目接目送吊桶平稳通过吊盘。井底把钩工指挥抓岩机司机用中心回转抓岩机抓出罐窝，吊桶落过吊盘后，井底把钩工目视吊桶，待离井底 2m 左右和井底其他作业人员一起将吊桶推至罐窝位置，然后站在安全区域，井底信号工打停点。抓岩机司机开始装渣。装渣至离吊桶沿 100mm 时停止装渣。把钩工清理桶沿浮渣后信号工打起钩点，待吊桶提起离地面 1.4m 左右时，打停点。把钩工稳住吊桶，并清理桶底浮渣。然后信号工打起钩点。

6.3.2 井身运输

绞车工平稳开绞车，将吊桶提至吊盘位置下 10m 左右，速度必须降至 1m/s，吊桶缓慢通过吊盘。吊盘信号工目视吊桶平稳通过吊盘。吊桶过吊盘后，绞车工方可提速。吊桶运行至减速段，绞车工听到减速铃响后，将绞车速度降至 1m/s 提升至井口位置。井口把钩工应观察提升钢丝绳，判断吊桶运行至井口盘下 40m 范围内，应及时打开井盖门。绞车司机应通过视频监控观察井盖门，若井盖门没有打开，应停止吊桶运行，防止吊桶撞击井盖门发生提升事故。

6.3.3 井口卸渣

吊桶提高于井盖门 2m 后，井口把钩工应及时关闭井盖门，井盖门不关闭不允许翻渣。

吊桶提至二层台翻渣位置，落下摇台。二层台把钩工稳住吊桶，绞车司机缓慢将吊桶落在座钩上，慢慢下放，吊桶翻转将渣石倾倒在矸石仓内。倾倒干净后，二层台信号工打起钩点，绞车工将吊桶缓慢提起，待脱离座钩后，二层台信号工打停点，二层台把钩工稳住吊桶。信号工升起摇台，打落钩点；绞车工将吊桶落下。井口把钩工打开井盖门，吊桶通过井盖门后落至井底。进行下一个循环的出渣。

6.4 衬砌混凝土

井壁采用整体金属下行模板砌筑，模板由直模和刃脚两部分组成。模板由地面稳车悬吊。每次开挖要超过模板底部 2m 左右，再用石渣回填至模板底高程，石渣表面用细砂铺底，模板下放至细砂层，经调整合格后，开始浇筑混凝土。混凝土达到一定强度后，清理底部石渣，开始下一循环钻孔施工。

6.4.1 模板的拆卸与组立

模板采用外直径为 5560mm，模板有效段高 4.5m。液压伸缩整体下行金属模板脱模是靠安装在伸缩缝两侧的四个液压油缸同时向内收缩，带动模板进行收模工作，从而达到脱模的目的。脱模下移到预定位置时，靠液压油缸同时外伸，使模板撑大至设计尺寸，操平找正并固定牢固后，便可进行浇筑混凝土作业。为了确保井壁接茬质量，模板下部设计 45° 斜面刃脚，刃脚高 300mm。

6.4.2 浇筑混凝土

模板立好经检查符合设计要求后，放下脚踏板，搭设作业平台，用提升钢丝绳将分料器下放至作业平台上方，利用夺钩钢丝绳将分料器吊起距模板作业平台 1.5～1.8m 高处，利用提升钢丝绳吊起底卸式吊桶，即可进行混凝土浇筑工作。

由混凝土运输罐车运送到竖井井口，混凝土垂直输送采用 1.5m³ 底卸式吊桶下料，经溜灰槽入模，入模混凝土采用振动棒振捣，混凝土浇灌必须严格按分层、均匀、对称，随浇筑随振捣，振捣深度控制在 300～400mm。

在下一模模板立模前，应采用钢钎或手镐将与上一模接茬处的渣石清理干净，然后再进行组立模板，进行下一模混凝土浇筑施工。

7 小结

深竖井正井法施工主要在于设备配置，根据不同的井筒直径、深度以及工期要求，配置不同的施工设备，主要包括井架、提升机、钻孔设备、吊桶等。深竖井正井法施工技术在江门中微子试验站配套基建工程竖井施工中应用，取得了良好的效果，正常施工平均综合进尺 3m/d 以上，开挖衬砌混合施工的施工方法，节省了初期支护工程量，提高了施工过程中的施工安全，值得其他类似工程借鉴推广。

大断面软岩隧洞补强加固施工技术研究

周英豪　杨众志/中国水利水电第四工程局有限公司

【摘　要】　目前我国在隧洞开挖施工中已积累了丰富的经验，但在大断面软岩隧洞施工中发生变形塌方的情况仍不可避免。笔者结合实践在本文中对大断面软岩隧洞开挖过程中易出现的各种塌方变形补强加固处理技术措施进行了总结，希望可为同类条件下大断面软岩隧洞变形塌方部位的加固补强处理施工提供切实可行的参考经验。

【关键词】　隧洞　大断面　软岩　补强加固　施工

1　工程概况

1.1　工程概况

白龙江橙子沟水电站位于白龙江干流甘肃省陇南市境内。水电站装机容量115MW，为径流引水式水电站，设计引用流量260.50m³/s，设计水头50.3m。引水隧洞沿白龙江右岸布置，隧洞全长17.2km，纵向坡比为0.19%。引水隧洞为圆形断面，Ⅲ、Ⅳ类围岩采用钢筋混凝土全断面砌衬，上层开挖洞径分别为11.5m、12.1m，其中Ⅲ类围岩段为11.7m，下层开挖洞径分别为11.3m、11.7m，衬砌后洞径均为10.6m，洞内流速3.01m/s；Ⅱ类围岩采用底部素衬及顶部喷混凝土衬砌，上下层开挖洞径均为12.5m，衬砌后洞径为12.2m，洞内流速2.21m/s。与同类型工程相比是目前国内水电建设项目中洞线最长，洞径最大的发电引水隧洞工程之一，在整个水电站的工期和投资中占控制性地位，为水电站建设的重点。

1.2　地质条件概况

根据本施工标段引水隧洞围岩出露情况统计，Ⅱ类围岩占洞长的0.8%，Ⅲ类围岩占洞长的9.2%，Ⅳ类围岩占洞长的90%。岩性多为薄层石英黑云母片岩和炭质千枚岩，近水平层理，呈薄层状褶皱构造，一般单层厚1~5cm，局部扭曲、揉皱，岩性软弱（变形模量为1.8~2.3GPa，弹性模量为3.0~4.4GPa，均较低），遇水易软化（岩石软化系数为0.75），且夹层、片理发育，易卸荷变形，对隧洞顶拱稳定极为不利。尤其在隧洞贯通段的开挖施工中，洞室拱顶部位曾数次出现连续塌方现象，塌方长度达200余m，塌方深度达15.6m。

2　隧洞塌方变形段补强加固处理施工方法

引水隧洞地质条件复杂是本工程的一大显著特点，特别是一些无法通过出露围岩直接判断出的不利结构面，比如引3+520~3+597段、3+597~3+634段开挖面揭露围岩为中薄层灰岩，判定为Ⅲ类围岩，后该部位出现连续塌方，现场勘察时发现黑云母片岩层、炭质千枚岩隐蔽在顶拱灰岩之上，潜藏着不稳定的地质隐患，改判为Ⅳ类。再加上引水隧洞顶拱多为薄层石英云母片岩、片理发育，即便是灰岩段也经常出现云母片岩夹层，且夹层多位于拱顶部位，致使围岩整体性较差。因此，随着山体应力不断释放等原因，已完成的开挖支护局部洞段出现喷混凝土开裂掉块、钢支撑扭曲挤压变形甚至塌方现象，比如引2+790~2+913隧洞贯通段，具体塌方情况统计见表1。针对不同的塌方情况，采取不同的补强加固处理措施。

表1　引水隧洞围岩塌方统计表（本标段内）

围岩类别	塌方长度/m	所属围岩总长度/m	占所属围岩段长度比例/%	隧洞总长度/m	占隧洞总长比例/%
Ⅱ类	0	42	0		0
Ⅲ类	70.3	516	13.62	5032	1.40
Ⅳ类	452.1	4474	10.11		8.98

2.1　采取C20混凝土直接喷实处理

对于小方量的塌方（塌方深度小于1.5m），原则上采用 C20 混凝土喷平喷实。施喷前先清除受喷面上的松动块体，清除喷射作业的各种障碍物，再用高压风清理干净，借助钻爆台车自下而上、分层喷射，每层厚度控制在 5cm 左右，后一层在前一层混凝土终凝前进行；喷射混凝土喷头与受喷面应尽量垂直，利用喷射料来抑阻集料的回弹，以减少回弹量，喷头与喷面的距离应控制在 1.0m 左右。

2.2 采取"拱上拱"形式补强加固处理

对于塌方量较大（塌方深度在 1.5m 以上）的部位，现场一般采用"拱上拱"的补强加固支护型式进行处理，支护型式见图 1，具体施工方法如下：

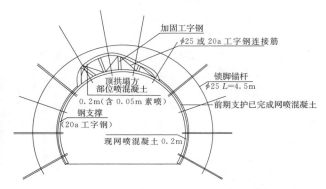

图 1 引水隧洞不良地质段顶拱"拱上拱"加强支护示意图

（1）借助钻爆台车对塌方部位出露岩面素喷 C20 混凝土 5cm。

（2）若塌方部位原支护形式中不含钢支撑支护，应首先按照 0.5～1.0m 的间距在塌方段布设钢支撑（I20a 工字钢）、锁脚锚杆，型式同 IV 类围岩段支护。

（3）在已安装的钢支撑外侧面采用 20a 工字钢直接支撑到塌方部位素喷岩面上，加固工字钢数量视围岩情况确定，加固工字钢与所立钢支撑外侧焊接牢固。

（4）加固工字钢之间采用 φ25 钢筋（视围岩情况或采用 20a 型工字钢）等连接筋进一步连接加固，连接筋一端与钢支撑外侧、加固工字钢焊接牢固，另一端与相邻加固工字钢支撑到塌方岩面部位一侧焊接牢固。

（5）紧贴塌方段素喷岩面挂网 φ6.5mm@15cm×15cm，喷混凝土厚度 20cm（C20 包括素喷量），后期衬砌前对岩面和钢支撑之间的空腔采用自密混凝土回填。

2.3 其他补强加固支护措施

对于塌方深度在 1.5m 以上、长度较大，且钢支撑变形扭曲严重的部位，现场采用"加强钢筋网、补强钢支撑、长锚杆、回填混凝土、提高后期衬砌混凝土强度等级及厚度"形式处理，加强支护型式见图 2、图 3，具体施工方法如下。

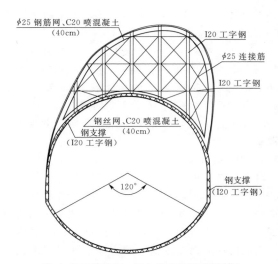

图 2 加强钢筋网、拱上拱支护型式示意图

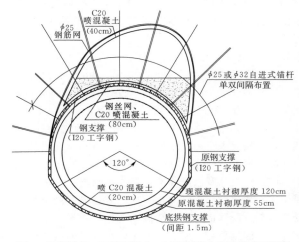

图 3 加强锚杆、回填混凝土、衬砌混凝土支护型式示意图

2.3.1 加强支护施工

（1）顶部岩面素喷约 10cm 厚度纤维混凝土，根据围岩情况布设随机锚杆（φ25 L=4.5m）。

（2）对顶拱部位变形钢支撑进行拆除，补接钢支撑后在两端端头补打锁头锚杆（每组 2 根 φ25 L=4.5m）。

（3）对下层引水隧洞进行扩挖，以保证设立底拱钢支撑后混凝土衬砌厚度。

（4）根据上层钢支撑分布情况布设底拱，上层钢支撑与下层钢支撑对接，并在下层钢支撑间喷 C20 混凝土 20cm 后，覆盖钢支撑使之形成整体。

（5）主拱 180° 以上范围单双间隔打设 φ25 锚杆（脱空距离小于 1.5m）或 φ32 自进式锚杆（脱空距离大于 1.5m），入岩 6m。

（6）紧贴岩面挂 φ25@30×30cm 的加强钢筋网，并与钢支撑焊接牢固后对所布设钢筋网部位喷 C20 混凝土 40cm 厚。

（7）设置 I20 工字钢副拱，副拱环向支护间距 50cm，纵向支撑间距 50cm，副拱与已打设锚杆焊接牢固，长度按照脱空段实际断面加工，工字钢之间采用φ25螺纹钢焊接牢固。

（8）以每2~3榀主拱钢支撑为一组在外侧挂成品钢丝网后喷80cm厚C20混凝土（正顶拱混凝土厚度为80cm，两侧与顶拱喷平），在内侧喷40cm厚C20混凝土，从而完成对顶拱空腔部位的封闭施工。

（9）顶拱预埋φ125泵管，保证后期对空腔进行衬砌混凝土回填施工。

2.3.2 钢支撑补强施工

对钢支撑顶拱产生扭曲、断裂的变形段部位采用φ25钢筋进行补强加固。首先借助钻爆台车把钢支撑内侧的喷混凝土人工用手锤清理干净，把φ25钢筋在洞外加工厂制作成与钢支撑相同的弧度后运至洞内台车上，在洞内根据钢支撑变形的实际情况对扭曲较长的钢支撑采用工字钢进行加固，对钢支撑连接板断裂部位用钢筋补焊加固，断裂部位每根钢支撑内侧并排用3根钢筋进行加固，钢筋与钢支撑接触的两侧均牢固焊接。

2.3.3 网喷混凝土回填密实施工

在钢支撑内侧安装φ25@20cm×20cm的钢筋网并喷C20混凝土20cm。网喷支护为顶拱180°范围，以4~5榀钢支撑为一段施工，具体工序如下：

（1）钢筋加工、运输。先在加工场地将钢筋除锈、调直，并按要求下料、采用钢筋剪切机和弯曲机切断加工成型后用5t载重汽车拉运至洞内现场。

（2）钢支撑及已喷面的清理。将钢支撑内侧的喷混凝土人工用手锤和钢钎清理干净，对已喷混凝土表面的局部开裂及脱落部位进行清撬。

（3）测量放点、架立筋焊接。在每段的最外侧从钢支撑上焊插筋，部分区域打设短插筋加固，测量技术人员将高程、喷混凝土边线标记于插筋上，再在插筋上焊接架立筋。

（4）加强钢筋网的安装。钢筋绑扎前，在架立筋上标记钢筋间距，按标记逐根绑扎主筋，然后在主筋上标示分布筋的间距，进行分布筋安装。分布筋与钢支撑牢固焊接，主筋与分布筋点焊连接，焊点呈梅花形布置，钢筋安装时须确保钢筋位置准确。钢筋网的安装要求距已喷混凝土3~4cm，钢筋网间的搭接长度为20cm。钢筋网安装完成并经监理验收后进行喷混凝土的施工。

（5）喷混凝土回填密实。回填施工以3~4m为一段，施喷前先清洗已喷混凝土表面，清除受喷面上的松动块体，清除喷射作业的各种障碍物，再用高压风清理干净，借助钻爆台车自下而上、分层喷射，每层厚度控制在5cm左右，后一层在前一层混凝土终凝前进行，直至将塌方空腔回填完全且密实为止。若终凝后喷射时，先用风水清洗喷层面然后再施喷；喷射混凝土喷头与受喷面应尽量垂直，偏角宜控制在20°以内，利用喷射料来抑阻集料的回弹，以减少回弹量。喷头与喷面的距离应控制在1.0m左右。

受喷面滴水部位钻设排水孔后安装PVC导管引水至喷层外，并做好孔口保护后可进行喷护。喷射料在临时拌和站拌制，5t自卸汽车运输，采用PZJ-5型混凝土喷射机喷射混凝土。

（6）喷混凝土的养护。喷射混凝土终凝2h后及时喷水养护，养护时间不少于7d。

2.3.4 长锚杆及排水孔施工

隧洞顶拱空腔部位采用喷混凝土回填密实后增设长锚杆，具体位置视塌方空腔情况而定。锚杆从喷混凝土面施工，锚杆造孔深度为6m（从喷混凝土面开始计算）。锚杆造孔借助钻爆台车采用气腿式YT-28手风钻进行，造孔方向要求垂直岩面或按照设计要求。钻孔结束后用高压风或水洗孔，并将孔内积水吹干。造孔及清孔完成后对孔位、孔深、孔斜进行检查，验收合格后方可进行锚杆安装。

锚杆安装采用"先注浆、后插杆"的方法，除局部顶拱锚杆采用锚固剂外，其余均为砂浆锚杆，锚杆砂浆均按配合比拌制，采用注浆机注浆，砂浆标号不低于M20。

锚杆在加工场地加工，用5t载重汽车拉运至隧洞内现场进行安装。

在喷混凝土面上有渗水、滴水的部位采用手风钻造排水孔，排水孔孔径50mm，入岩0.2m。

2.3.5 加大混凝土衬砌厚度

在对塌方及变形段已完成封闭后，考虑到塌方洞顶空腔高度较大，在卸荷及地下水的作用下仍有失稳塌方的可能性，需在原混凝土衬砌厚度及强度的基础上进一步提高混凝土强度等级、加大混凝土衬砌厚度。本工程贯通段塌方高度达15.7m，在该部位完成上述初期加固处理措施后，经设计复核计算，确定将该部位洞径由原设计10.6m修改为9.30m，原C20混凝土修改为C25混凝土，并对洞顶空腔进行回填处理，回填混凝土厚度为3m。

3 补强加固处理施工安全保证措施

3.1 增加收敛监测断面施工

为保证施工安全，在加强支护段钢支撑上增加收敛变形观测断面，收敛测点的观测环借助钻爆台车直接焊接在钢支撑内侧，以便于洞室围岩应力变化导致钢支撑变形时能够及时进行观测。每天观测一次，观测数据及时整理并上报。当观测数据出现较大的变化时及时通知施工人员撤离，保证作业人员的安全。

3.2 加强现场安全监控力度

施工现场安排具有丰富经验的安全员进行24h不间

断旁站监控，每 2h 对岩石裂隙、裂缝发育情况进行量测记录。现场设置清晰的警报电铃及警示旗，当安全员发现异常情况时将及时启动警报电铃及警示旗，确保施工人员能够及时快速的撤离现场。

3.3 每班作业前开展应急演练及危险源辨识

每班作业开始前，由项目部安全生产办专职安全员不厌其烦地对当班作业人员进行危险源辨识，详细告知作业环境中存在的安全隐患和应急避难措施，并按照应急措施开展应急演练，直至演练达到预期效果后，方可允许作业班组正常开展施工作业。

4 结束语

通过对大断面软岩地质条件下隧洞塌方变形部位的补强加固处理施工，在总结不同变形塌方长度、深度等各种不良情况的补强加固整套施工技术研究成果的基础上，主要解决和确保了在洞室安全稳定前提下，对塌方变形部位进行有效加固处理，确保施工人员、设备安全。通过实践证明，各项工艺施工技术可行，可为今后建设类似工程提供可借鉴的经验。

杜伯华水电站混凝土修复施工技术

肖风成/中国水利水电第十三工程局有限公司

【摘　要】　巴基斯坦杜伯华水电站因遭受特大的洪水泥石流灾害，堰坝工区混凝土重力坝泄流底孔、进水口和挡墙，上游基坑、消力池混凝土表面有不同程度的损毁。本文论述了该电站混凝土的修复技术，为类似工程提供借鉴。

【关键词】　杜伯华水电站　质量缺陷　修复技术

1　工程概况

杜伯华水电站工程是一项高水头、引水式水电站工程，位于巴基斯坦西北边境省境内，工程主要建筑物由壅水坝、电站进水口、沉沙池、发电引水隧洞、调压井、压力钢管隧洞、压力钢管、发电厂房、尾水渠、开关站等组成。

拦河坝为混凝土重力坝，坝顶长 111m，高 32m。溢流坝底宽 40.1m，下设 34m 长的消力池和 28m 长的护底与护岸，上游设有混凝土护底和抛石护坦。

该水电站在 2010 年 7 月遭受特大的洪水泥石流灾害，堰坝工区混凝土重力坝泄流底孔、进水口和挡墙，上游基坑、消力池混凝土表面有不同程度的损毁，部分混凝土表面冲毛、钢筋裸露或磨损。以上缺陷严重影响了工程的质量，施工单位针对损坏的不同情况制订了不同的施工措施。

2　修复部位及分类

根据现场情况调查，技术规范中混凝土修复方案要求及项目部专家研究分析并报请工程师审批，针对工程的不同部位、不同损坏程度，分别制订了不同的修复方案，具体请参照表1。

表1　　　　　　　　　　　　　　　　修复部位及修复方案

序号	部位	损坏程度	修复方案	备注
1	泄流底孔	轻微	环氧树脂砂浆	泄流底孔有轻微损坏可用环氧树脂砂浆进行修复
2	堰坝底坎	严重	植筋混凝土	堰坝底坎和消力池混凝土遭到严重损坏，修复步骤如下：① 凿除损坏混凝土面直至露出完好的新鲜混凝土面；②拆除损坏的和变形的钢筋；根据技术规范和设计图纸安装/植入新的钢筋；③ 最后进行混凝土浇筑及其最终混凝土体型应符合技术规范和施工设计图纸要求
3	消力池	严重	植筋混凝土	
4	消力池	轻微	环氧树脂砂浆	消力池混凝土墙有轻微损坏可用环氧树脂砂浆修复
5	进水口结构	轻微	环氧树脂砂浆	左/右岸挡墙结构有轻微损坏可用环氧树脂砂浆修复
6	左/右挡墙结构	轻微	环氧树脂砂浆	左/右岸挡墙结构有轻微损坏可用环氧树脂砂浆修复

以上所述结构十分重要，在导流、蓄水、泄洪方面起到重要作用，其修复质量对于工程业务、结构安全、结构的外观至关重要。

3 施工材料

施工材料选择的原则以修补后混凝土的结构不低于设计要求，表面密实度和表面强度以不低于设计的强度为前提，修补用的材料要求满足技术规范要求。

（1）水泥。采用水化热比较低的普通硅酸盐水泥（FauJi），标号为 525 号。

（2）细骨料。采用人工砂，粒径为 0.15～9.5mm。选用粒径较大的中、粗砂拌制混凝土减少用水量 10% 左右，同时相应减少水泥用量，使水泥水化热减少，降低混凝土温升，并可减少混凝土收缩。

（3）外加剂。经实验确定采用"SIKA520"（减水剂），每立方米混凝土 3.6kg，减水剂可降低水化热峰值，对混凝土收缩有补偿功能，可提高混凝土的抗裂性和易性。通过掺加合适的外加剂改善混凝土的性能，提高混凝土的抗渗能力。

4 施工方法

施工方法根据混凝土结构物部位不同、损毁程度不同来确定修复方法。首先要查清裂缝的状况，查清发生的位置、产状，如长度、宽度、深度，辨别是否是贯穿裂缝，该裂缝对结构的影响和破坏程度，再根据发现的现状分级确定处理方案。对损毁程度轻微的一般无冲刷的水上混凝土表面免于修复或刷同颜色的环氧液，贴补环氧砂浆法修复。对于混凝土损毁相对严重的部位（如泄洪洞和消力池），采用凿旧补新的方法进行修补。

4.1 泄流底孔、挡墙、消力池、进水口混凝土结构冲刷情况描述

以上结构的混凝土表面损毁程度轻，洪水将混凝土表面冲刷成麻面，同时发现有温度和冷击裂缝，根据发现的缺陷采用不同的修复措施。

4.1.1 修复材料

采用环氧树脂砂浆作为主要修复材料，采用批准的波特兰水泥，砂子从砂石系统生产，满足技术规范要求。

（1）环氧树脂砂浆。在拌制环氧树脂砂浆时，根据处理工作量，施工难度，运输手段及操作时间，操作人员多少和技术水平，不同的厂家产品，需要的砂浆指标要求，在试验室做出试验参数和配合比。

（2）M40 环氧树脂砂浆拌制比例。根据现场试验室多次试验结构及报工程师批复，用于修复损坏混凝土环氧树脂砂浆配合比见表 2。

表 2　　　　　环氧树脂砂浆配合比

位置	大坝	养护条件	自然养护
材料	描述		相对密度
环氧树脂	黏性物质		1
42.5 级水泥	填料		1
砂子	细骨料		3

（3）注意事项：

1）环氧树脂砂浆将在现场加热达到熔化条件。

2）应保持细骨料干燥。

3）混合时，所有材料必须完全按照以上比例进行混合。

4）环氧树脂凝固时间是 2.5～4h，凝固强度将达到 40MPa。

4.1.2 修复措施

根据现场实际混凝土损坏情况，混凝土裂缝从 0～15cm 不等，为了更具有针对性的修复，保证建筑物结构安全，质量符合规范要求，因此现场根据裂缝的宽度不同，分为 3 种情况进行修复，分别如下：

（1）裂缝宽度为 0～2.5cm。

修复步骤：清理所有破碎的、损坏的混凝土并清洗干净；用电锯沿裂缝切割成 20° 角的区域；清洗表面，用掺有环氧树脂的水泥净浆涂刷基层，涂刷厚度为 0.5～1.0mm，然后用 1：2 的环氧树脂砂浆铺筑，并用抹子压实。应特别注缝隙的压实和砂浆擦干。拌好的环氧树脂砂浆要求在 30min 内使用完毕。

用抹子压光，压紧收光时间宜在环氧树脂砂浆临近终凝时为宜，若压光过早，在自重作用下容易产生水平向裂缝。

所有修补的环氧砂浆的颜色必须和已存的混凝土表面颜色基本一样，这就要求我们在施工前，分别采用不同的配合比进行调节，直至达到现存混凝土的颜色为止。

环氧树脂砂浆质量要求和使用方法必须按照厂家提供的环氧树脂砂浆的使用要求。

（2）裂缝宽度为 2.5～5cm，且钢筋暴露。

修复步骤：参考裂缝宽度为 0～2.5cm 的修复步骤；暴露的钢筋通过高压水枪除锈，然后进行砂浆修复施工。

（3）裂缝宽度为 5～10cm 或大于 10cm，且钢筋暴露。

修复步骤：清理所有破碎的、损坏的混凝土并清洗

干净；用电锯沿裂缝切割成 20°角的区域；对生锈的钢筋除锈或者采用新钢筋代替，采用双面焊接的方法搭接，搭接长度为 5 倍钢筋直径；整个裂缝面采用钢筋网防护，锚筋采用 12mm 钢筋，锚固剂进行锚固，锚筋根据现场实际情况进行布置；为了防止漏浆，模板将被固定在裂缝的两边；高强聚合物混凝土进行浇筑，采用插入式振捣棒进行振捣。

4.1.3 养护

根据相关技术条款，应根据周围温度决定环氧树脂砂浆的养护方法。如果周围温度很低，采用自然遮盖养护方法；如果周围温度中等或过高，则采用水直接养护，养护时间不少于 28d。

4.2 底坎及消力池损坏严重部位修复措施

堰坝前底坎及消力池部分混凝土冲刷严重，局部形成深坑，钢筋呈现裸露、冲断或磨损，严重影响建筑物结构和安全，经项目部报批工程师，决定采用底坎及消力池的修复植入新的钢筋和浇筑新的混凝土的施工方法。

修复工艺流程如下：

（1）凿除损坏的混凝土，直至露出完好新鲜的混凝土面。

（2）拆除受损和变形的钢筋。

（3）重新植入新的钢筋必须符合技术规范和设计图纸要求。

（4）浇筑新的混凝土以及最终混凝土体型应符合设计要求。

植筋法工艺流程：钻孔—清孔—灌注黏结剂—植筋—凝固—钢筋绑扎—模板架立—浇筑混凝土—养护。

4.2.1 凿除混凝土

（1）采用凿旧补新法修复冲刷严重的混凝土，即先用风镐或钢钎将损毁的混凝土表面凿除，露出新鲜的混凝土面，凿除部分的钢筋的长度满足搭接要求。

（2）为避免损坏更多的混凝土，钢筋搭接采用焊接搭接的方法，单面搭接长度为 $10d$（钢筋直径的 10 倍）。双面搭接长度 $5d$（钢筋直径的 5 倍）。损毁部分的钢筋布置以根据设计图纸为原则。

4.2.2 植筋与布筋

4.2.2.1 植筋方法

为提高混凝土的整体强度，在洪水冲刷严重的坑洼区域进行植筋浇筑混凝土的措施。植筋采用冲击钻钻孔，钻孔时应保证成孔位置、成孔的垂直度及钻孔深度，钻孔位置在施工前根据规范要求测量人员进行放点，标记。孔的直径约为 15mm，大于钢筋的直径，根据设计图纸钢筋直径为 12mm。根据欧洲规范 EC2（ENV1992-1-1：1992）植筋手册，为了保证植入钢筋的深度，钻孔深度应为 $20d$（钢筋直径的 20 倍），因此钻孔的深度比标准深度大 10~15mm。

4.2.2.2 植筋质量要求

（1）钻孔采用压缩空气清孔，应保持孔内洁净，采用水洗清孔，要求孔洞内壁干燥成孔后应清洗钻孔，清洗钻孔可采用水冲洗或高压风清扫。采用水冲洗时应提前进行水冲洗，并用棉纱将孔内残留的水分吸干后晾孔，保证植筋前空洞内干燥，避免影响植筋工作顺利进行和施工质量。

（2）钻孔深度、定位尺寸，严格控制以满足设计要求为准。

（3）黏结剂填充饱满，植入钢筋后胶体溢出为准。

4.2.3 布筋

根据冲坑的情况，按照设计图纸进行钢筋的布置。

4.2.4 浇筑混凝土

根据原浇筑混凝土配合比进行拌和，搅拌车运输，吊车浇筑。

4.2.5 养护

混凝土浇筑完毕根据技术规范要求进行养护。

5 结论

杜伯华项目洪水恢复施工后，项目部按照以上施工措施，对现场所有被冲刷的混凝土结构物进行了修复。修复试验结果经抽查全部符合巴基斯坦混凝土修复一般技术规范要求，修复质量不仅满足了技术规范的要求也满足了业主的要求，为后期项目按时按期顺利移交奠定了基础，也为今后类似项目的情况提供了参考。

乌东德水电站泄洪洞有压洞底拱混凝土皮带机入仓设计施工技术

赵朋斌　黄伟洪/武警水电第七支队

【摘　要】　乌东德水电站泄洪洞有压洞混凝土衬砌施工外观质量和表面平整度要求高、工期长、工程量相对较小，若采用传统的入仓手段不但费用高，而且温控和裂缝问题较难控制，作者通过自行设计一台可移动式皮带机，保证了质量，降低了成本，方便了操作，具有良好的借鉴意义。

【关键词】　乌东德水电站　泄洪洞　有压洞底拱　皮带机入仓　施工技术

1　工程概况

乌东德水电站是金沙江下游河段（攀枝花市至宜宾市）四个水电梯级——乌东德、白鹤滩、溪洛渡、向家坝中的最上游梯级，该水电站以发电为主，兼顾防洪，电站装机容量为10200MW，多年平均发电量为389.3亿kW·h。

该电站三条泄洪洞有压洞为平面转弯圆形隧洞，流道直径14m，底拱为平坡，中心线高程为917.00m，进出口均设25m长渐变段，进口断面尺寸为10m×17m，出口断面尺寸为14m×10m。三条泄洪洞平行布置，轴线间距40m，长度为分别为1193.06m、1144.82m及1096.58m。

2　有压洞混凝土衬砌的特点

2.1　设计要求

泄洪洞有压洞设计流速高，为20～30m/s，故混凝土除抗冲耐磨外，表面平整度要求严，要求控制在3mm/1.5m以内。混凝土设计标号为抗冲耐磨$C_{90}30F150W8$。开挖揭露的围岩以Ⅱ类、Ⅲ类为主，占整体的98％以上，Ⅱ类围岩混凝土的衬砌厚度为0.8m，Ⅲ类围岩混凝土的衬砌厚度为1m。

2.2　施工方法

泄洪洞有压洞为高速水流流道，具有断面大，衬砌

混凝土内外质量要求严格、施工对混凝土的和易性、入仓强度要求高。根据有压洞混凝土施工的特点及地下薄壁混凝土温控防裂的要求，按照9m一段进行分仓。为保证整体的施工质量，整个圆形洞按照先底拱100°，后边顶拱260°的顺序进行施工。边顶拱混凝土的浇筑方式一般比较固定，采用钢模台车立模，混凝土搅拌车运输坍落度为16～18cm的商品混凝土，泵机垂直运输至仓面，平板振捣器配合人工振捣。全断面衬砌分序施工图见图1。

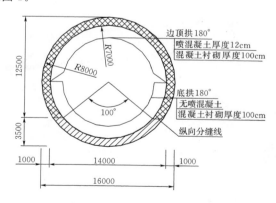

图1　全断面衬砌分序施工图

圆形底拱混凝土衬砌通常分中间无模区和两侧盖模区，为有效解决底拱混凝土的水气泡问题，盖模区在混凝土初凝后、终凝前采取翻模抹面，底拱翻模示意图见图2。常见的底拱入仓方式有以下三种：一是长臂反铲＋自卸车运输低坍落度混凝土，该种入仓方式的优点是采用自卸车运输低坍落度混凝土，能够通过降低水灰比有效减少水化热，降低混凝土内部的绝热温升，对混凝

土的温控防裂能起到很好的效果；缺点是长臂反铲工效低，且在旋转过程中会洒落混凝土，增加混凝土的损耗和人工清理现场的费用。二是布料机＋搅拌车运输混凝土，该种入仓方式的优点是入仓的强度较高，节省人工，对现场文明施工破坏小；缺点是设备的租赁费用较高。三是泵机＋搅拌车运输混凝土，该种入仓方式的优点是效率高；缺点是泵送混凝土坍落度一般在 16～18cm，混凝土水化热大，易产生温度应力导致裂缝，若混凝土的和易性不良，易造成堵管等问题，增加混凝土的损耗和人工费用。

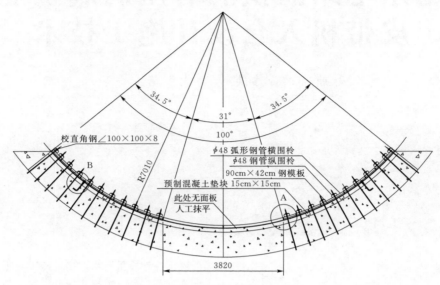

图 2　底拱翻模示意图

3　皮带机系统设计

　　根据现场的施工条件及底拱混凝土施工的特点，单条有压洞约 130 仓，投入一套底拱翻模，按照 6 天/仓的施工强度，加上春节及其他因素影响，工期约为 28 个月。为降低设备的租赁费用，满足混凝土的温控防裂的要求及混凝土的降低损耗，采用皮带机＋搅拌车运输 10～12cm 坍落度的混凝土进行施工。皮带机结构示意图见图 3。

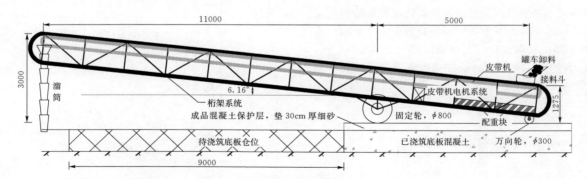

图 3　皮带机结构示意图（单位：mm）

3.1　行走系统

　　根据施工顺序，按照底拱先行，边顶拱跟进施工，从上游依次向下游进行浇筑，为保护成品混凝土和方便移动式皮带机在底拱面上行走，采取混凝土表面铺设"一层保温被（3cm）＋一层骨料加工尾料（20cm）＋天然砂砾石料填平"。为了方便前后行走和左右摆动，皮带机设置前后两排轮子。前排的固定轮为 2ϕ800mm 的橡胶轮胎，后排的万向轮采用 2ϕ300mm 的带刹车的铁芯聚氨酯万向轮，保证脚轮使用灵活方便，经久耐用，安全可靠。

3.2　皮带机的设计参数

　　根据仓面的大小，考虑浇筑时皮带机位于已浇筑完成并采取保护措施的混凝土面上，为保证皮带机可以覆盖整个仓面，左右摆动时浇筑两侧盖模区的最大悬挑长度为 10.6m，取悬挑部分的长度为 11m 进行设计。两轮之间支撑部分的长度由前后电机的位置，设置配重区以及整体的上倾角度来确定（限高要求），经过综合考虑，后半部分的长度确定为5m。因此，整个皮带机的长度为16m，皮带的宽度为50cm，上倾角度6.16°，整个桁架系统采用型钢和角钢焊接而成，桁架的高度为0.8m，宽度0.6m，皮带机尾部的整体高度约为1.3m，前方悬挑部分的最大高度为3m。浇筑时为避免下料高度过大，采取溜筒串至距仓面高度小于1.5m的高度进行下料。在皮带机尾部的桁架上焊制接料斗，料斗的尺寸为60cm×60cm，下方收口将混凝土拌和引至皮带机上，避免卸料时混凝土洒落至地面造成污染。皮带机采用固定式滚轮，皮带选用加厚、耐磨的钢丝橡胶带，避免后期皮带损坏或者断裂增加维护的费用。在皮带机前方溜筒的上端加设刮板，粘连在皮带上的混凝土经刮板刮掉后掉入溜筒，避免皮带粘料而导致卸料不干净损坏皮带，降低皮带的使用寿命。

3.3 皮带机输送能力计算

皮带机输送能力的计算：

$$m = kB^2 v\rho C \tag{1}$$

式中 m——带式输送机输送能力，t/h；

k——货载断面系数，k 值与货物堆积角 α 有关，其值见表1，坍落度为 10~12cm 的混凝土的堆积角度取 30°；

B——胶带宽度，0.5m；

v——带速，1m/s；

ρ——货物散集密度，t/m³；对于混凝土取 2t/m³；

C——输送机倾角系数，其值见表2。

表1　货载断面系数表

堆积角 α/(°)	10	20	25	30	35
k	67	135	172	209	247

表2　输送机倾角系数表

β/(°)	0~7	8~15	16~20
C	1.0	0.95~0.9	0.9~0.8

求得 $m = kB^2 v\rho C = 209 × 0.5^2 × 2.0 × 1 × 1 = 104.5$（t/h），约为 40m³/h。

经过计算，理论输送的强度 40m³/h 远大于现场浇筑需要的入仓强度（18m³/h），皮带机的输送能力满足现场的需求。

电机的选型根据机长、带宽、带速、运输能力、倾角，综合考虑，采用 5.5kW 的摆线针轮减速电机，重量约 0.5t。电机安装在皮带机尾部，以保证整体桁架的平衡。

4　经济效果分析

对四种不同的入仓方式从设备租赁、动力消耗、辅助用工三个方面进行经济效果对比，具体见表3。考虑到有压洞混凝土衬砌的浇筑强度较低，设备配置按照最低标准进行配置，三条洞室资源可以共享，具体的资源配置及费用按照乌东德市场行情进行估算：共用 1 台长臂反铲，月租赁费用 5.2 万元/月，3 台自卸车月租赁费用为 4.5 万元/台；布料机按照 60 元/m³ 的价格进行租赁（实际方量较小，租金还要高），混凝土搅拌车配置 3 台，每月的租赁费用为 2.8 万元/月，考虑租赁 2 台泵机，月租赁费用为 2.6 万元/月，皮带机自行制作，单个制作费用约 3.5 万元，共配置 3 个。三条有压洞底拱混凝土的总方量约 4 万 m³，水平运输的平均距离为 3.5km。根据有压洞的进度计划安排，高峰期底拱的月浇筑方量为 2000m³。

表3　四种不通入仓方式的经济效果的对比

单位：元/m³

入仓方式	设备摊销费用	动力消耗	辅助用工费用	合计
长臂反铲＋自卸车	51.86	10.36	14.56	76.78
布料机＋搅拌车	85.32	16.13	4.32	105.77
泵机＋搅拌车	48.26	9.56	8.65	66.47
皮带机＋搅拌车	32.76	8.22	6.85	47.83

在实际设备选型时，因布料机租赁价格较高，泵机＋搅拌车的入仓方式因水化热大，绝热温升高，对后期温控防裂不利，为降低温控还需要采取措施增加成本以保证混凝土的质量。综合考虑，长臂反铲＋自卸车的入仓方式较为常见，自行设计的皮带机＋搅拌车的入仓方式最为经济，相比长臂反铲＋自卸车的入仓方式节约 37.8%，三条泄洪洞有压洞底拱直接节约投资约 120 万元。

5　结语

通过对乌东德水电站泄洪洞有压洞底拱混凝土浇筑传统的入仓方式进行改进，在满足入仓强度及混凝土温控防裂要求的前提下，该自行设计的可移动式皮带机混凝土输送系统，操作方便，经济适用，能够有效地保证混凝土的施工质量，为类似工程提供借鉴。

纳子峡水电站混凝土面板堆石坝工程电磁沉降仪的应用

他维强/中国水利水电第四工程局有限公司

常新建/西宁经济技术开发区东川工业园区规划建设和土地管理局

【摘　要】　纳子峡水电站的大坝沉降观测采用了电磁沉降仪的埋设方案，本文对电磁沉降仪和水管式沉降仪两种方法的优缺点进行了对比简述。对检测成果进行了重点分析，介绍了电磁沉降仪的施工过程及保护控制措施，为其他类似工程提供了可借鉴的经验。

【关键词】　面板堆石坝　电磁沉降仪　施工方法　保护措施　成果分析

1　工程概况

纳子峡水电站位于青海省东北部的门源县和祁连县的交界处，地处大通河上游末段，距西宁市约186km。工程规模为二等大（2）型，水库正常蓄水位3201.50m，总库容7.33亿 m³，最大发电水头113.50m，总装机容量87MW，保证出力16.61MW，年平均发电量3.106亿 kW·h。

工程主要建筑物由混凝土面板堆石坝、右岸溢洪道、左岸放空泄洪洞、左岸引水发电洞、发电厂房、升压站组成。混凝土面板砂砾石坝坝顶长度为408.30m，坝顶宽度为10m，坝顶高程为3204.60m。

2　原理结构

利用土体内埋设在硬质塑料管（PVC管）外套的金属沉降环，作为土层沉降测点随土层面沉降而产生的位移实现土体沉降变形观测。沉降管和沉降环同时埋入坝体内，当坝体发生沉降时，沉降环也随土体同步位移，利用电磁测头测得每个沉降环所在位置的相对沉降位移，再利用深埋入基岩内的基准环对其加以修正，可获得土体内各测点的分层绝对沉降量。

3　施工方法

施工工序：施工准备→钻孔埋设→安装孔内基准环（沉降环）→回填封孔→填筑土体→预留坑槽→接长沉降管→埋设沉降环→孔口保护→观测。

3.1　施工准备

（1）保护桶：8mm 厚的钢板卷制成的 φ120cm 保护桶，下端做成圆锥形，桶身喷监测仪器保护警示语。

（2）1个1.2m长的 φ168mm 钢护管。

（3）电磁沉降管及沉降环若干。

（4）充电电钻、铆钉枪、钢丝绳等。

3.2　施工方法

电磁沉降管埋设分为钻孔埋设部分和随坝体填筑的加长埋设。

（1）钻孔埋设。

1）坝基面上，在设计部位钻孔，深入基岩10m，终孔孔径应大于150mm。用水泥砂浆将管座锚固在孔底，沉降管周围空隙用中、细砂填实。

2）管底盖与管身密封粘接牢固，防止灌浆时浆液或杂物进入管内，堵塞测管。

3）固定第一个沉降环（基准环），基准环应高于沉降管底盖上方约2m的地方，其余沉降环应按设计高程放置于沉降管外的填土表面，并应高于沉降管接头80cm以上的位置。

4）沉降管间采用套管连接，套管与沉降管间用铆钉固定，接口用密封胶密封并用绝缘胶带包扎，防止砂石进入。

5）孔底灌入适当的水泥浆，待水泥浆把管底及基准环固定好后，在孔壁与沉降管间填入砂子，固定管身。

6）沉降管出坝基面填筑后，接加长沉降管填筑埋设。

（2）坝体内沉降管的埋设。

1）沉降管的安装方法有两种，预留坑槽接管法和挖坑接管法。挖坑接管法费时费力，且在管周边挖坑时，极容易破坏管壁，对管下部已碾压部位造成扰动，致使管周围填筑松动不密实，影响沉降真实测值。故本项目采用预留坑槽接管法。

2）沉降管出基岩或填筑面后，在管口套上长 1.2m 直径为 168mm 的钢护管，在钢护管的外部套上直径为 120cm 的保护桶。按照坝体每层铺料厚度，进行每层填筑时，先进行桶的周边堆料，用料同坝体填料，人工对桶内回填装料，用料为过渡料或垫层料（剔除大颗粒石料），护管和沉降管之间孔隙用细砂填实，先用振动

碾碾压保护桶周边，周边碾压完成后提升保护桶，沉降管周边采用小型振动碾碾压，在整个过程中应控制沉降管的方位，随着坝体的上升，安装埋设沉降管。

（3）坝体内沉降环的埋设。沉降管埋设期间按设计位置固定沉降环，接近沉降环埋设高程时，用细料找平，放置沉降环，水准尺校准，其上人工覆盖细料，周围回填过渡料，套上钢护管，取得初始值。

3.3　保护及控制措施

（1）坝体填筑期间坝面上来回穿梭各种大型机械，为防止机械对沉降管破坏，特制作 8mm 厚 φ120cm 钢保护桶，喷涂警示语，防止机械破坏，见图1。

图1　电磁沉降仪现场施工图

（2）在保护桶四周贴反光条，防止夜间施工时碰撞。

（3）钻孔内埋设沉降管时，若孔内存在地下水，由于测管各接头密封而产生巨大浮力，难以放至孔底时，向管内注入纯净水，待管内外浮力与重力平衡时，可轻松安装到位。

（4）为有效防止沉降管扭转变形，除了每节安装的沉降管、套管严格对准导向槽外，还应在碾压过程中，不同方向交替碾压，并通过全站仪在控制管口坐标的同时控制导槽的方位角，若发生扭转，可通过碾压方向及时调整。

（5）为了适应坝体沉降对沉降管带来的影响，两节沉降管通过套管连接时预留 5cm 沉降空间，完全可消除沉降管在一定情况下随土体沉降的挤压影响。

（6）为防止沉降管受大颗粒石料挤压破坏，φ168mm 钢护管和沉降管之间回填细砂，钢护管与钢保护桶之间回填垫层料或过渡料。

（7）沉降管管口需用保护盖封闭，防止作业时土块或其他杂物掉入管内，堵塞测管。

（8）由于坝体位于高寒地区，坝体填筑时段在相当一段时间内为负温，沉降管的安装埋设随坝体填筑同步施工，保护桶、钢护管与回填料冻结粘连，可采用喷灯烘烤桶内外壁及钢护管壁，待融化后有利于提升埋设。也正是由于这个原因，将钢保护桶下端做成圆锥状，减小填筑料对桶壁的附着力，有利于提升。

（9）沉降管安装至坝顶后，制作孔口保护墩并安装

孔口保护盖板。

3.4　测量读数

本工程电磁沉降环的测量采用孔底标高法观测：

（1）将电磁沉降仪测头放入管底，自下而上逐个测读沉降环，当测头遇见沉降环瞬间，地面电磁沉降仪发出声响，即可从测尺上读出该测点沉降环至孔口的距离，根据基准环深度距离，换算出每个沉降环的高程。

（2）每个沉降环埋设完成后，采用电磁式沉降仪对其位置进行测量，并测定初始读数。

（3）沉降管口用做一个小标记，每次测量时都以该标记作为读数参考点，可提高观测精度，避免因管口不平导致的读数误差。

4　观测成果分析

4.1　观测仪器布置

电磁式沉降管共2套，位置详见图2。

4.2　观测成果初步分析

两套沉降管随坝体填筑安装，2011 年 9 月 16 日同时开始观测，由于及时读取了初始测值取值并全程及时

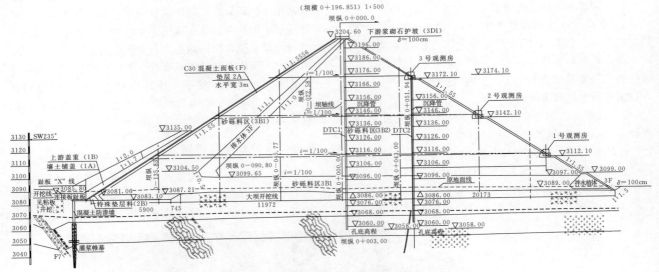

图 2　电磁式沉降管监测布置图

观测，沉降过程线资料能全面真实反映大坝沉降过程和沉降量，详见图 3～图 6。从各测点沉降过程线中可以看出：在坝体填筑阶段，各测点随坝体填筑高程的升高沉降逐渐增大。以施工期及蓄水时段将沉降分为四个阶段，第一阶段为 2011 年 9 月至 2012 年 5 月，坝体填筑高程达到 3126.00m，由于当时正是冬季施工，制约因素较多，填筑速度缓慢，沉降线较为平缓，沉降量较小。第二阶段为 2012 年 5—12 月坝体填筑到顶，大坝恢复全断面填筑，填筑断面逐渐缩小，填筑速度快，沉降线较陡，沉降量相对较大。8 月中旬至 9 月初，坝体受雨水浸湿影响，各测点沉降速率也有小幅度增大。第三阶段为 2012 年 12 月至 2014 年 2 月，坝体填筑到顶至

蓄水前预留沉降期，由于坝体随时间的推移，承压性能增强，自然沉降量逐步降低，垂直沉降线趋于平稳，沉降变形较小，沉降速率也趋于稳定。第四阶段为 2014 年 2—10 月蓄水期间，沉降线平缓，说明大坝填筑质量良好，面板基本没有渗漏水。截至目前，DTC1 号沉降管测点最大沉降为 38.6cm，发生在 3135.278m 高程的 DTC1-9 测点，为所在断面坝高的 42.7%，坝基与坝体交界面 3086.512m 高程测点 DTC1-4 累计沉降为 6.4cm，DTC1 号沉降管部位总沉降为 64.0cm，沉降率为 0.55%；DTC2 号沉降管测点最大沉降为 32.0cm，发生在 3126.098m 高程的 DTC2-8 测点，为所在断面坝高的 46.0%，坝基与坝体交界面 3088.062m 高程测

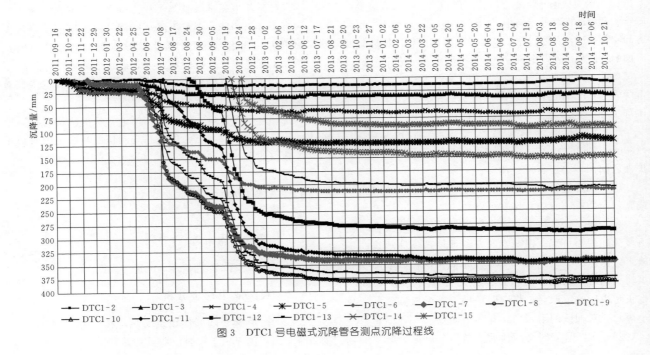

图 3　DTC1 号电磁式沉降管各测点沉降过程线

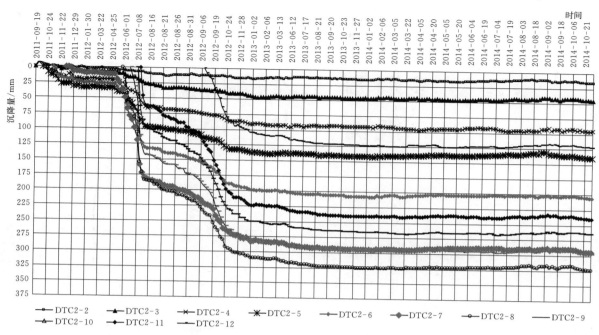

图4 DTC2号电磁式沉降管各测点沉降过程线

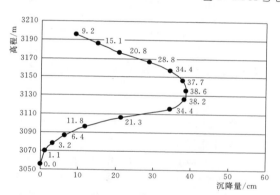

图5 DTC1号沉降管各测点沉降沿高程分布图

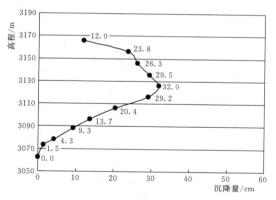

图6 DTC2号沉降管各测点沉降沿高程分布图

点DTC2-4累计沉降为9.3cm，DTC2号沉降管部位总沉降为51.0cm。所有各点的沉降量均低于大坝高程的1%，低于同类大坝的沉降平均数值，进一步说明了大坝的控制质量良好。

5 结语

在面板堆石坝沉降观测中，电磁式沉降仪很好地反映了坝体施工期的沉降变形规律，有效弥补了水管式沉降仪的监测盲区，避免了水管式沉降仪因坝后观测房施工滞后而损失部分沉降量，也没有水管式沉降仪施工对坝体填筑的干扰大等不足。在纳子峡水电站坝体填筑阶段，坝体沉降随坝体填筑高程的升高逐渐增大，沉降变形沿上下游方向分布：坝轴线附近沉降大，靠近上下游坝坡沉降小。从两套电磁沉降管的各测点沉降过程线、累计沉降量及沉降率综合分析，说明大坝沉降均匀，填筑密实程度较高，符合一般大坝的沉降规律，同时也证明了电磁式沉降仪的性能良好，项目施工方法的得当。电磁式沉降仪的施工方法在纳子峡水电站面板堆石坝的成功应用，可为其他土石坝工程提供借鉴经验。

浅谈夏季混凝土温控措施在箱涵
混凝土中应用

郑 伟 程 意/中国水电基础局有限公司

【摘 要】 鄂北水资源配置工程2015年度某标段须在高温季节施工，项目在改造拌和系统因工期问题较难解决的情况下，采用多种温控综合措施，使混凝土质量得到有效控制，保证了施工质量和进度。
【关键词】 夏季高温　混凝土　温控措施

1 工程概况

鄂北地区水资源配置工程2015年度某标段施工轴线长1.5km，引水建筑物为C25钢筋混凝土箱涵，过流净断面尺寸为2×4.5m×5.5m（孔数×宽×高），底板、顶板、边墙厚度0.8m，中隔墙0.7m，暗涵底板、边墙、顶板及中隔墙转角处均设0.4m×0.4m倒角，暗涵混凝土总量为4.8万 m³。

设计要求，高温季节施工时，混凝土最高浇筑温度不得超过28℃；冬季施工时，混凝土的浇筑温度不宜低于5℃，否则应采取有效的措施保证混凝土浇筑温度及外露混凝土表面保温。气象资料显示，该枣阳地区属亚热带大陆性季风气候，夏天炎热，6月中旬至9月上旬为高温期，期间日最高气温达32～38℃。而此期间正值暗涵主体施工高峰期，为摆脱高温季节对混凝土浇筑质量及工期的制约，从降低混凝土出机口温度方面着手，以确保混凝土施工质量。

2 温控方案的选择

采用对骨料进行风冷和在混凝土拌和时加入冰片的措施，来降低混凝土温度效果最为直接，最低可将混凝土出机口温度控制在7℃左右，但需对骨料仓及拌和设备进行改造。由于本工程工期较短，期间只经历一个夏季高温，在设计要求混凝土最高浇筑温度指标并不高的情况下，改造及购置风冷用的氨压机机组、制冰片系统设备成本高昂，且改造工程量大、周期长，势必将对施工进度造成较大影响。从设备利用率及经济效益上考虑，此温控措施不适合本项目。

经对各种原材料拌和物的热学性能计算分析，多次对温控方案进行优化，最终选择购置一台制冷水机，三台喷雾机，从混凝土出机口温控、混凝土浇筑温控、混凝土养护三个方面进行温控措施综合应用。

3 夏季混凝土施工温控的综合措施

3.1 混凝土出机口温控

3.1.1 拌和用水温控

将混凝土拌和用水储水池整个设置在地表以下，在储水池四周粘贴10cm厚聚乙烯苯板塑料保温，并且在上部搭设遮阳棚避免太阳光直射照晒。在拌和站设一台制冷水机，每小时制冷水量为4～5t，最低可将水温降至4℃。为提高制冷水机工效，采用抽取深井水（深井水水温一般在16～18℃）作为水源，可将制冷水机工效每小时制提高至7t，使用时提前3h将制冷水机启动，对储水池的水进行冷却循环，以保证混凝土拌和及其他部位冷水用量。

3.1.2 胶凝材料温控

水泥的出厂温度较高，最高可达90℃，自身温度会伴随储备期的延长而降低，因此要根据施工进度安排提前进场，并控制其运至工地的入罐温度不宜高于65℃，否则须在遮阳处停车待冷，同时尽量延长其储存时间，按"先来后用"的使用原则。

为尽可能降低水泥及粉煤灰温度，在水泥及粉煤灰储存罐用隔热材料进行包裹，同时在罐体顶部布设冷水管，在高温时段不间断用冷水对罐体进行喷淋。采取本措施2～3d后水泥温度可降至35℃以下；因粉煤灰自身温度相对较低，采取措施1d后温度即可控制在35℃以下。

3.1.3 骨料温控

骨料在整个混凝土配合比中占的比重最大，因此控制骨料的温度，是降低混凝土出机口温度的核心措施，在整个温控措施中最为关键。

在拌和站骨料仓、配料机、提升斗上部搭设遮阳棚，并在骨料仓四周安装防晒网，防止阳光照射。同时在粗骨料仓的隔墙上设置自动喷雾装置，用制冷水（4℃）作为雾化水源，利用喷雾形成局部小气候，降低料仓温度，细骨料只遮阳通风不做洒水措施。在采取以上措施后，粗骨料的温度可控制在20℃以内，砂子的温度可控制在25℃左右。

为使粗骨料、砂子充分及快速脱水，将每个料仓的底部建成2%坡度的C20混凝土底板，底板厚度为20cm，并在料仓四周设置排水沟。骨料含水率的控制指标：粗骨料含水率不大于1%、砂的含水率不大于5%。

3.1.4 优化配合比降低混凝土内部温度

通过试验，优化设计配合比进行混凝土温度控制。选用聚羧酸系高性能减水剂，减水率可达30%~35%，适当增加粉煤灰掺入比例，减少单位水泥的用量，降低混凝土干缩率，控制混凝土内部温升，减少产生裂缝的概率。

3.1.5 混凝土出机温度

根据经验公式和施工配合比可粗略计算混凝土出机温度，设混凝土拌和物的热量系由各种原材料所供给，拌和前混凝土原材料的总热量与拌和后流态混凝土的总热量相等，从而混凝土出机温度可按下式计算：

由 $T_o \sum WC = \sum T_i WC$，即可得 $T_o = \sum T_i WC / \sum WC$

式中 T_o——混凝土的拌和温度，℃；

T_i——各种材料的温度，℃；

W——各种材料的重量，kg；

C——各种材料的比热容，kJ/(kg·K)。

上式中，$C_{水泥}$、$C_{粉煤灰}$、$C_{砂}$、$C_{石}$ 均取值0.84kJ/(kg·K)，则 $C_水$、$C_{外加剂}$ 取值4.2kJ/(kg·K)；砂含水率取5%，石含水率取1%，原材料的温度为连续3d实测温度的均值，见表1。

表1 混凝土拌和温度计算表

原材料	原材料用量 W /kg	原材料比热容 C /(kJ/kg·K)	原材料热当量 W×C /(kJ/℃)	原材料温度 T_i /℃	原材料热量 $T_i×W×C$ /kJ
水	94	4.2	394.8	5	1974
砂含水量	36	4.2	151.2	27	4082.4
石含水量	12	4.2	50.4	22	1008
水泥	253	0.84	212.52	35	7438.2
粉煤灰	63	0.84	52.92	35	1852.2
外加剂	6.32	4.2	26.54	30	796.32

续表

原材料	原材料用量 W /kg	原材料比热容 C /(kJ/kg·K)	原材料热当量 W×C /(kJ/℃)	原材料温度 T_i /℃	原材料热量 $T_i×W×C$ /kJ
砂	755	0.84	634.2	27	17123.4
石	1184	0.84	994.56	20	19891.2
合计	—	—	2517.14	—	54165.72
拌和温度 T_o/℃			21.52		

经计算混凝土出机口温度为21.52℃，此温度未考虑在搅拌过程中的温度损失。

3.2 混凝土浇筑温控

3.2.1 混凝土运输温控

加强现场施工组织管理，协调好混凝土拌和与入仓强度相匹配，合理安排混凝土罐车数量，缩短混凝土运输及等待卸料的时间是减少混凝土在运输过程中温升的主要措施，同时还需做到以下几项工作：

在混凝土罐车罐体外包裹保温被，以减少吸收外界热量。混凝土罐车在装料前，应将低温深井水注入罐体内转动预冷降温，反复循环到搅拌车内的温度降下来为止，并排干罐内积水。

运输中混凝土罐车要慢速搅拌，在装料及卸料过程中经常用抽取的低温深井水对罐体外表面淋水控制温度回升。在浇筑现场设置遮阳棚供等待混凝土搅拌车暂时停靠，避免搅拌车长时间暴晒。

3.2.2 混凝土浇筑温控

（1）混凝土尽量避免在高温时段浇筑，在安排仓位时，随时了解和跟踪天气预报，掌握天气变化的趋势走向，在阴天或低温时间，抢仓快浇。平时混凝土浇筑安排在每天的早晚低温时间内，一般17：00之后开仓，次日10：00之前浇筑完成。

（2）加强现场施工管理和调度，加快混凝土浇筑速度和入仓强度是保证混凝土入仓温度的最有效措施，从运输环节着手，提高入仓效率，并尽快进行平仓振捣。同时在施工时要配备足够的人员、设备和器具，尤其是振捣设备炎热天气下易发热损坏，应准备好备用振捣器。

（3）根据拌和能力、浇筑速度、气温、振捣器性能和浇筑仓号尺寸等因素，确定浇筑层的厚度及铺料方式，在完成每层铺料后及时用彩条布或其他保温材料，加以覆盖防晒。混凝土浇筑覆盖上一层的时间控制在1.5h。

（4）在浇筑仓面设置小型喷雾机，利用仓面喷雾形成局部小气候，降低仓面及周边温度。喷雾时要保证雾化质量和喷雾量，防止雾化不足而使仓面积水。

3.2.3 混凝土浇筑温度计算

根据实践，混凝土的浇筑温度一般可按下式计算：

$$T_P = T_O + (T_n - T_O)(\alpha_n + \beta_t + \theta_t)$$

式中　　T_P——混凝土的浇筑温度，℃；

T_O——混凝土的出机温度，℃；

T_n——混凝土运输和浇筑时的室外气温，℃；

α_n、β_t、θ_t——温度损失系数，α_n为混凝土装卸和运转温损，β_t为混凝土运输温损，θ_t为混凝土浇筑温损。

上式中，根据经验值及现场实测数据平均值，按以下规定取用：

T_n取 29.6℃；α_n——n为装卸和运转次数（本工程 n 取 3），取 0.032；β_t——t 为运输时间（本工程取 0.25h），如用混凝土搅拌车时，取 0.252；θ_t——t 为浇筑时间（本工程取 0.5h），取 0.18。

经计算
$$\begin{aligned}T_P &= T_O + (T_n - T_O)(\alpha_n + \beta_t + \theta_t)\\ &= 21.52 + (29.6 - 21.52) \times (0.032 \times 3 \\ &\quad + 0.252 \times 0.25 + 0.18 \times 0.5)\\ &= 23.53（℃）\end{aligned}$$

3.3 混凝土养护

成立专职混凝土养护小组，制定养护规则，落实养护工作责任制度，派专职人员负责养护，并做好能反映养护全过程的真实记录。定期考核，及时兑现。

混凝土养护方式根据结构物的具体部位，采用不同的养护方法。

（1）暗涵底板及顶板，混凝土终凝后及时覆盖毡布洒水保湿养护，在高温炎热的气候情况下则在终凝前采用喷雾机对仓面进行喷雾，防止混凝土表面干裂。同时应避免仓面积水。

（2）两侧墙体背水面，拆模后将顶板覆盖的毡布向下延伸并紧贴边墙外立面，在顶板四周布置花管，24h不间断流水养护。

（3）暗涵过流面，阳光无直接照射，拆模后应立即用喷雾器喷洒养护剂养护，以保持混凝土表面的水分，喷洒时喷雾器嘴距混凝土表面 30～50cm，前后均匀喷洒，使混凝土表面形成平整的保护膜。

混凝土养护期间，每隔 2h 检查一次养护情况，气温高时加密巡查，检查内容为：水养护混凝土表面的湿润状态、混凝土表面流水养护面积、过水面墙体及顶板底面喷洒养护剂均匀情况等。养护应连续进行，且养护时间不得少于 28d，对于较关键部位，还应适当延长养护时间。

4 结语

本工程在工期紧，如改造原有的拌和系统无法满足工期需要的情况下，抓住混凝土温控的关键环节，采用了多种管理和技术的综合措施，较好地解决了温控中的各项难题，保证了混凝土的质量，节约了成本，满足了工期要求，可为其他类似工程提供借鉴。

无盖重灌浆在土石坝的实践应用

武荣成　陈继先　孙军哲/中国水利水电第十四工程局有限公司

【摘　要】　本文依托在建的斯里兰卡M坝水利枢纽工程，简略介绍无盖重灌浆施工技术在工程中的研究与应用现状，重点针对M坝碾压式土石坝黏土心墙区域采用该技术所遇到的挑战、解决方案及经验教训做些总结。希望以此为其他水利水电工程基础处理提供一些借鉴。

【关键词】　无盖重灌浆　碾压式土石坝　黏土心墙　基础处理

1　概述

1.1　工程概述

莫洛嘎哈堪达大坝（简称M坝），由碾压式土石坝、碾压混凝土重力坝、坝后式发电厂房等组成。建成后，具有拦洪蓄水、调节下游水流，兼顾灌溉、饮用水、养殖、发电等多种功能。

其中主坝，即碾压式土石坝，坝顶高程为187.30m，最低建基面高程128.60m，最大坝高为58.7m，最大坝体底宽241.46m，坝段宽度8m，坝顶全长为470.61m，分为20个坝段单元。上游为全年结合围堰，顶部高程为155.00m，由防渗黏土料、反滤料、堆石料组成。坝体主体中间为中央直立心墙，心墙两侧依次为反滤料、过渡料、堆石坝壳料。

1.2　研究与应用现状

无盖重灌浆，即在未浇盖重混凝土（或仅在局部区域浇薄层找平混凝土）前提下直接对裸露或半裸露开挖基岩进行敞开系统灌浆（或封闭和半封闭系统灌浆）的一种基础处理工艺。

目前，国内外针对无盖重灌浆做过一些尝试性研究，并在一些工程中应用。但都是在针对具体工程的特定工程地质条件下进行相应探究，并没有形成相对成熟、系统性的施工技术经验并予以推广。例如许利琼、高平玉等[1]介绍了无盖重固结灌浆在几种情况下

的不适用性，以及针对浆液外漏、抬动变形和涌水孔段等几种难以保证灌浆质量情况提出了相应的质量控制方法；杨世伟、李德勇等[2]发现无盖重灌浆存在浆液外漏及注入浆液量偏大问题；杨光伟[3]介绍了无盖重灌浆施工参数及工艺，以及在进行无盖重灌浆后仍未达到设计要求情况下所采取的补强措施；周建军、蒲来春等[4]分析了无盖重固结灌浆效果及灌浆参数，论证了吉林台水电站无盖重固结灌浆的可行性；王利、董笑波、张瑜英等[5]依托彭水水电站碾压混凝土坝工程，通过对裸岩固结灌浆试验及坝基岩性特征分析，指出了无盖重灌浆在浅表层裂隙发育带等不良地质条件下表现出效果差及不适用性，并提出了可通过浇薄层混凝土以改善浅层封闭性；向志梁[6]介绍了无盖重固结灌浆在哈萨克斯坦玛依纳水电站厂房的应用，有效解决了工期紧、灌浆与混凝土施工相互干扰以及灌浆施工对已有混凝土构件造成潜在破坏等问题，取得较好的工程效益；苏达[7]从无盖重固结灌浆工艺与参数、冒浆问题、压水试验、试验数据资料等方面进行研究分析，论证了构皮滩水电站特定地质条件下无盖重灌浆的可行性，等等。

综上所述，目前国内外采用无盖重灌浆主要考虑工程存在工期紧、履约风险等问题，相对有盖重灌浆，主要优势为：省去了盖重混凝土施工、锚杆施工及预埋结构缝止水等工序所需时间以及相邻仓面混凝土和混凝土与灌浆施工所需的时间间隙，在一定程度可确保工程按期履约。至于施工成本控制，尚不能明显界定，其与具体工程所处地质条件、基础面开挖工

艺、灌浆设计布置等有较大关系。同时，无盖重灌浆所表现出的地质条件局限性在一定程度上限制了其应用范围，目前主要应用于开挖揭露地质基岩坚硬、完整性较好、断裂断层等不良地质不太发育的工程基础处理。

2 无盖重灌浆试验效果

在 M 坝施工中，鉴于前期碾压混凝土重力坝坝基开挖揭露的基岩与业主提供的投标地质资料描述存在较大差异，基岩完整性差，裂隙、断层、薄弱夹层较发育，就坝基处理方案与业主沟通讨论及审批耗时较长，造成主体工程施工滞后，施工工期紧。考虑到主坝坝基开挖后，沿着防渗黏土料区域揭露的基岩为前寒武系高地段变质结晶岩，主要以钙质片麻岩（大理岩、大理岩化片麻岩）为主，夹带黑云母片麻岩、石英岩等，岩石坚硬、完整性较好，经过研究讨论决定，沿主坝防渗黏土区域采用无盖重灌浆。

现有无盖重灌浆的工程实例，主要是混凝土坝坝基基础处理，而在土石坝中尚无案例可循。为了确保坝基灌浆质量，首先在主坝选取 9、10 单元坝基进行无盖重灌浆试验。由于试验区处于原河床区域，开挖揭露的基岩坚硬，但表层风化软弱夹层、断层、裂隙等较发育，经人工机械削缓，清理软弱夹层、松动岩石，形成的基岩面凹凸不平，起伏高差最高超过 1m。因此，对该区域先进行回填薄层找平混凝土处理，再进行系统的固结帷幕灌浆试验，其中帷幕灌浆在固结灌浆完成至少 3 天后进行。具体灌浆情况如下。

2.1 灌浆试验参数及效果

（1）灌浆孔布置。帷幕灌浆孔基于试验区处于河床考虑，布置两排，其中 9 单元间排距 1.89m×2m，10 单元间排距 2m×2m，均沿坝轴线对称呈梅花形布置。固结灌浆沿帷幕灌浆线两侧布置，依次各布置一排入基岩 15m 和 8m 深灌浆孔，其余为 5m 深灌浆孔，其中上游侧 15m 固结灌浆孔距离上游帷幕灌浆线 3.25m，下游侧距离下游侧帷幕灌浆线为 0.75m，其余间排距 2.4m×3m，呈梅花形布置，灌浆孔平行坝轴线沿左右岸倾斜布置，倾斜角度范围 5°～30°。

（2）灌前压水试验。灌浆前对设计先导孔采取五点压水试验，压水参数见表 1 和表 2。

（3）灌浆参数。灌浆中采用 4 种水灰比 2:1、1:1、0.8:1、0.5:1，灌浆开始阶段采用 2:1。其中，帷幕灌浆 0.5:1 水灰比添加减水剂 FDN-2002，剂量为水泥含量的 1.5%，以改善浆液流动性。灌浆过程中加强抬动现象监测。灌浆压力参数见表 3 和表 4。

表 1 固结灌浆五点压水法参数

入岩深度/m	压水方法	区段/m	压水压力/MPa
5	自上往下一次压水	0～5	0.1、0.15、0.2、0.15、0.1
8/15	从下往上分 2 或 3 段压水	孔底部～10	0.2、0.4、0.6、0.4、0.2
		10～5	0.15、0.3、0.5、0.3、0.15
		5～孔口	0.1、0.15、0.2、0.15、0.1

表 2 帷幕灌浆五点压水法参数

段次	分段长度/m	各阶段压力/MPa	备注
第一段	2	0.1、0.2、0.3、0.2、0.1	
第二段	3	0.1、0.2、0.3、0.2、0.1	
以下各段	5	0.3、0.6、1.0、0.6、0.3	最大段长不大于 6.5m

表 3 固结灌浆参数

入岩度深/m	灌浆方法	区段/m	灌浆压力/MPa
5	一次灌浆	0～5	0.3
8/15	从下往上分 2 或 3 段灌浆	孔底部～10	0.8
		10～5	0.6
		5～孔口	0.3

表 4 帷幕灌浆参数

孔深/m		0～2	2～5	5～10	＞10
分段长度/m		2	3	5	5
灌浆压力/MPa	I 序孔	0.8	1.0	1.5	2.0
	II 序孔	0.8	1.0	1.5	2.0
	III 序孔	0.9	1.1	1.6	2.1

（4）灌浆后检查。系统灌浆达到规范龄期后对业主指定的检查孔进行钻孔取芯和压水试验，必要时进行声波测试等检查。固结灌浆试验结果见表 5～表 7。

表5 固结灌浆前后透水率、单耗灰

区域	孔序	孔数	灌前平均透水率/Lu	平均耗灰量/(kg/m)	灌后平均透水率/Lu	灌浆过程现象
9单元	I	40	>60	45.86	2.05	漏浆、表层串浆
	II	35	>23	12.79		漏浆
10单元	I	40	10～20	42.57	0.82	
	II	40	<20	3.18		

表6 帷幕灌浆灌前透水率分布

灌浆次序	孔数	平均透水率/Lu	总段数	透水率频率/(区间段数/频率%)					透水率/Lu	
				<1	1～5	5～10	10～100	>100	最大值	最小值
I	12	30.18	138	48/34.8	38/27.5	17/12.3	23/16.7	12/8.7	796.9	0.00
II	12	11.32	130	37/28.5	50/38.5	12/9.2	25/19.2	6/4.6	234.16	0.00
III	23	1.73	234	133/56.8	78/33.3	15/6.4	7/3.0	1/0.4	1516.25	0.00
合计	47	12.15	502	218/43.4	166/33.1	44/8.8	55/11.0	19/3.8	1516.25	0.00

表7 帷幕灌浆灌后透水率分布

孔号	平均透水率/Lu	总段数	透水率频率/(区间段数/频率%)					透水率/Lu	
			<1	1～5	5～10	10～100	>100	最大值	最小值
CK-09-01	1.35	17	7/41.2	10/58.8	0	0	0	4.41	0.09
CK-09-02	0.64	14	11/78.6	3/21.4	0	0	0	1.43	0.03
CK-10-01	1.88	14	2/14.3	12/85.7	0	0	0	2.92	0.42
CK-10-02	0.52	7	6/85.7	1/14.3	0	0	0	1.16	0.09
合计	1.20	52	26/50	26/50	0	0	0	4.41	0.03

2.2 灌浆相关分析及采取的措施

结合表5、表6中的数据，对固结灌浆和帷幕灌浆过程一些现象进行分析，并采取了相应的措施。

由表5可知，固结灌浆灌前透水率很大，其中I序孔及浅表层2m压水灌浆段范围内尤为突出，且出现表层串浆、冒浆、漏浆甚至不起压待凝等现象。这主要由于河床堆积层开挖后，基岩浅表层揭露的风化软弱夹层、断层、裂隙等较发育，经过人工或者机械清理软弱夹层、松动岩石等工序，存在相对较发育的卸荷及机械振动裂隙。尽管对试验区域进行薄层找平混凝土，但其并不能形成有效盖重压力，对浅表层裂隙及气压流动通道构成完全封闭，沿着裂隙通道容易发生灌浆压力释放，浆液随着压力释放梯度方向发生冒浆、串浆。为此，现场在I序孔灌浆过程，先采用2:1浆液起灌，使较高压浆液尽可能沿着裂隙通道疏通，排出岩隙气压，逐渐置换浆液浓度，再逐渐把灌浆压力升到一定值，尽可能使浆液充填浅表层裂隙，因此I序孔单耗灰量大。在进行II序孔灌浆时，采用嵌缝堵漏、缓慢升压等措施进行封孔，明显吸浆量要小很多，可见I序孔灌浆对大部分浅表层裂隙形成有效充填。

由表6可知，帷幕灌浆灌前渗水率更大，最大高达1516.25Lu。可以认为前期系统固结灌浆对浅层基岩渗水通道形成的充填封闭在帷幕灌浆高压力作用下失效，I序孔吸浆量大，个别深段甚至出现1000kg/m，在II序、III序孔吸浆量绝大部分控制0～100kg/m，只有0.3%段数出现大于100kg/m耗灰量。可能的原因如下：①固结灌浆过程，灌浆压力沿着浅表层串冒浆通道会损耗，不能确保浆液沿着裂隙充填密实，存在裂隙气压；②浅层基岩虽然表层包括卸荷裂隙在内的裂隙相对较发育，但基岩整体比较坚硬，仍存在封闭半发育状态下的裂隙；③现有固结灌浆孔布置不能对基岩浅层形成有效覆盖，局部存在延伸到表面的独立裂隙或者封闭的交错裂隙，固结灌浆压力不能对其有效击穿并充填；④深处基岩可能存在软弱夹层或者渗水通道。在帷幕灌浆压力作用下，结合裂隙空气围压作用，其原裂隙通道重新被击穿或原封闭裂隙继续发育扩展，贯穿到基岩表面，形成渗水通道。为此，项目部经过研究讨论，决定在原有固结灌浆孔基础上增加浅层固结灌浆，间排距为1.5m×2m，孔深2m，呈梅花形布置，以此形成基岩面以下2m厚度的等效盖重，对帷幕灌浆构成封闭状态。实践证明，增加浅层加密固结灌浆是有效的，通过钻孔取芯

及压水试验，发现岩石内部裂隙充填饱满，透水率大大降低，最大值为 4.41Lu，不超过合同技术条款规定临界值 5Lu，且绝大部分都控制 3Lu 以内。

此外，针对试验区域在灌浆过程个别孔出现塌孔、少量涌水情况，采取以下措施：①对塌孔进行重新扫孔；②对涌水通道先进行导管引流，降低岩隙水压，对周围采取加密灌浆或调节浆液浓度等措施进行灌注，等达到一定强度再对导管进行灌浆封堵。上述处理措施均取得良好效果。

3 结语

截至目前，土石坝已完成灌浆，经压水测试、钻孔取芯检查，均达到设计要求。无盖重灌浆在 M 坝的土石坝坝基的成功应用，为土石坝按期完工提供了保障。在保证灌浆质量方面所采用的一些技术方案，有其可借鉴之处，例如：

（1）帷幕灌浆 0.5∶1 浓浆中添加减水剂 FDN-2002，改善浆液流动性，在一定程度上可提升裂隙充填密度。

（2）在系统固结灌浆不能构建帷幕灌浆压力下所需的封闭性情况下（即浅表层充填裂隙或半发育的封闭裂隙在较高灌浆压力下发生击穿，形成渗流通道），采用浅层加密固结灌浆，增强浅表层基岩整体性，形成等效混凝土盖重，构建有效封闭状态，确保帷幕灌浆质量。

（3）对裂隙渗水可直接采用封堵灌注或加密贯穿裂隙斜孔灌浆。对涌水或者小股流渗水等先采用导管引流，降低基岩渗水通道水压，确保浆液对裂隙充分充填，再进行导管封堵灌浆。

（4）沿平行坝轴线布置灌浆斜孔，可让灌浆孔尽可能贯穿裂隙，减少独立半发育的封闭裂隙存在，确保浆液有效充填裂隙，增强基岩整体性及封闭性。

虽然通过上述一系列措施，有效保证了灌浆质量，但由于土石坝施工经验欠缺，坝基前期开挖质量监控存在不足，故增加了无盖重灌浆前施工处理成本。因此，加强坝基前期开挖质量监控，优化爆破方案，尤其接近设计开挖线 2m 范围内开挖控制，是十分必要的。

综上所述，对存在履约风险、工期紧的工程，基础处理可优先考虑采用无盖重灌浆方案。但应做好前期基岩地质条件、开挖基岩面包括裂隙等发育情况的评估及灌浆试验相关数据分析。如盲目采用无盖重灌浆，不但浅层灌浆质量无法保证，其后续采取的大量补救措施，反而会带来施工成本大幅提升，也不能确保加快施工进度。

参 考 文 献

[1] 许利琼，高平玉．三峡右岸大坝基础无盖重固结灌浆质量控制 [J]．人民长江，2006，37（5）：66-67．
[2] 杨世伟，李德勇．锦屏一级水电站坝基无盖重固结灌浆施工工艺探讨 [J]．探矿工程（岩石钻掘工程），2011，38（8）：56-58，63．
[3] 杨光伟．无盖重纯压式灌浆在二滩水电站坝基固结灌浆中的应用 [J]．水电站设计，2002，18（1）：27-31，37．
[4] 周建军，蒲来春．无混凝土盖重固结灌浆在工程中的应用 [M]．山西建筑，2010，36（24）：97-98．
[5] 王利，董笑波，张瑜英．彭水水电站坝基无盖重固结灌浆试验研究 [J]．中国农村水利水电，2007，6：96-101．
[6] 向志梁．无盖重固结灌浆在哈萨克斯坦玛依纳水电站的应用 [J]．水利水电技术，2015，46（3）：50-52．
[7] 苏达．构皮滩水电站 27 号坝段无盖重固结灌浆试验研究 [D]．长沙中南大学，2007．

双向水泥搅拌桩在天津外环线路基软基处理中的应用

时贞祥　吴海燕/中国水利水电第十三工程局有限公司

【摘　要】　本文介绍了双向水泥搅拌桩在天津外环线东北部调线工程路基软基处理中的应用，重点介绍了其施工工艺，施工过程中质量控制、质量检验和常见问题处理方法，并与传统水泥搅拌桩进行经济效益对比分析，阐明了该软基处理方法的优点。

【关键词】　双向水泥搅拌桩　软基处理　施工工艺　经济效益

1　引言

水泥搅拌桩是利用水泥等材料作为固化剂，通过搅拌机械，在软土地基深处，就地将软土和固化剂搅拌，由固化剂与软土之间产生一系列物理、化学反应，形成具有整体性、水稳定性和一定强度的水泥土加固体，从而提高软土地基的承载力，减少地基沉降。

常规水泥搅拌桩具有加固效果好、施工简单、工期短、振动小、造价低、对环境影响小等优点，在软土地基处理工程中得到了广泛应用。但由于其存在均匀性差，桩身强度低，施工中浆液上冒，进度慢，经济效益低等缺陷，使成桩质量及其处理效果不甚理想。

针对上述情况，天津外环线项目对常规水泥搅拌桩进行优化改装，采用双向水泥搅拌桩进行路基软基处理，并取得了良好的效果，为类似软基处理工程提供借鉴经验。

2　双向水泥搅拌桩成桩原理

双向水泥土搅拌成桩是指在水泥土搅拌桩成桩过程中，由动力系统带动分别安装在内、外同心钻杆上的两组搅拌叶片同时正、反旋转搅拌，而形成的水泥土搅拌桩。

双向水泥土搅拌桩成桩机械是对现行水泥土搅拌桩成桩机械的动力传动系统、钻杆及钻头进行改进，采用同心双轴钻杆，在内钻杆上设置正向旋转搅拌叶片和喷浆口，在外钻杆上安装反向旋转搅拌叶片，通过外钻杆上叶片反向旋转过程中的压浆作用和正、反向旋转叶片

同时双向搅拌作用，阻断水泥浆上冒途径，把水泥浆控制在两组叶片之间，保证水泥浆在桩体中均匀分布和搅拌均匀，并采用两搅一喷工艺施工，确保成桩质量。

3　工程概况及地质条件

天津外环线东北部调线工程第五标，工程范围为K10＋456～K14＋038.9，南起本项目第四标修筑终点，向北跨越永金引河、落地后上跨丰产河、规划陆港四纬路，然后上跨津蓟高速公路（规划津蓟快速路）形成互通式立交。接第六标津榆分离式立交南桥头（K14＋038.9)，本工程段路线全长3582.9m。水泥搅拌桩190072m，桩径0.5m，桩长8m，桩距1.6m，等边三角形布置。水泥搅拌桩处理横断面见图1。

工程场地位于平原区，地形平坦开阔，河岸稳定，场区内及其附近不存在对工程安全有影响的岩溶、滑坡、泥石流、崩塌、地下洞穴、地面塌陷和地裂缝等不良地质作用。但存在液化土层，在基本烈度Ⅶ度时，其液化等级为中等—严重液化，液化层主要为粉质黏土层和粉土层。在地基设计时，土层的承载力（包括桩侧摩阻力）、土抗力（地基系数）、内摩擦角和黏聚力等应予以折减。

场地表层普遍分布有人工填土，厚度为2.50～4.30m。该层主要由杂填土组成，土质不均，结构松散，密实程度差，压缩性高，工程性质差，不能作为路基段的持力层。场地内的软弱土主要为软流塑状的粉质黏土，具有孔隙比大、压缩性高、承载力低等特点，会对路基沉降产生不利影响。因此，应通过精心设计、施工来消除其不良影响。

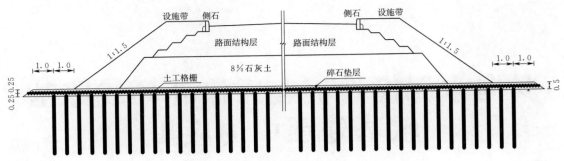

图1 软基处理横断面图（单位：m）

4 施工工艺流程

双向水泥搅拌桩施工工艺流程如下：平整场地→施工放线→定桩位→桩机对位调平→搅拌喷浆下沉→搅拌提升→清洗→钻机移位。

4.1 施工准备

施工机具运至现场后进行安装调试，待转速、压力及计量设备正常后方可就位。施工前地表按设计要求进行清理，查清场地内有无地下管线、架空线障碍物，并根据设计桩顶高程对施工场地进行大致整平压实。水泥规格为42.5号普通硅酸盐水泥，检验合格后使用。

清理场地后按设计要求布设桩位，横向间距1.6m，纵向间距1.39m，标出桩的点位。

4.2 钻机就位

钻机就位前核对桩位，确保其符合设计要求。钻机必须铺垫平稳，确保机身平整，钻杆垂直稳定牢固，钻头对准桩位。为保证钻孔的垂直度，钻机就位后做水平校正，使钻杆轴线垂直对准钻孔中心位置。在钻架上挂垂球测量该孔的垂直度，使垂直度偏差不超过1%。每根桩施工前工程技术人员进行桩位对中及垂直度检查，满足要求后，方可开钻。

4.3 射水试验

钻机就位后，进行低压射水试验，检查喷嘴是否畅通，压力是否正常。

4.4 制浆

配置浆液时，水要清洁、无侵蚀性，符合饮用水标准，并经第三方试验检测机构检验合格。水灰比选用0.5～0.6。按照设计要求水泥掺入量一般不得低于60kg/m。

浆液配比选定后。先将称重后的水加入桶内，再根据配合比将对应量水泥倒入。开动搅拌机搅拌，并经过筛后放入灰浆池备用。现场拌制浆液有专人记录固化剂、外掺剂用量，以及送浆开始和结束时间。

4.5 喷搅下沉

开启搅拌机主电机，桩机钻杆垂直下沉。下沉前将喷浆管内的水排清，搅拌机向下切土，两组叶片同时正、反向旋转切割、搅拌土体，搅拌机边喷浆边持续下沉至设计深度，在桩端位置持续喷浆搅拌30s以上。钻进速度不大于1m/min，喷浆时管道工作压力0.4～0.6MPa。下沉过程中随时观察设备运行及地层变化情况，工作电流不大于额定值，当钻进搅拌中阻力较大，钻进太慢时，可增加搅拌机自重，启动加压装置加压，或边输入浆液边搅拌钻进。

4.6 搅拌提升

搅拌机下沉到达设计深度，并在桩端搅拌喷浆30s后匀速搅拌提升。此时，关闭送浆泵，两组叶片同时正、反向旋转搅拌，直至设计桩顶标高以上50cm，完成单桩施工。提升时管道工作压力为0.1～0.2MPa，提升速度一般不大于1m/min。当水泥搅拌桩顶施工接近桩的设计标高（喷浆管底端位于地面以下1m）时，搅拌、提升采用慢速进行，并重新启动喷浆，以保证桩头质量。搅拌喷浆至桩顶以上50cm结束，搅拌机喷浆管提升到加固深度的顶面高程时，集料斗中的水泥浆排空。

4.7 清洗

施工完成后，提升钻杆及钻头，进行低压射水。向集料斗中注入适量清水，开启灰浆泵，清洗全部管路中残存的水泥浆，使管内、机内不留残存浆液，并将粘附在搅拌头的软土清洗干净。

4.8 移位

冲洗钻杆、喷嘴和管路的作业结束后，把钻机及机具移到新孔位，重复上述步骤，进行下一根桩的施工。

5 施工质量控制措施

（1）严格控制搅拌机钻进和提升速度、供浆与停浆时间，控制下钻深度、喷浆高程及停浆面符合设计要求，保证加固范围内每一深度都得到充分搅拌，严格按要求进行复拌，确保成桩质量。桩端必须原位喷浆搅拌一定时间，单桩喷浆量符合设计要求。成桩过程中，以一次喷浆二次搅拌为宜，复搅时避免浆液上冒。随时检查施工记录，评定成桩质量，如有不合格桩或异常情况，采取补桩或其他处理措施。

（2）当钻进搅拌中遇较大阻力，钻进太慢，即增加搅拌机自重，然后启动加压装置加压，或边输入浆液边搅拌钻进。

（3）配制好的浆液不得离析，要连续供浆，固化剂与外掺剂的用量、泵送浆液时间有专人记录。钻机成孔和喷浆过程中，将废弃的加固料及冒浆回收处理，防止污染环境。

（4）水泥搅拌桩桩体无侧限抗压强度、桩长及桩身均匀性符合施工图要求。水泥搅拌桩处理后的复合地基承载力符合施工图要求。

（5）搅拌机械配置的自动记录仪和压力表，处于检定有效期内。

6 水泥搅拌桩施工质量检验

6.1 静载试验

单位工程桩数小于 1000 根时，每个工点至少做 3 根单桩承载力试验。大于 1000 根时取单位工程桩数的 3‰确定静载试验桩数。承载力检测还进行了复合地基承载力试验，测试结果及时反馈给设计单位。静载试验在搅拌桩成桩 28d 后进行。

6.2 取芯及触探检验

取芯检验的总桩数不得少于工程桩数的 3‰，单位工程桩数小于 1000 根时，至少做 3 根。桩芯 28d 无侧限抗压强度应满足下列要求（L 为桩身长度）：桩身上部（桩顶—$2/3L$）不小于 0.8MPa，桩身下部（$2/3L$—桩尖）不小于 0.6MPa。

成桩 7d 内采用轻型动力触探进行 N10 检测，检测频率为总工程桩数的 2%。

6.3 试验桩位置

静载试验和取芯检验均匀地布设于水泥搅拌桩上进行，不可集中于一处。试验桩的位置在检测前由监理工程师根据现场施工情况确定。

6.4 承载力特征值

设计要求单桩承载力不应小于 100kN（桩长 8m）。复合地基承载力按以下参数计算：水泥搅拌桩三角形布置，桩间距 1.6m，复合地基承载力 100kPa。

天津外环线东北部调线工程项目路基水泥搅拌桩处理地基检验结果：

（1）取芯检测。水泥搅拌桩成桩 28d 后，取芯检测 78 根桩，其芯样完整，断面吻合，桩长满足设计要求；28d 无侧限抗压强度分别为：桩身上部在 0.84～0.98MPa，均大于设计要求 0.8MPa，桩身下部在 0.65～0.88MPa，均大于设计要求 0.6 MPa，无侧限抗压强度满足设计要求。

（2）静载试验。单桩竖向抗压静载试验检测 78 根桩，其单桩竖向抗压承载力特征值均大于 100kN，满足设计要求；复合地基静荷载试验检验承载力均不小于 100kPa，满足设计要求。

检验结果表明，水泥搅拌桩单桩承载力、复合地基承载力和无侧限抗压强度均满足设计要求，桩体均匀，无断桩、夹渣情况，桩径误差符合设计及规范要求。

7 搅拌桩施工中问题的原因分析及处理措施

7.1 喷浆阻塞

（1）原因分析：①水泥受潮结块；②制浆池滤网破损以及清渣不及时。

（2）处理措施：①改善现场临时仓库的防雨防潮条件；②加强设备器具的检查及维修保养工作，定期更换制浆池滤网等易损件。

7.2 速度失稳

（1）原因分析：①设备自身速度控制系统存在缺陷；②机组人员操作不规范、不熟练。

（2）处理措施：①不符合技术要求的设备机具不得进场，并及时更换陈旧的设备；②搞好岗前培训，建立持证上岗制度。

7.3 喷浆不足

（1）原因分析：①输浆管有弯折、外压或漏浆情况；②输浆管道过长，沿程压力损失增大。

（2）处理措施：①及时检查、理顺管道，清除外压，发现漏浆点及时补漏，漏浆严重时即停机换管；②制浆池尽量靠近桩位，以缩短送浆管道。当场地条件不具备时，适当调增泵送压力。

7.4 进尺受阻

（1）原因分析：地下存在尚未清除的孤石、树根及其他障碍物等。

（2）处理措施：①及时停机移位，排除障碍物后重新复位开机；②当障碍物较深又难以清除时，及时与设计及有关方联系，结合实地情况共同协商处理措施。

8   双向水泥搅拌桩的优点

（1）水泥土的强度提高。由于叶片同时正反向旋转，阻断了水泥浆上冒途径，彻底解决了冒浆现象，并使固化剂与土体就地充分搅拌，不再出现层状的水泥土搅拌体，故水泥土强度大幅度提高。

（2）对周围土体扰动小。同心双轴同时正反向旋转，使土体对叶片产生的水平旋转力互相平衡，降低了施工对桩周土的作用，桩周土扰动小。

（3）易于推广，便于管理。使用常规的固化剂，对现行水泥土搅拌机械进行改进，在施工人员接受短期培训后即可作业。

（4）可提高工程质量，降低工程造价。由于采用了两搅一喷施工工艺，不需要复搅复喷，降低了人为因素对施工质量的影响，有利于提高工程质量。

（5）桩身强度大幅度提高，使桩身受力更合理，单位体积的软土地基处理工程量小，大大降低了工程造价。

9   经济效益对比分析

（1）双向水泥搅拌桩单位体积的材料费与常规水泥搅拌桩相比没有任何变化。

（2）双向水泥搅拌桩的机具、机头费用和常规水泥搅拌桩相比，增加 $10\%\sim15\%$，但前者的成桩质量和使用效果得到保证，还可以将原来的 4 搅 2 喷工艺改为 2 搅 1 喷，功效可提高 1 倍。

（3）双向水泥搅拌桩由于桩身强度大幅度提高及桩身结构更合理，与常规水泥搅拌桩相比承载力大幅度提高，沉降量大幅度减小，单位体积的软土地基处理工程量小，其综合经济效益比常规水泥搅拌桩节省投资约 $15\%\sim35\%$，且随处理深度的增加，经济效益越发明显。

10   结束语

双向水泥搅拌桩在天津外环线工程中成功应用，有效地解决了路基沉降量大、沉降速率收敛慢等问题。施工中结合现场情况，合理布设孔位，安排打设次序，严格控制桩质量，保证桩的完整性和均匀性。双向水泥搅拌桩比常规水泥搅拌桩抗压强度高、对桩周土扰动小、施工速度快、工艺易于推广、经济效益明显，可在公路和铁路路基等软弱地基处理中推广应用。

岩溶区地铁车站溶洞处理技术

马乾天/中国水利水电第十三工程局有限公司

【摘　要】 武汉地铁 11 号线东段工程未来三路站西侧岩溶发育强烈，并有严重的基坑涌水，施工难度较为困难。本文以外截内排，分区实施为总体岩溶处理原则，给出了相应的施工工序和方案，对溶洞进行专门处理。

【关键词】 地铁车站　围护结构　基坑　岩溶

1　导言

武汉地铁 11 号线是连接蔡甸、四新城市副中心，沟通西部和东南两大城市群，引导城市东西新城组群发展、支撑城市副中心建设的交通主体线路。11 号线东段 BT 项目西起光谷火车站，东至左岭站，全线长 19.697km，全线设站 13 座，其中换乘站 3 座，车辆段 1 座，主变电所 2 座，线路均为地下铺设。武汉地铁 11 号线东段工程未来三路站为地下两层车站，总长约 327.6m，标准段宽度 23.1m，基坑深度 17～21m，采用明挖法施工。根据详细的岩土工程勘察成果，未来三路站西侧岩溶发育强烈，并配有严重的基坑涌水，容易在车站围护结构和基坑开挖的施工过程中出现地面塌陷、围护结构渗漏、基地岩溶突水等危险。为了有针对性地解决这一施工难题，勘察、设计、施工等单位都高度重视，集思广益，在参考相关案例的基础上[1-5]，提出了很多有效可行的意见。本文对未来三路站深基坑工程采取的设计及施工技术措施进行了总结。

2　工程地质概况

未来三路站场区地貌单元均属于剥蚀堆积垅岗区（三级阶地）。场地土层除上部为杂填土和素填土层外，其下主要为第四系全新统湖积的淤泥质土、第四系全新统冲、洪积的黏性土层，第四系上更新统冲、洪积的黏性土层、黏性土夹碎石层和含黏性土碎砾石层，残积土层，下伏基岩为白垩-古近系的泥质砂岩、石炭系的灰岩和志留系坟头组的砂岩及构造挤压揉皱带。通过历次拟建场地详勘、专勘、补勘岩溶区共钻孔 136 个，披露溶洞钻孔 111 个，见洞率 81.62%，共揭露溶洞 227 个。其岩溶发育特征如下：

（1）溶蚀发育深度。溶蚀底板埋深超过 30m 的溶洞约占总数的 25%；溶蚀底板埋深小于 30m 的溶洞约占总数的 75%。

（2）洞体高度。洞高超过 6m 的溶洞约占总数的 7%；洞高在 3～6m 之前的溶洞约占总数的 28%；洞高小于 3m 的溶洞约占总数的 65%。

（3）充填情况。全充填溶洞约占总数的 33.92%；半充填溶洞约占总数的 12.33%；无充填溶洞约占溶洞总数的 53.74%。充填物主要为黄褐色可塑状黏性土，局部夹少量碎石。

（4）突水情况。场区内有 4 个地质钻孔在钻进时出现冒水的现象，水头高度喷出原地面 2.4m，经水文测试，出水量为 11.4L/s。

3　岩溶对地铁车站深基坑施工的影响

岩溶对地铁车站深基坑施工有如下影响：

（1）会表现在增加围护结构施工的困难程度。地下溶洞的岩面基本上都是参差不齐的，并且会随机分布风化深槽、溶土洞等各种不良地质结构。这就很容易在围护结构施工过程中出现偏孔、卡锤、掉锤、漏浆、塌孔、断桩、地面塌陷、钻机倾覆等情况，大大增加了施工的难度。

（2）岩溶还会大大增加地铁车站基坑开挖的风险。围护结构接缝处理不到位会导致基坑开挖过程中出现涌水涌砂；在溶洞埋深较浅的地方，当上部覆盖图层被挖除一定厚度时，由于岩溶裂隙水的承压性，具有一定水头压力的岩溶水会顶穿上部覆盖的岩层及土层，导致基坑突涌事故；地下水也会沿着砂层，通过未填实的溶洞流入基坑，增加基坑开挖难度；溶洞本身也会影响地基的稳定性。

（3）岩溶会使得对地铁车站周边建（构）筑物保护困难。地下线路多处于城市中繁华的地段，对地铁线路周边的建（构）筑物的保护尤为重要。而围护结构在成槽过程中因溶洞承载力不够引起的地面塌陷、基坑开挖时大量排水导致地下水位下降诱发地面沉降、顶板厚度较薄的溶洞的顶板破坏导致岩溶塌陷等情况不仅会影响到地铁车站施工的安全，还会影响到地铁车站周边建（构）筑物的安全。

（4）注浆加固是处理岩溶的一种常用的有效手段。但是由于岩溶发育规模的不确定性、溶洞之间以及溶洞与地下水间的连通性、岩溶裂隙水的流动性等因素，会导致浆液组成的配比难以确定和统一、注浆量难以控制、注浆效果难以保证，这些都会大大增加投资控制和工期控制的难度。

4 岩溶区地铁车站溶洞处理技术

4.1 总体处理原则

岩溶区地铁车站溶洞处理技术的总体原则可以总结为：外截内排，分区实施。

（1）外截：在基坑外侧设置注浆截水帷幕，并在帷幕外侧设置减压泄水井。

（2）内排：外侧截水帷幕使坑内岩溶水补给将大大减少，通过坑内降排水确保基坑在无水条件下施工。

（3）分区实施：考虑到强弱富水带分布及未来一路站至未来三路站区间盾构接收，基坑开挖采取分段

进行，先施工西侧弱富水条带，确保盾构机能按期接收。

4.2 施工工序

（1）利用北侧水文钻孔4、东侧砂岩及车站南侧冒水钻孔进行水量、水压监测，检验帷幕、围护及基底注浆前后对岩溶过水通道的影响。

（2）在基坑北侧打设泄水井，减小补给水头，降低截水帷幕施工难度。

（3）进行截水帷幕施工，在围护桩外侧打设两排注浆管，间距2m，梅花形布置，帷幕宽度3m，深度岩面以上2m至底板以下10m，如遇溶洞需充填完全。

（4）围护桩施工。成孔前在围护桩两侧及桩位注浆充填溶洞以保证成桩；岩面以上淤泥、粉质黏土层采用咬合旋喷桩加固处理。

（5）基坑范围岩面注浆、底板以下3m范围进行溶洞充填处理。

（6）分区分段基坑开挖，中间设置临时隔离措施。先开挖一区弱富水带，再开挖二区强富水带，纵向分层放坡；坑内岩溶水降排处理。

图1和图2分别是岩溶处理方案的总体平面图和总体剖面图。

4.3 溶洞处理具体方案

（1）钻孔时不漏水。

1）对于钻孔揭示高度不大于3m的溶洞，直接采用双液浆（水泥浆＋水玻璃）进行静压式灌浆。

2）对于钻孔揭示高度为3～6m的全填充溶洞，直接采用双液浆（水泥浆＋水玻璃）进行静压式灌浆。

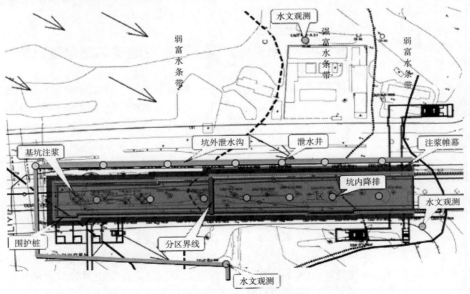

图1　岩溶处理总体平面示意图

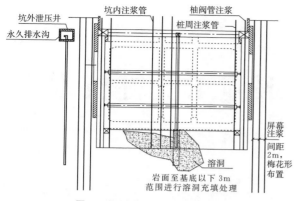

图2 岩溶处理总体剖面示意图

（图中标注）坑外泄压井、坑内注浆管、袖阀管注浆、永久排水沟、桩周注浆管、屏幕注浆间距2m，梅花形布置、溶洞、岩面至基底以下3m范围进行溶洞充填处理

3）对于钻孔揭示高度为3～6m的无填充溶洞或半填充溶洞，在钻孔周边施钻至少一个大于200mm的投料孔，先由投料孔泵送混凝土灌注溶洞，再由地质钻孔（兼做注浆孔）采用双液浆（水泥浆＋水玻璃）进行静压式灌浆。

4）对于钻孔揭示高度大于6m的溶洞，沿原地质钻孔水平、垂直方向间距2～3m进行地质钻探，探明溶洞边界，在揭露溶洞洞高最高处施做至少一个大于200mm的投料孔，先由投料孔泵送混凝土灌注溶洞，再由地质钻孔（兼做注浆孔）采用双液浆（水泥浆＋水玻璃）进行静压式灌浆。

（2）钻孔时漏水。

1）对于钻孔揭示高度不大于3m的溶洞，先采用化学浆（磷酸＋水玻璃）进行静压式注浆，再采用双液浆（水泥浆＋水玻璃）进行静压式灌浆。

2）对于钻孔揭示高度为3～6m的全填充溶洞，进行间歇式灌浆，第一次灌浆采用化学浆（磷酸＋水玻璃），灌浆时间控制在20min，间歇6h后再灌第二次，第二次灌浆可采用双液浆（水泥浆＋水玻璃），若在20min内仍不起压，停止灌浆，间歇6h后再灌第三次，依次类推，直到终孔为止。

3）对于钻孔揭示高度为3～6m的无填充溶洞或半填充溶洞，在钻孔周边施钻至少一个大于200mm的投料孔，先由投料孔泵送混凝土灌注溶洞，再由地质钻孔（兼做注浆孔）进行间歇式灌浆，方法同第2）条中所述。

4）对于钻孔揭示高度大于6m的溶洞，沿原地质钻孔水平、垂直方向间距2～3m进行地质钻探，探明溶洞边界，在揭露溶洞洞高最高处施做至少一个大于200mm的投料孔，先由投料孔泵送混凝土灌注溶洞，再由地质钻孔（兼做注浆孔）进行间歇式灌浆，方法同第2）条中所述。

5 结论

由于岩溶的随机性、连通性以及岩溶裂隙水和地下水的影响，在岩溶区建设地铁车站对勘察、设计、施工等各个环节都是巨大的考验。本文针对武汉地铁11号线东段工程未来三路地铁车站的具体岩溶情况，提出了外截内排，分区实施的总体处理原则，并给出了相应的具体施工工序和方案，希望能给其他类似工程提供宝贵的经验。

参 考 文 献

［1］ 张叶各. 流变地层大型地铁换乘车站地下连续墙施工技术——以上海轨道交通11号线御桥路站为例［J］. 重庆建筑，2014，01：56－60.
［2］ 陈艳，刁天祥. 某地铁车站下穿既有地铁车站施工技术问题分析处理［J］. 四川建筑，2014，02：121－123.
［3］ 王玉喜. 砂卵石地层地铁车站降水施工技术［J］. 国防交通工程与技术，2014，03：71－73，65.
［4］ 李慎奎，讨岚. 武汉地区岩溶发育特征及地铁工程中岩溶处理［J］. 隧道建设，2015，35（5）：449－454.
［5］ 黄辉. 广州地铁9号线深基坑工程岩溶地质风险控制研究［J］. 施工技术，2016，45（13）：88－92.

浅谈直腹式钢板桩围堰施工关键技术

张光辉/中国水利水电第七工程局有限公司

【摘　要】 巴基斯坦塔贝拉水电站第四期扩建工程，主厂房修建采用 36m 长的直腹式钢板桩围堰挡水形成干地施工。本文按照围堰的施工顺序介绍了作业平台设计、水上拼装、填砂控制、基础防渗等一系列复杂工程技术问题，可给同类型工程提供参考。

【关键词】 塔贝拉　直腹式　钢板桩　防渗墙　角桩

1　工程概况

塔贝拉水电站位于巴基斯坦印度河干流上，在拉瓦尔品第西北约 64km，控制流域面积 17 万 km²，总库容 137 亿 m³。主坝为斜心墙土石坝，最大坝高 143m，坝顶长 2743m，坝体体积 1.21 亿 m³，是世界上填筑量最大的土石坝。第四期扩建工程，将右岸 4 号灌溉引水洞改造为发电引水洞，并新建 1 座装机 1410MW（3×470MW）电站，塔贝拉水电站总装机容量将达到 4888MW。

本工程围堰施工存在以下困难：①堰址处水深达 32m，是目前国内外最高的单侧挡水钢板桩格型围堰，板桩关键部位结构设计和制造难度大；②主河槽部位围堰下部覆盖层最深达 25m，高深围堰防渗结构设计和施工困难；③围堰右侧下部基岩裸露坡度大且无覆盖层，钢板桩格体稳定困难；④堰址处水上起吊能力难以到达千吨级，桩格需水上拼装，而水上施工平台获取困难。

2　围堰结构设计

新建厂房下游围堰由钢板桩围堰和两端土石围堰组成。钢板桩围堰由 5 个主格及 4 个副格组成，主格直径 23.76m，每个主格由 148 根直腹钢板桩及 4 根连接桩组成。副格连接弧半径 5.73m，连接弧由 35 根直腹钢板桩组成，与主格上连接桩连接，连接角 35°。围堰的每个主格和副格内填筑相对密度不小于 0.6 的粗砂。堰体主河床覆盖层采用高喷防渗墙防渗，基岩采用帷幕灌浆，灌浆深入岩基相对不透水层 1m，灌浆深度 9.5～13.5m。钢板桩格形围堰背水侧填筑砂砾石戗堤，戗堤顶高程 333.00m，顶宽 30m，内侧坡比 1∶2。围堰的主

要工程量见表 1，围堰平面布置见图 1，围堰 1 号主格断面见图 2。

表 1　　　新建厂房下游围堰主要工程量

序号	项目名称	单位	工程量	备注
1	格内砂石料填筑	m³	91022	水中填筑
2	围堰及戗堤填筑	m³	74928	水中填筑砂砾石
3	块石护坡	m³	12168	
4	砾石土	m³	4830	水中抛填
5	直腹式钢板桩	m	33632	2593t
6	连接桩	m³	646	连接角 35°，合 46t
7	灌浆	m	7480	高喷灌浆和帷幕灌浆

3　围堰施工程序

围堰施工程序为：施工准备→施工平台搭设→钢板桩测量放线→钢围图安装→钢板桩拼插→钢板桩沉设→钢围图移除→钢板桩顶部稳固→格体预填砂→副格施工→钢板桩格左右侧衔接部位施工→格体填砂至设计高程→防渗体施工→基坑内戗堤填筑→围堰完建。

4　主要施工方法

4.1　施工准备

钢板桩桩板进场验收采用 2m 长同样形状的锁口，通过每一根钢板桩的锁口来检查钢板桩的直线度，并报废沿钢板桩锁口局部有扭结、过分弯曲或翘曲的钢板桩。需焊接成型的钢板桩（如角桩）加工完毕后，对焊缝进行渗透检测（PT）和声呐检测（UT）。对现场焊接

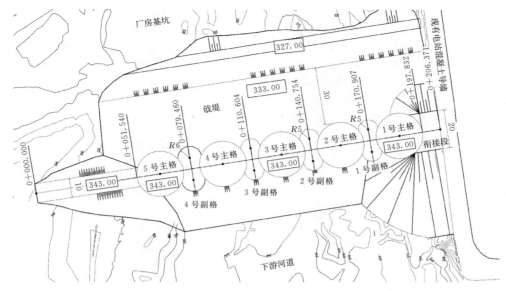

图1 钢板桩围堰平面布置图（单位：m）

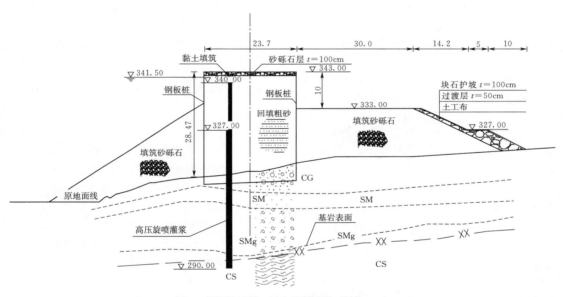

图2 钢板桩围堰1号主格断面图（单位：m）

的复杂结构（如角桩），需将试件送至专业试验室进行强度测试，确保焊接工艺参数的合理性和焊接角桩的质量。根据水下测量结果，在桩格范围内的无覆盖层岩基处填50cm砂，以改善钢板桩桩格的稳定条件。

4.2 施工平台搭设

施工平台的作用是钢板桩桩板的运输、存储、吊运、沉设，浮箱平台最大尺寸36m×30m×1.5m，可载重600t以上，均由12m×3m×1.5m的浮箱模块搭建而成。施工平台拆装方便、可重复使用。

4.3 钢板桩测量放线

由测量人员定出钢板桩围堰的轴线，每隔一定距离设置导向桩，导向桩直接使用钢板桩，然后挂线绳作为导线，定位时利用导线控制钢板桩围堰的轴线。

4.4 钢围图定位安装

4.4.1 钢围图的平面定位

（1）初定位。将拼接好的浮箱置于格体内定位，浮箱上放出格体中心点并在4榀钢围图圆弧拼接点处设置浮标，调整钢围图拼接点与浮标重合。下放钢围图后用型钢与浮箱连接临时稳固。

（2）终定位。复核格体中心点及钢围图位置合格后，从钢围图中预留的桩孔位内插设钢管桩支腿，调整钢围图中心点偏位值，使之不大于50mm。下沉钢管桩支腿将钢管桩打至坚固的持力层以承担钢围图的重量。

4.4.2 钢围图高程定位

钢围图和定位钢管桩的连接采用钢楔吊担传力机构。当浮式钢围图顶面达到控制高程时，立即调整各拉条的长度，使其松紧一致。用水准仪测量高程，钢围图上导环顶标高以不妨碍沉桩夹具顺利通过为限。钢围图顶面定位和高程定位符合要求后，将围图架与钢管桩支腿之间用楔子揳紧，并固定拉条上的紧张器及卷扬机的锚缆，如倾斜坡度大于5‰，应立即纠正。

4.5 钢板桩拼插和沉设

钢板桩拼插步骤如下：

（1）钢板桩试打。正式打入前先试打，以确定打入方式和打入深度。

（2）钢板桩吊装。直腹式钢板桩最长36m，一般吊装方案易使钢板桩损坏或产生永久变形，施工中采用研制的水平吊具吊装钢板桩。格体拼插阶段，钢板桩由水平转为直立时，采用翻板立桩法吊立板桩。

（3）钢板桩拼插。采用100t履带吊将钢板桩吊装成垂直状态，移向安插位置，插入已就位的钢板桩锁扣中。钢板桩拼插时靠自重下沉，不宜采取压锤或锤击等助沉措施。

钢板桩沉设顺序：Y形桩（连接桩）中心点按照设计位置准确地插设在浮式导向围图架顶面内导环上，使偏位值小于10mm。Y形板桩作为拼插的起始桩，4根Y形桩可以做导桩，并通过测量定位每两根Y形桩中间的钢板桩作为导桩，一共8根导桩。导桩沿径向和环向均应保持垂直，导桩用螺栓连接到内导环上。外导向环安装在导桩外侧面，用螺栓固定，外导向环的接头位于导桩处。钢板桩的拼插由导桩处开始沿内导向环依次进行，采用单根拼插，由两根导桩向中间闭合拼插，每两根导桩之间作为一个拼插闭合段。

4.6 钢围檩移除

对称拆除浮箱与钢围檩连接的型钢，利用两台100t履带吊对称地将整个钢围檩吊住，将钢围檩半圆处的连接螺栓拆除，使其拆分为两个半圆，将分为两部分的钢围檩吊出。最后使用振动锤将钢管桩支腿拔出。

4.7 钢板桩顶部稳固和格体预填砂

浮式导向围檩架吊出后，立即在主格体顶部设置钢筋或者型钢加固环，将钢板桩用螺栓临时固定在加固环上，并在主格体内完成部分填砂，填砂量要确保主格体临时稳定。

4.8 副格施工

副格体钢围图安装前，准确测出连接桩的径向和环向的偏差、倾斜度和偏角，并根据实测数据绘制副格体钢板桩闭合圆。钢围图安装的位置根据实测副格体钢板桩闭合图确定，并在相应的主格体上做出标记。

副格体在相邻两个主格施工完成后开始施工，两侧副格体同时进行。副格体钢围图安装时按主格体上标记的位置将钢围图安放在两侧主格体桩顶上，检查无误后临时固定。副格体钢围图内放置12m×6m浮箱平台用型钢连接浮箱与钢围图。将副格体钢围图固定在已经施工完成的主格钢板桩上。

4.9 衔接部位施工

钢板桩与混凝土边墙衔接，可先在衔接部位填筑土石围堰，宽20m，两侧按1:2边坡水下抛填，围堰迎水面及堰顶用厚1m块石防护。然后钢板桩侧利用加宽直角桩作为刺墙埋入土石堰体。

4.10 格体填砂

格体填砂时，皮带机桁架安装在主格内浮箱上，卸料平台移动到位后，用1.6m³反铲将砂卸至卸料平台。第一个主格填筑后，将皮带机桁架转移至下一个主格，两个主格填筑完成后，再填筑主格间的副格。如此循环至所有格体填筑完成。格体填砂保持桩格间均衡上升。

4.11 防渗体施工

4.11.1 围堰防渗布置

防渗体以高喷防渗墙为主、辅以桩板和帷幕灌浆，以此构建深水厚覆盖层上的直腹式钢板桩围堰防渗体系，防渗墙最大造孔深度达53m。

（1）土石堰段采用高喷灌浆防渗墙。在围堰轴线上布置2排高喷灌浆孔，孔排距0.75m×0.6m。特别重要部位则在围堰轴线上布置4排高喷灌浆孔。

（2）坐落于基岩上的桩格采用直腹式钢板桩配合帷幕灌浆防渗。靠桩格内侧按弧形布置1排帷幕灌浆孔，灌浆孔位距钢板桩1m，沿弧线孔距2m，灌浆顶部高于岩基3m，底部深入岩基0.5m。

（3）坐落于砂砾石覆盖层上的桩格采用高喷灌浆心墙防渗。高喷灌浆孔均按直线布置2排，排距0.60cm，孔距0.75cm。灌浆范围：基岩面以下1.5m至围堰顶高程。

4.11.2 主要施工方法

（1）浆液配比。采用强度等级不低于32.5的普通硅酸盐水泥配制纯水泥浆液，水灰比为1:1。进浆相对密度不得低于1.51g/cm³，返浆相对密度不得低于1.2g/cm³。

（2）高喷施工参数。根据高喷钻孔及喷灌过程判断，钢板桩围堰某些区域地质条件复杂，砂卵砾石层埋藏深厚，受承压水、地下动水及架空地层影响，部分孔段在喷灌过程中出现串浆、串风、埋钻、卡钻及塌孔等现象。为保证高喷施工质量，在施工中对参数进行了调整（表2）。

表2 主 要 施 工 参 数

项目	技术参数		相应要求		备注
高压浆	压力：35～40MPa		喷嘴个数：2个	喷嘴直径：1.75～1.85mm	水灰比1:1
	排量：60～70L/min				
压缩空气	压力：0.4～0.7MPa		风嘴个数：2个	气嘴与浆嘴间隙1.5～2mm	
	排量：1.5～2m³/min				
提升速度	背水排（Ⅰ序排）	迎水排（Ⅱ序排）	根据地层和返浆情况做适当调整，在地层（漂石）交界处和大孤石密集区采用静喷、复喷、静灌、降低提升速度等措施		
	Ⅰ序孔：6～8cm/min	Ⅰ序孔：7～10cm/min			单排、双排孔
	Ⅱ序孔：6～8cm/min	Ⅱ序孔：7～10cm/min			单排、双排孔
	Ⅲ序孔：8～12cm/min	Ⅲ序孔：9～14cm/min			单排、双排孔
旋转速度	6～8r/min	6～8r/min			

（3）高压喷射灌浆施工。高喷灌浆采用"两重管"法。

施工顺序：单排孔分三序进行，按Ⅰ、Ⅱ、Ⅲ的顺序施工。双排孔先施工背水侧高喷孔，再施工迎水面孔。自孔底部自下而上喷射成墙，每相邻孔间施工时段间隔不得小于48h。

过程控制：当喷管下入到设计深度后，启动旋喷机，开始送风、送浆，边旋转边提升，自下而上作业，直至设计终喷高程停喷。在旋喷中检查高喷参数是否符合要求，并严格控制特殊过程的处理及参数控制。

封孔回填：高喷灌浆结束后，用冒浆浆液或膨胀砂浆在孔口注浆并捣实，至浆面不再析水下沉为止。用冒浆浆液回灌时，直接引排废浆到待封孔的凹陷处，以利废浆排放及持续回填待封孔。

4.12 背水侧戗堤施工

戗堤可保证钢板桩围堰的安全，对钢板桩围堰起支撑作用，同时戗堤也是厂房基坑施工的主干道。戗堤施工在钢板桩围堰格体填筑完成后进行，以确保围堰钢板不向下游侧发生位移和倾倒，避免破坏钢板桩格体。

戗堤砂砾石料填筑采用进占法施工，当该部位填筑进占50m后，为了加快进度，靠近钢板桩宽20m范围内的砂砾石料同时跟进填筑，一次性填筑到设计高程。戗堤填筑到距左岸混凝土墙10m时，混凝土块和砂砾石材料同时平行填筑，合拢龙口，封闭围堰。戗堤填筑完成后，随基坑排水水位降低，对戗堤上游面边坡进行修整、护坡，形成1:1.5边坡。

5 围堰施工采用的先进技术

（1）心墙直腹式钢板桩围堰型式。利用高喷桩成

墙、帷幕灌浆、钢板桩桩板联合构成防渗体系，创新地解决了25m的覆盖层上高达36m的直腹式钢板桩围堰的抗渗稳定性问题。

（2）多功能水上施工平台群研发。利用浮箱单元组成形式多样、灵活机动的多功能水上施工平台群，解决了平台移动和定位，平台上起吊、储存及运输型钢、桩板和砂料等施工作业问题。

（3）53m高喷防渗墙成墙技术。采取措施解决了高喷灌浆的孔斜、塌孔、抱钻等问题，根据地质条件调整高喷参数和工艺，保证单孔旋喷成桩相邻桩体连接成墙。

（4）桩格填砂免振冲自密实工艺。根据填砂试验结果，创新地采用填砂自密实工艺，代替填砂振冲密实工艺。节省工程成本，简化施工程序，缩短工期。

（5）桩格填砂变形控制技术。利用填砂的初始位置和初始速度，控制桩格填砂变形，提高钢板桩格体的形体质量。

6 结束语

塔贝拉四期扩建厂房下游的钢板桩围堰，从设计和施工均无可借鉴经验，项目实施克服众多施工技术难题，在较短时间内完成了钢板桩围堰的修建，达到了预期效果。目前该围堰运行安全稳定，渗水量小，达到预期设计效果，取得较好的经济效益和社会效益，为水电站改扩建工程提供了经验。

锦屏二级水电站拦河闸坝先弧门安装后锚索张拉施工技术应用

吴高见　孙林智/中国水利水电第五工程局有限公司

【摘　要】　传统的预应力混凝土闸坝施工是在闸墩混凝土施工完成、锚固块混凝土强度达到设计强度后进行预应力锚索施工，最后进行弧形闸门安装。锦屏二级水电站拦河闸坝创新性的利用锚墩混凝土待强时间，采用先弧形工作闸门安装后锚索张拉的施工方案，在较短时间内完成闸坝施工，为工程安全度汛创造了条件。经变形观测，闸墩锚固块变形与预计变形吻合度良好，闸门安装质量优良。先弧形闸门安装后锚索张拉施工技术在锦屏水电站拦河闸坝预应力闸墩上的成功应用，可为今后类似工程提供借鉴。

【关键词】　锦屏二级水电站　预应力闸墩　弧形闸门　安装　锚索张拉　变形观测

1　工程概况

　　锦屏二级水电站位于四川省凉山彝族自治州木里、盐源、冕宁三县交界处的雅砻江干流锦屏大河弯上，利用大河弯310m的天然落差，通过截弯取直引水发电，为低闸坝、长隧洞、高水头、大容量引水式电站。电站装机8×600MW，工程枢纽主要由首部拦河闸坝、引水系统、尾部地下厂房三大部分组成。拦河闸坝位于大河弯西端的猫猫滩，主要由泄洪闸和两岸重力式挡水坝段组成，左右全长165m。其中，泄洪闸段长100m，采用平底宽顶堰型式。泄洪闸共设5孔闸孔，每孔净宽13.0m，闸墩中间结构分缝，边墩与中墩、中墩与中墩左右对型式对称，单边闸墩宽度均3.5m，最大坝高34m。校核洪峰流量达13980m³/s。

　　泄洪闸闸墩采用预应力结构，5孔泄洪闸各设一套弧形工作闸门，弧门前共设置一套平板检修门，孔口尺寸13m×22m，弧门总推力最大值38659.2kN（超过35000kN规范界限值）。闸墩混凝土标号为C30，闸墩锚固块混凝土标号为C40。每个闸墩设主锚索15根，次锚索12根。每束主锚索由34根7φ5钢绞线构成，每束次锚索由10根7φ5钢绞线构成。

其中主索设计锁定吨位5000kN，超张拉吨位5300kN，永存吨位4200kN。次索锁定吨位1600kN，超张拉吨位1500kN，永存吨位1200kN。闸墩预应力锚索布置图详见图1。

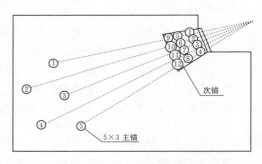

图1　闸墩预应力锚索布置图

　　弧形工作闸门采用斜支臂、圆柱铰型式（带舌瓣门），闸门门叶共8节，单节14130mm×3150mm，单节重量35t。弧面曲率半径为27m，单孔门叶总重345t。启闭设备采用双吊点后拉式液压启闭机，启闭机容量2×3600kN，启闭行程12m，一门一机现地/远方集控方式操作。

　　根据合同文件，全部5套弧形闸门安装时间安排在汛期，利用在水面以上搭设的临时钢结构平台进行闸门安装。由于受下游河道骨料开采弃料淤积影响，致使正常水位抬高3m多，已不具备汛期高水位状态下水上安装的条件，而汛后安装势必影响电站首台机发电目标实现。为此决定压缩三枯施工工期，改变施工方案、加大资源投入，变汛后安装为汛前安装，实现汛前弧形闸门自由启闭正常运行的目标要求。

2 施工方案选择

（1）传统施工方案。传统的预应力闸墩施工工艺流程为：锚固块混凝土浇筑→混凝土待强→预应力锚索张拉锚固→二期混凝土浇筑→混凝土待强→弧门支铰安装（门叶吊装连接）→支臂安装→门叶精调→液压启闭机安装→止水水封安装→闸门启闭联合调试。

在传统的闸坝施工中，闸坝混凝土施工与预应力锚索施工的工序转换期间，锚固块混凝土施工后有将近28d的待强期，以等待混凝土强度达到设计要求的指标；待强期满才可进行预应力锚索穿索、张拉、锚固；然后再进行弧门铰支座安装，铰支座验收后进行二期混凝土施工，二期混凝土待强期满后再进行支臂和门叶安装。传统的闸坝施工，单个闸室混凝土闸墩从锚固块浇筑完成至弧形闸门、启闭机安装完成的时间通常不少于100d（混凝土待强及锚索张拉等施工共58d，闸门安装42d）。

（2）新型施工方案。通过对工期详细分析，两次混凝土待强时间占据直线工期，待强期间不能进行后续相关作业只能等待。能否充分利用锚固块混凝土待强期进行弧形闸门门叶、铰支座及支臂安装，待混凝土强度达到要求后进行预应力锚索张拉、锚固施工，根据锚索张拉的实际变形量再进行铰支座调整，其关键在于：第一要预先确定预应力张拉后锚固块变形的方向、大小及可能的左右偏转，以便在安装闸门门叶时提前考虑后期张拉变形量；第二要在支铰、支臂安装过程中对重量较大的支铰、支臂进行受力转换，不致使正处于待强期的混凝土锚固块受力破坏。

如果能够解决以上两个关键问题，并对可能出现的问题，有可行的应对及处理措施，先弧形闸门安装后进行预应力锚索张拉的施工方案应该具有可行性和先进性。

新的预应力闸墩施工工艺流程为：锚固块混凝土浇筑→弧门支铰安装（门叶吊装连接）→支臂安装→门叶精调→液压启闭机安装（预应力锚索张拉）→止水水封安装（锚索灌浆封孔）→闸门启闭联合调试（锚索二期混凝土浇筑）。

3 预应力加载变形计算

分析计算的重点是针对锚固块及闸墩在锚索预应力施加后，边墩与中墩或中墩与中墩在主、次预应力作用下产生的压缩和偏转，是否超出弧形闸门支臂铰支座调整螺栓的调整幅度，以确定是否满足"先安装，后张拉锚索"施工工艺的技术要求，为施工方案的选择提供参考和依据。

（1）变形快速估算。根据胡克定律可知，在材料的线弹性范围内，固体的单向拉伸变形与所受的外力成正比；也可表述为：在应力低于比例极限的情况下，固体中的应力σ与应变ε成正比，即$\sigma = E\varepsilon$，式中E为常数，称为弹性模量。

由于只是对预应力混凝土结构张拉变形进行计算，而不计算其混凝土内部应力，快速估算时可以把预应力混凝土结构体看作模拟成有垫层设置的不受闸墩其他部位约束的扇形支撑（周边剪切约束看作为零进行计算时，计算变形值将偏大）。预应力混凝土结构体变形计算简图见图2。

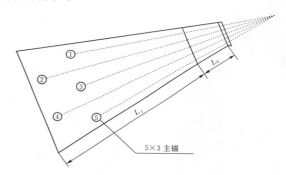

图2 预应力混凝土结构体变形计算简图

当预应力压缩应变以ε表示，预应力、内部应力、混凝土受力面积、混凝土压缩长度及混凝土弹性模量分别为p、σ、S、L、E表示时，由于$\sigma = p/S$，胡克定律公式$\sigma = E\varepsilon$，可转换为$\varepsilon = \sigma/E = p/SE$。

混凝土C40、C30时的弹型模量E分别取值3.25万N/mm^2、3.00万N/mm^2，各计算变量取值见表1。

表1 计算变量取值表

主锚索总张拉力 p/N	预应力锚固块部分		闸墩结构体部分	
	平均受压面积 S_1/mm^2	锚固块长度 L_1/mm	平均受压面积 S_2/mm^2	结构体长度 L_2/mm
$15 \times 5000 \times 10^3$	16071875	5000	27800000	21550

则C40锚固块部分与C30闸墩结构体部分的总压缩变形量Δl计算可得

$$\Delta l = \varepsilon_1 L_1 + \varepsilon_2 L_2 = p L_1/S_1 E_1 + p L_1/S_1 E_1$$

＝0.75＋1.95＝2.70（mm）

当采用超张拉吨位 5300kN 进行计算时，Δl 为 2.862mm。

锚固块在主锚索预应力张拉后（不考虑次锚索及扭转）的压缩变形量，保守估计不会超过3.0mm。考虑到弧形闸门支铰座螺栓孔间隙（单边2mm）及隔环与密封圈之间间隙（2mm），支铰座处螺栓有4mm调节余量，可使变形量在闸门安装通过调节螺栓消除，闸门安装时不需对闸门门叶位置进行回缩调整或仅做少许回缩，方案具有可行性。

（2）变形的有限元计算。为更加精确掌握张拉后锚固块压缩变形及扭转变形的规律及变形量，以指导闸坝施工，采用国际商用有限元软件 ANSYS 进行有限元计算。由于边墩与中墩的结构断面完全一致，可建立单侧闸墩的整体模型。由于重点考察变形，因此按照线弹性方法进行计算，同时考虑到锚固块为重点考察部位，对锚固区域（包括锚固块）建立局部坐标，在网格划分时单独进行；对每根锚索作用力，按照集中力进行考虑，作用力按照设计锁定吨位选定，即主锚索 5000kN、次锚索 1500kN。计算模型见图3、图4，计算参数见表2。

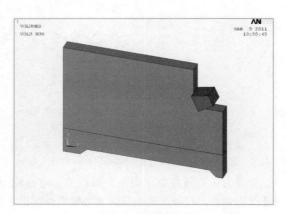

图3 闸墩及锚固块整体模型

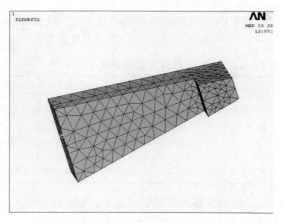

图4 锚固块及锚固区域局部网格划分

表2　　　　混凝土物理及力学参数

钢筋混凝土重度 /(kN/m³)	弹性模量/(N/mm²)		泊松比
	C30	C40	
25.0	3.00×10⁴	3.25×10⁴	0.167

锚固块及闸墩特征部位变形计算汇总表见表3。

表3　闸墩及锚固块特征部位变形计算汇总表

单位：mm

关键点编号	关键点部位	U_X（垂直主锚索张拉方向）	U_Y（平行主锚索张拉方向）	U_Z（垂直闸墩方向）	合位移
177	闸墩中部	0.00	−0.95	0.89	1.31
27	支铰平面下部内侧	0.06	−1.97	2.99	3.59
38	支铰平面下部外侧	0.01	−2.85	3.01	4.15
41	支铰平面上部外侧	−0.01	−2.86	3.02	4.16
30	支铰平面上部内侧	−0.07	−1.98	3.00	3.60
备注		向下为正，向上为负	下游为正，上游为负	向内为正，向外为负	

从计算结果可以看出，在锚索张拉后，锚固块整体变形趋势为向闸室内和上游方向偏转，符合锚索张拉对锚固块和闸墩造成的偏心受压特点。

以局部坐标为基准，张拉后锚固块沿锚固块端部平面上下变形不大，最大值为支铰平面上部内侧点，为向上变形 0.07mm；锚固块平行主锚索张拉方向的最大变形为 2.86mm，方向指向上游方向；锚固块垂直闸墩方向向外最大变形为 3.02mm。闸墩中部平行主锚索张拉方向的变形为 0.95mm，垂直于闸墩方向变形为向内 0.89mm。锚固块受张拉变形示意见图5。

从支铰平面各点变形量分析，锚固块整体向闸室内偏移 3mm 左右，同时锚固块支铰平面各点在平行锚索张拉方向略有差别，如按照偏转角度计算，支铰平面基本以内侧边线为轴，向上游整体偏转 1′31.8″。

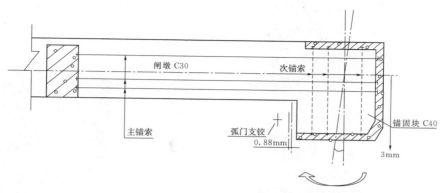

图5 锚固块受张拉变形示意图

4 变形影响消除方案

对照预应力施加后的变形预估值，锚固块变形对弧门支铰座影响的消除措施预案见表4。

表4 锚固块变形对弧门支铰座影响的消除措施预案

变形值	沿闸室上下游方向 $\Delta Y/mm$	垂直闸室边墙方向 $\Delta X/mm$	高程方向 $\Delta H/mm$
影响消除措施	利用支铰座螺栓孔间隙（单边2mm）及隔环与密封圈之间间隙（2mm），可使变形量自动消除	锚索张拉过程中支铰底部螺母为松开状态，可使变形量自动消除；拉伸完成后，可根据复测结果利用支铰座螺栓孔间隙（单边2mm）进行二次调整	

总体上预应力施加后的变形不大，高程方向基本不需要调整，沿闸室方向偏移可利用支铰座螺栓孔间隙及隔环与密封圈之间的间隙进行调整消除；对于垂直闸室边墙方向变形计算值约3mm，在支铰座螺栓安装过程中应注意该点，应预留足够的调整空间。根据计算结果，在锚索张拉后，支铰平面基本以内侧边线为轴，向上游整体偏转 $1'31.8''$，因此在调整过程中内侧螺栓和外侧螺栓的调整值可能有一定差别。

预应力施加过程中应进行变形观测。变形观测分为采用全站仪对锚固块整体进行观测和采用百分表对支铰座进行观测，以便为支铰座螺栓调整提供依据。

5 支铰安装受力转换方案

混凝土待强期间进行支铰安装是先弧门安装后预应力张拉方案实施的另一个重点。支铰安装时由于锚固块混凝土强度较低，支铰重量不能直接由锚固块混凝土承受，同时可保证预应力锚索张拉产生微量变形时，支铰座处于临空可调整活动状态，预应力锚索张拉完毕，再根据要求对支铰座的里程、支铰座轴同心度进行微量调整，因此需要进行受力转换。方法是在支铰座上方横跨

闸墩顶部布置一根承重简支梁，通过钢丝绳及手拉葫芦将支臂和支铰座的自重力传递至该梁。

弧门支铰座自重23t、左右支臂单重68t。采用简支梁结构，跨度13m，受力点距离两边支座均为0.85m。采用简支梁结构进行计算，支座反力650kN，跨中最大弯矩552.5kN·m，通过选型，采用3根45a工字钢并列焊接制作成组合型支撑箱梁。

在下支臂安装前，以铰轴为吊点，将支铰重量转移至闸顶布置的组合型支撑箱梁上，使弧门支铰及之后安装的支臂、门叶的自重转移至支撑梁上，使弧门支铰座处于自由状态，避免对待强混凝土锚固块造成破坏，同时减少弧门支铰座受锚固块张拉变形影响；并利用支铰座下方预埋工字钢制作支撑平台，并布置32t千斤顶，将活动铰与固定铰用四根 $\phi159$ 无缝钢管支撑固定。支铰吊装示意见图6。

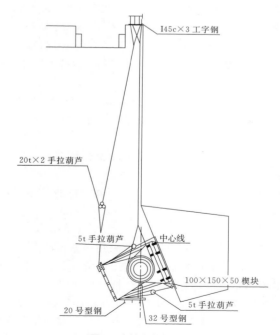

图6 支铰吊装示意图

支铰座定位预装。首先将抗剪板与支铰座牛腿墩上

的预埋基础板按照图纸要求进行定位焊接，然后将支铰座吊装就位，按照图纸要求调整出里程、高程，支铰轴中心相对孔口中心相对位置提前偏向闸墩侧2mm，同时控制支铰座的倾斜度，固定铰下端与抗剪板之间用楔子板塞实，楔子板与抗剪板暂时点焊，其具体安装工艺与常规方法一样。

支臂安装。下支臂吊装就位后，支臂上端与支铰座活动铰螺连，支臂裤衩上方焊接吊耳板，采用导链通过钢丝绳将支臂倾斜上端的自重力传递至承重箱型梁上。

门叶安装。先吊装底节门叶于底槛上，调整门叶中心与孔口中心、主横梁中心与支臂中心重合，使面板两侧水封螺孔中心与侧轨等距，面板外缘对支铰中心的曲率半径符合要求，将底节门叶与下支臂用型钢固定牢靠、稳定，在前期预埋的侧止水座板上游侧的基础预埋板上焊接立劲板贴实顶住门叶面板，以防止其倾覆，并起到减少门叶向上游侧的倾斜牵引作用，确保支铰座受到的向上游分力降低到最小。陆续按照门叶拼装时做出的标志，分别吊装其他门叶。

6 预应力张拉及变形观测

（1）预应力张拉。工程采用OVM锚固体系，钢绞线采用$\phi5$高强度、低松弛钢绞线，主、次锚都采用一端张拉。每个闸墩预应力锚索分为15根主锚索和12根次锚索，为有黏结预应力锚索，其中主锚索中有一束为锚索测力计，为无黏结预应力锚索。锚索主要设计参数：主锚索张拉吨位（34根$7\phi5$钢绞线），超张拉吨位5300kN，设计锁定吨位5000kN，永存吨位4200kN；次锚索张拉吨位（10根$7\phi5$钢绞线），超张拉吨位1600kN，设计锁定吨位1500kN，永存吨位1200kN。

主锚索整体张拉均分为5级进行，次锚索整体张拉均分为5级进行。

闸墩与锚块的主、次预应力锚索属空间结构布置，为防止锚块混凝土出现不利的施工变形，每个闸墩锚索均分为两步进行。

束体经预张拉后，即可进行整束张拉。预应力锚索张拉过程分别以张拉设计吨位的25％、50％、75％、100％和106％分阶段进行预紧，并在张拉过程进行变形监测。

（2）变形监测。

1）锚固块变形观测。主要采用全站仪监测。在拦河坝的上游围堰和下游围堰各架设一台全站仪对闸墩的张拉变形进行全面监测。在全长闸墩边缘的上游、中游、下游位置和支铰座牛腿靠孔口中心边缘上钻$\phi25$、深15cm孔，插入固定棱镜专用定位柱，将棱镜插入柱子中进行监测；同时上游围堰全站仪负责监测支铰轴的高程、里程参数变化情况并做详细记录。

每个闸墩锚固块布置5个观测点，具体观测布置见图7。

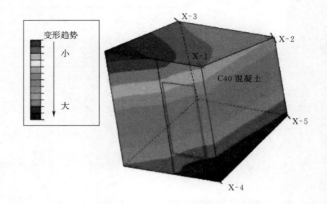

图7 锚固块观测点布置图

闸墩锚索张拉完成后锚固块变形数据统计见表5。

表5 闸墩锚索张拉完成后锚固块变形数据统计表

测点号	变形值		
	$\Delta X/\text{mm}$	$\Delta Y/\text{mm}$	$\Delta H/\text{mm}$
$X-1$	$-0.27\sim-1.47$	$-0.17\sim-0.77$	$-1.50\sim-3.04$
$X-2$	$-0.33\sim-2.15$	$-0.14\sim-1.45$	$-1.16\sim-3.65$
$X-3$	$-0.03\sim-1.64$	$-0.21\sim-2.19$	$-1.35\sim-3.68$
$X-4$	$-0.43\sim-2.35$	$-0.9\sim-2.87$	$-1.53\sim-3.35$
$X-5$	$-0.49\sim-2.30$	$-0.75\sim-2.68$	$-1.45\sim-3.33$

注 测点号栏中的X表示10个闸墩号；ΔX：下游为＋，上游为－；ΔY：闸室内侧为－，闸室外侧为＋；ΔH：上为＋，下为－。

2）支铰座相对位置监测。采用架设百分表监测支铰座位置变化。一个支铰座采用四个百分表进行监测，百分表监测位置在固定铰后端、固定铰大筋板上各两个，铰轴上一个。考虑预应力锚索在张拉时，闸墩、闸墩牛腿和整套弧门都处于相对运动状态，因此百分表只能架设在独立竖立于闸室底板的钢立柱上。考虑闸室底板距支铰座位置较高，其钢立柱需经过压杆稳定性计算并考虑风力的影响因素。立柱上可做排架，便于百分表延伸到需要监测的位置。

1号弧门支铰座张拉前后各项数据比较见表6。

表6 1号弧门支铰座张拉前后各项数据比较表

项次	项目		允许偏差/mm		实测偏差/mm	
			合格	优良	张拉前	张拉后
1	铰座轴孔倾斜度	左	1/1000		0	0
		右			0	0

续表

项次	项目		允许偏差/mm		实测偏差/mm	
			合格	优良	张拉前	张拉后
2	两铰座孔轴线同轴度	左	2	1.5	0.5	0.5
		右			1	1
3	铰座中心对孔口中心距离	左	±1.5	±1	−1	−0.5
		右			+0.5	+0.5
4	铰座里程	左	±2	±1.5	−1	−1
		右			+1	+1
5	铰座高程	左	±2	±1.5	−0.5	−0.5
		右			+0.5	+0.5

7 锚索张拉完毕支铰座调整

经闸墩预应力锚索张拉变形监测，闸墩锚固块向闸室微变量最大实际为 2.87mm，向上游方向最大变形量为 2.35mm。由于支铰座处于悬空自由状态，固定铰螺栓与螺栓孔间隙已在张拉变形逐步形成过程中，由于支铰座处于悬空自由状态，闸墩锚固块在锚索张拉过程中产生的变形对固定铰基本不产生位移。进行安装位置精确复测，根据复测结果进行二次调整。以水流方向左侧闸墩支铰座调整为例：支铰座里程调整可采用固定铰前后螺帽向下游调整 2mm；高程调整可利用螺栓孔与螺栓间隙采用导链或螺旋千斤顶进行升降调节；锚固块与支铰座的连接平面产生 1mm 以内的相对扭转（可以看作是支铰轴左侧向下游方向偏移 0.5mm，支铰轴右侧向上游侧偏移 0.5mm），采用将固定铰左侧的纵排螺栓背帽整体向上游微退螺帽半扣螺纹，固定铰后面的调整螺帽拧紧；而固定铰右侧的纵排螺栓的调整螺帽向下游微退螺帽半扣螺纹，固定铰前面的背帽拧紧。按此方法顺

序调整，直至达到图纸和规范设计要求后，楔子板与抗剪板之间满焊，支铰座调整完毕。

8 结束语

在经前期广泛调研、充分论证的前提下，锦屏二级水电站闸坝采用先弧门安装后锚索张拉施工技术，仅用 23d 时间完成了 5 孔大型弧形闸门安装，安装质量优良，创造了国内闸门安装新纪录，确保了工程的安全度汛，为电站首台机发电奠定了坚强的基础。

先弧门安装后锚索张拉施工技术在锦屏二级闸坝工程的成功应用，为预应力闸坝工程、预应力泄水深孔工程等提供了良好的启迪和借鉴作用，可在类似工程中推广。

先弧门安装后锚索张拉施工技术应用时应注意以下几点：

（1）充分了解预应力闸墩体型结构、预应力锚索型式、弧形闸门支臂结构及其相关参数，对边墩与中墩结构是否结构对称、锚固块会否偏转变形等进行判断。

（2）进行初步的受力变形分析，掌握预应力张拉后的变形规律及预估变形量，必要时进行有限元分析计算。

（3）安装时弧形闸门支铰座螺栓应调至最松弛状态。当计算变形量超出弧形闸门支臂支铰座螺栓调节余量时，门叶安装位置应进行适当回缩调整。

（4）做好铰轴支座及支臂安装时的受力转换，不使待强期的锚固块混凝土承受较大的重力，也使得支铰座处于良好的非约束状态。

（5）预应力锚索张拉时应进行闸墩锚固块及闸门铰支座变形观测，以便及时通过支铰处螺栓进行调节，从而保证安装的整体精度。

阿尔及利亚阿德拉尔光伏电站支架安装

王武亮/中国水利水电第十三工程局有限公司

【摘　要】　本文介绍了阿尔及利亚233MW光伏电站项目第5标段阿德拉尔光伏电站支架结构一体化施工技术，包括浇筑地面下的螺旋桩和安装地面上的方阵支架以及施工质量控制要点和常见问题分析，可供类似工程参考。

【关键词】　光伏电站　螺旋桩　支架安装

1　工程概述

阿尔及利亚233MW光伏电站项目，由中国水电建设集团国际工程有限公司、中国水电顾问集团有限公司和英利能源（中国）有限公司组成的联营体共同揽标承建，属于国际工程总承包建设（EPC）项目。其中第五标段由中国水电十三局负责具体施工，位于阿尔及利亚南部、撒哈拉大沙漠边缘、戈壁滩地形、热带沙漠气候，设计总装机容量为53MW，年平均发电量约7876kW·h，合同总金额约1.4亿美元，包括7个并网型光伏电站，各站分布及指标见表1。

表1　第五标段7个电站分布情况表

省	市或镇	功率/MW	面积/hm²
阿德拉尔 Adrar	阿德拉尔市 Adrar	20	50
	昆塔市 Z. Kounta	6	15
	奥莱夫市 Aoulef	5	12
	提米蒙市 Timimoun	9	22
	卡贝尔坦镇 Kabertene	3	7
	拉甘市 Reggane	5	12
塔曼拉斯特 Tamanrasset	因萨拉赫市 In-Salah	5	12

阿德拉尔光伏电站位于阿德拉尔市西北方向约3km处，场地平整、呈规则矩形状，长×宽为1000m×500m，地表覆盖砂砾层、地基偏硬。项目所在地常年降雨稀少，气候干燥，沙尘暴天气频繁。该站设计装机容量20MW，每1MW包含93个方阵支架，共计1860个方阵支架。

2　支架类型

光伏支架多采用轻型钢结构或铝合金结构，用于固定太阳能光伏组件，是支撑光伏组件稳定工作的基础。光伏支架结构至少应满足以下要求：结构的稳定性足以承受最不利组合荷载、支架仰角能最大限度地接收日光辐射能量、方阵间距科学合理不出现遮挡现象、单位土地的有效利用率最大化。常见的光伏支架类型有固定式支架、水平单轴跟踪支架、倾斜单轴跟踪支架（也称倾维度角单轴跟踪支架）和双轴跟踪支架4种。

根据现场大风天气多、沙尘暴频繁、砂岩地基等实际情况，阿德拉尔光伏电站支架采用固定式，设计支架仰角27°。每个方阵支架结构均由地下的12根螺旋桩和地上的6根短立柱、6根长立柱、6根主梁、6根斜撑、4根18.35m檩条和2个斜拉杆等构件组成，见图1。所有支架构件使用Q235材质、工厂定制加工、热镀锌防腐处理，正常使用寿命不低于25年。

地下基础采用小叶片螺旋桩浇筑素混凝土形式，规格ϕ76mm×1600mm×3.5mm，桩长1600mm，外露地面高度200mm，地下埋深1400mm。每个方阵12根螺旋桩，呈规则矩形状，平面尺寸2.8m×3.3m×5，见图2。

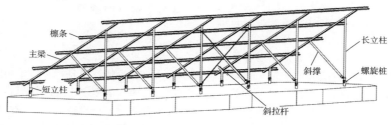

图 1　支架结构立体示意图

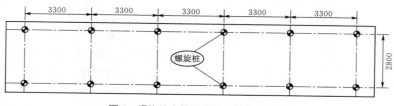

图 2　螺旋桩方阵平面图（单位：mm）

3　螺旋桩施工

（1）螺旋桩施工流程：场地平整→测量放线→钻孔→螺旋桩浇筑→混凝土养护。

浇桩前应进行钻孔成果验收，主要内容包括孔位、孔深、孔径、孔壁垂直度，符合设计要求后方可进行下道工序施工。

（2）放置及调整浇筑模具。将浇筑模具移入方阵内的对应位置，要求模具的12个"耳朵"正对12个桩孔中心，把螺旋桩固定在模具"耳朵"上。在平行于方阵长边、设置两条水平定位基准线、以线为高度参照物、通过摇动浇筑模具自身丝杠、控制各个螺旋桩顶高度在设计范围内。

（3）混凝土浇筑及养护。浇筑时应避免振动棒直接触碰螺旋桩导致桩体跑偏，并采取措施防止因混凝土上浮力造成桩体漂移。浇筑完成24h后，拆移浇筑模具，并对桩体混凝土洒水及覆盖塑料薄膜进行养护。

（4）质量控制。螺旋桩承担着传递上部支架荷载的重要作用，桩顶高程、桩间距、桩身垂直度是决定上部支架能否顺利安装的关键技术指标，也是影响支架阵列整齐度和整体美观的重要因素，应严控浇桩质量，各项质量检验指标应满足设计要求，为后续安装上部支架奠定坚实基础。

4　支架安装

4.1　安装工艺流程

螺旋桩质量检查→支架构件预组装→构件倒运布料→长短立柱安装及调整→主梁安装及调整→斜撑安装及调整→檩条安装及调整→斜拉杆安装调整→支架安装

验收。

4.2　准备工作

（1）桩体检查。检查方阵桩体位置是否在设计位置、整体尺寸是否与设计一致，检查螺旋桩桩顶高程、桩间距和桩身垂直度是否符合设计要求，若这些指标有不达标者，需做进一步处理。

（2）构件预组装。螺栓预装，即1个平垫1个弹簧垫1个螺母拧在一起；主梁角码预装，将角码与方形垫片固定在主梁上；长短立柱预装，将密封圈、双螺头连接件套进立柱；檩条预装，将单根檩条串连固定在一起、使其长度为18.35m。

（3）支架倒运布料。将已预装的长短立柱、主梁、檩条、斜撑和斜拉杆等构件倒运至施工区域，按照设计用量，分门别类地码放在各个方阵内。

4.3　长短立柱安装

根据支架前顶端离地高度及支架仰角，计算出立柱顶到螺旋桩顶的高度，在立柱上量出该高度的位置、画出标高线；把画有标高线的立柱插入方阵首尾两端的螺旋桩内、插入深度以对齐标高线为宜，用扳手拧紧3颗顶紧螺栓和2颗自攻钉；在这两根立柱之间绷紧1根水平施工线，用来控制方阵中间立柱的直线度及高度。

需要注意的是，由于跨度较大（16.5m）施工线必然出现下垂，使用施工线安装方阵中间立柱时，粗调立柱顶应适当超过线高（经验值0.5～3cm），用以抵消施工线下垂的影响，再用水准仪精准控制柱顶高程。

4.4　主梁及斜撑安装

（1）主梁安装。根据支架仰角及主梁长度，计算出主梁与长短立柱的连接位置，量出相应的连接位置、并用记号笔在此位置画出刻度线；把画有刻度线的主梁放置到方阵首尾两端的长短立柱上，搭接部位与刻度线吻合，穿上对穿螺栓稍做固定，测定主梁与水平面的夹角即支架仰角。如果实测角度与设计角度的偏差在设计范围内，即可固定螺栓；如果角度偏差较大，适当升降短立柱（螺旋桩与立柱的连接有一定的调节余量）调整夹角到设计角度，紧固螺栓。在这两根安装好的主梁的上端和下端，分别绷紧两根施工线，用来控制安装中间主梁的位置和高度。

（2）斜撑安装。待长立柱和主梁安装完毕，根据设计尺寸，将斜撑连接件固定在长立柱的对应位置，然后将斜撑一端固定在连接件上，另一端通过对穿螺栓固定在主梁上，要求两端的螺栓松紧度适中。

4.5 檩条和斜拉杆安装

根据支架尺寸、檩条开孔位置和支架结构的对称性，在檩条上画出固定螺栓的位置线，将2根画有位置线的檩条架设到主梁上端及下端，在刻度线位置拧紧螺栓。在已安装好的2根檩条顶端之间，绷紧1根施工线，用来控制其他檩条的安装位置；按照上述方法，在主梁中间部位安装另外3根檩条。要求5根檩条的平行度及间距误差在设计范围内、檩条在支架两端的悬空长度相等，另外拼装整根檩条时要注意将拼接缝错开。

两根斜拉杆位于方阵中间的两根长立柱之间，交叉呈现X状，用于增加支架整体的牢固度。首先将方阵中间两根长立柱上的4个双螺头连接件、按设计位置固定在长立柱上且两两水平对齐，然后用对穿螺栓将两根斜拉杆固定在双螺头连接件上。支架安装完成后，结构的侧面如图3所示。

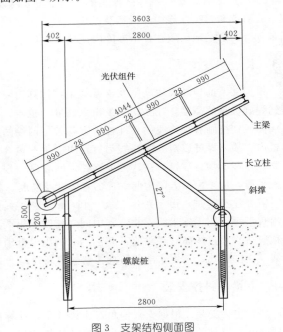

图3 支架结构侧面图

4.6 质量控制要点

各构件螺栓的连接和紧固，应符合厂家说明和设计图纸要求。螺栓安装的数目、顺序、方向，应符合设计规范，不应强行敲打，不得采用气割方式扩孔。

支架安装过程中及完成后，需要及时进行工序验收，合格后方可进行后续工序。主要验收项包括：

（1）长短立柱的垂直度及方阵内同排立柱的直线度，垂直度使用吊铅锤的方法、直线度采用拉直线的方法检测。

（2）支架仰角，使用全站仪或高灵敏坡度仪。支架仰角是决定光线辐照角度、光伏组件吸收光能的关键性因素之一，为质量主控项目。

（3）支架面平整度，以目测法与拉线法相结合进行检验。支架面平整度的优良与否，直接影响光伏组件的装配速度及装配质量，还会影响方阵光伏组件的平面美感。

4.7 常见问题分析与处理

（1）错台现象。在横向或纵向上，光伏支架存在错台现象。主要原因：一是桩位的测量放线有误，造成桩孔未在设计位置，导致与其他方阵支架在横向和纵向出现错台；二是主梁与立柱连接位置错误，主梁太靠近上端或者太靠近下端，造成与左右方阵支架在横向上出现错台；三是檩条与主梁连接位置错误，檩条分布在支架两端的悬空长度不一致，造成与前后方阵支架在纵向上出现错台。

（2）支架衔接不流畅。主要原因：一是前期土建场平不合格，局部地势出现较大幅度的凸起或凹陷，凸起的高点或凹陷的低点刚好位于两个方阵支架中间位置，造成方阵之间的柔滑曲线中断；二是相邻两个方阵交界处的立柱高程不一致；三是某个方阵的檩条未水平平行安装，则该支架的5根檩条的一端往上翘另一端往下跌。

5 结束语

在阿德拉尔光伏电站成功实施光伏支架浇桩与安装一体化施工，正常情况下，一个6～8人班组每天可以施工方阵支架14～16个，取得了良好的社会和经济效益，后在第五标段其他6个电站得到进一步运用。该技术具有易操作、工效高、施工速度快和质量好的优点，可为类似工程提供参考。

莱索托麦特隆大坝工程简易架桥机设计与应用

罗继忠/中国水利水电第八工程局有限公司

【摘　要】　在南部非洲莱索托麦特隆大坝工程坝顶公路桥施工中，通过设计计算和试运行验证，承包人在现场制作安装了具有操作简单、安全可靠、施工效率高等特点的简易架桥机，成功完成了坝顶桥梁吊装施工，实现了工期、成本控制目标，取得了良好的经济、社会效益，可为类似工程提供借鉴。

【关键词】　坝顶公路桥　简易架桥机　设计

1　概述

麦特隆大坝及原水泵站工程位于南非国中之国莱索托王国境内，工程枢纽建筑物主要包括一座RCC重力坝、多级进水塔、原水泵站、泄水房、溢洪道及护坦。项目总投资约5亿美元，资金来源于中东基金、欧佩克等多国基金，由世界银行监管，工程设计与施工采用南非工业规范和标准。

坝顶交通桥位于大坝溢流坝段，左右对称等跨距布置（图1）。桥梁全长75m，宽7m，单跨12m，共6跨，采用预制倒T形梁（以下简称"预制梁"）与现浇混凝土桥面复合结构型式设计。单片预制梁长12.6m，自重4.8t，每跨布置13根，采用板式橡胶支座。

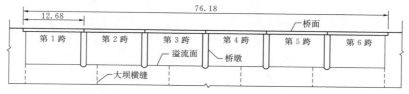

图1　桥梁布置图

为改善区域交通状况和促进当地社会经济发展，政府急切需要打通两岸交通。桥梁通车后，左岸至首都马塞卢交通里程将由60km缩短至35km。由于合同招投标阶段无此桥梁设计，业主投资预算和承包人施工方案均未做准备，而业主希望在原预算范围内完成桥梁建设，对工期和成本控制要求严格。根据设计文件，有两种备选施工方案：一是采用专业架桥机；二是采用汽车吊逐跨施工。经市场调研，专业架桥机施工成本大大超出预算，而汽车吊逐跨施工时新浇混凝土桥面需等强，桥梁整体施工工期和成本将远超计划。自行设计架桥机是承包人在现场有限的资源下，解决该桥梁施工工期与成本矛盾的最佳选择。

2　架桥机结构设计

架桥机主要由主臂、前臂、活动支撑、轨道、制动、行走及变轨系统、移动式手拉葫芦（以下简称"手拉葫芦"）组成，在汽车吊配合下运行。第1跨与第6跨分别与非溢流坝段连接，可直接采用汽车吊施工，右岸第2跨、第3跨和左岸第4跨、第5跨采用架桥机安装。架桥机通过纵向和横向移动（纵向13m，横向9m），覆盖整跨桥梁安装工作面，需分别设置纵向大车和横向小车行走装置，实时共用万向轮变轨移。

架桥机按照GB 50017—2003《钢结构设计规范》和GB 50009—2001《建筑结构荷载规范》设计，采用SANS 10160《南非国家建筑和工业结构基础结构设计及荷载规范》进行校核，架桥机主要结构见图2。

2.1　荷载计算

荷载系数：动载1.4，静载1.0，重力加速度取$g=10m/s^2$，荷载标准值如下：

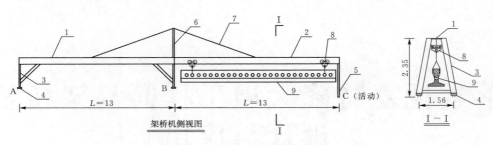

图2 架桥机结构示意图

1—主吊臂；2—前吊臂；3—支腿；4—万向轮及轨道；5—活动支腿；6—立柱；7—拉杆；8—移动式手拉葫芦；9—预制梁

纵向及横向轨道、轨道蝶形支承、制动、顶升等装置图中未示

（1）架桥机自重：$W_m = 40\text{kN}$。

（2）预制梁自重：$W_b = 48\text{kN}$。

（3）H型钢自重：$Q = 1.44\text{kN/m}$。

（4）风荷载：根据荷载规范按下式计算：

$$\omega_k = \beta_z \mu_s \mu_z \omega_0$$

式中　ω_k——风荷载标准值，kN/m^2；

　　　β_z——高度z处的风振系数；

　　　μ_s——风荷载体型系数；

　　　μ_z——风压高度变化系数；

　　　ω_0——基本风压，kN/m^2。

根据规范计算以上参数得$\beta_z \mu_s \mu_z = 1.605$。根据工程所在地气象资料，取6级、7级、8级和12级特征风作为计算，各级风速下荷载见表1。

表1　各级风速下风荷载标准值计算

蒲福风级	6级	7级	8级	12级
风速 v/(m/s)	13.8	17.1	20.7	36.9
基本风压 ω_0/(kN/m²)	0.119	0.183	0.268	0.851
$\beta_z \mu_s \mu_z$	1.605			
风荷载标准值 ω_k/(kN/m²)	0.191	0.293	0.430	1.366

2.2　工况分析及荷载组合

工况1：架桥机安装过程中，支腿C未就位。此时，架桥机前吊臂为悬臂状态，H型钢支座B处截面承受最大弯矩。

工况2：架桥机安装完成后，预制梁在架桥机上移动。当预制梁中部经过支腿B时，吊臂承受最大弯矩，支腿B承受最大轴压。

工况3：预制梁安装就位后，架桥机处于空载状态。

工况4：极端情况下，风压产生倾覆弯矩使架桥机一侧支腿脱离轨道面，另一侧支腿承受全部荷载。

工况5：极端情况下，载重时活动支腿C意外失效。

2.3　风荷载作用下倾覆稳定计算

风荷载作用下，结构受力如图3、图4所示。

工况1和工况3：

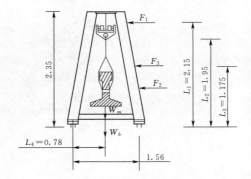

图3　风荷载作用下倾覆计算

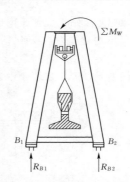

图4　风荷载产生的支座反力

风荷载作用下产生的倾覆弯矩，$M_{um} = \omega_k(A_1 L_1 + A_2 L_2)$。

自重作用下产生的抗倾覆弯矩，$M_{mm} = W_m L_4$。

工况2和工况4：

风荷载作用下产生的倾覆弯矩，$M_{ub} = \omega_k(A_1 L_1 + A_2 L_2 + A_3 L_3)$。

自重作用下产生的抗倾覆弯矩，$M_{mb} = (W_m + W_b)L_4$。

各工况下计算结果见表2。

表2　各级风荷载下倾覆稳定计算

	蒲福风级	6级	7级	8级	12级
工况1 工况3	倾覆荷载 M_{um}/(kN·m)	5.17	7.94	11.63	36.96
	抗倾覆荷载 M_{mm}/(kN·m)	31.20			
	安全系数 M_{mm}/M_{um}	6.0	3.9	2.7	0.8<1
	结论	稳定	稳定	稳定	倾覆

续表

蒲福风级		6级	7级	8级	12级
工况2 工况4	倾覆荷载 M_{ub}/(kN·m)	8.56	13.14	19.26	61.20
	抗倾覆荷载 M_{mb}/(kN·m)	70.20			
	安全系数 M_{mb}/M_{ub}	8.2	5.3	3.6	1.1
	结论	稳定	稳定	稳定	临界

根据工程所在地多年实际风速历史记录，最大风速不超过8级。为确保安全，设定架桥机安全工作上限风速为6级，超过此风速时暂停作业。

2.4 吊臂设计

根据受力分析，工况1吊臂承受最大弯矩作用。初选吊臂型钢 H400×400 上下翼缘厚 20mm，腹板厚 12mm。根据移动式手拉葫芦轨道规格，切除部分H型钢下翼缘后，H型钢截面尺寸为 400×300。支座B处承受最大弯矩和剪力下，吊臂的强度和刚度计算如下：

最大弯矩：$M_B = qL^2 = 170.35$kN·m；最大弯应力：$\sigma = M_B/W_H = 95.76$N/mm²<215N/mm²

最大剪力：$V_B = qL = 26.21$kN；最大剪应力：$\tau = V_B/A = 1.43$N/mm²<110N/mm²

最大挠度：$y_{max} = qL^4/8EI = 7.14$mm；$y_{max} = 7.14$mm<$L/1000$，满足规范要求。

吊臂整体稳定性计算，采用规范公式：

$$\frac{M_x}{\varphi_b W_x} \leqslant f$$

$$\varphi_b = \beta_b \frac{4320}{\lambda_y^2} \times \frac{Ah}{W_x} \left[\sqrt{1 + \left(\frac{\lambda_y t_1}{4.4h_1}\right)^2} + \eta_b \right] \frac{235}{f_y}$$

经计算，$\varphi_b = 0.935$，代入上式：

$$\frac{M_x}{\varphi_b W_x} = \frac{170.35\text{kN·m}}{0.935 \times 1.779 \times 10^6 \text{mm}^3} = 102.4\text{N/mm}^2 < 215\text{N/mm}^2$$

工况5情况下

$$\frac{M_x}{\varphi_b W_x} = \frac{303.58\text{kN·m}}{0.935 \times 1.779 \times 10^6 \text{mm}^3} = 182.51\text{N/mm}^2 < 215\text{N/mm}^2$$

因此，整体稳定性满足要求。

2.5 吊臂人字拉杆设计

因现场交通和运输设备条件限制，架桥机无法整体运输。前吊臂与主吊臂之间采取装配式结构，用高强螺栓群连接。

工况1条件下，前吊臂悬臂时受最大弯矩作用。经计算，此弯矩作用下螺栓处钢板将产生剪切破坏。考虑在支座B处吊臂顶部设置人字形拉杆。经计算，拉杆采用Y32螺纹钢，拉杆与立柱和吊臂之间采用铰接，铰轴采用直径40的碳结圆钢。

工况5活动支腿C失效的极端情况。此时悬臂梁承

受全部预制梁自重和拉杆以外的吊臂自重，将在悬臂梁支座B处产生最大弯矩和应力：

$$M_{max} = LW_b/4 + q(L/2)^2 = 303.58\text{kN·m}$$

$$\sigma_{max} = M_{max}/W_x = 170.64\text{N/mm}^2 < 215\text{N/mm}^2$$

可见，在架桥机运行过程中，若支腿C意外失效，吊臂强度依然满足要求。为确保此意外时架桥机不发生倾覆，应将架桥机支座A处与已安装完成的预制梁连接成整体形成配重。

2.6 支腿设计

工况2支腿B承受最大压力，同时考虑风荷载作用（图3）。支腿B稳定计算见表3。支腿采用截面为 200×100×5 的方钢管。支腿底部安装万向轮、制动和顶升结构。

表3 工况2各级风荷载作用支座B稳定性计算

蒲福风级	6级	7级	8级	12级
倾覆弯矩/kNm	8.56	13.14	19.26	61.20
倾覆弯矩下的支座反力 R_{B1} 或 R_{B2}/kN	5.49	8.42	12.35	39.23
自重 R_B/kN	27.50	27.50	27.50	27.50
支座反力 R_B^1 或 R_{B2}^1/kN	32.99	35.92	39.85	66.73
支腿截面 A_S/mm²	2900			
稳定性系数 φ	0.775			
支腿应力 σ/(N/mm²)	14.68<215	15.98<215	17.73<215	29.69<215

工况4支腿一端脱离轨道，即 $R_{B1}^1 = 0$ 或 $R_{B2}^1 = 0$，支腿反力按照12级风速倾覆时计算：

$R_B^{11} = 66.73 \times 2 = 133.46$kN，支腿压应力 $\sigma = R_B^{11}/\varphi A_S = 59.38$N/mm² < 215N/mm²。

可见，即使架桥机处于倾覆临界时，支腿仍然受力稳定。

2.7 万向轮及轨道设计

在主吊臂的每个支腿底部设万向轮，共4组。根据支腿最大反力计算万向轮轴直径35mm，采用碳结圆钢。轮内嵌入能承受同等压力的轴承，以减小架桥机移动阻力。

轨道采用宽翼槽钢，槽钢腹板作为轨道面。轨道通过蝶形支架敷设在已安装完成的预制梁上。

3 架桥机安装调试与预制梁吊装

3.1 架桥机现场组装调试

首跨预制梁铺装完成后，在其顶面安装横向轨道，

轨道与预制梁之间采用螺杆紧固并用钢抄楔找平。核对轨距和轨道水平度无误后，采用汽车吊将主吊臂置于横向轨道上，吊车脱钩后，横向全行程往返平移主吊臂，确保移动顺畅。然后吊装前吊臂，前吊臂与主吊臂之间采用高强螺栓群连接，完成斜拉杆安装后吊车脱钩；最后安装活动支腿和两个手拉葫芦，手拉葫芦在吊臂上做全行程空载滑行调试，确保主吊臂与前吊臂接缝处通行无阻，即完成了整个架桥机安装和调试。

3.2 预制梁吊装作业

50t汽车吊就位于非溢流坝段，起吊一根预制梁，将其一端送至架桥机支腿横梁上，设置枕木让预制梁缓慢下降直至松钩并解除钢丝绳。架桥机前手拉葫芦替换原吊车钢丝绳并起升受力，另一端保持吊车受力状态并微微起升，在手拉葫芦和吊车的配合下将预制梁整体推送至架桥机主臂下。之后用手拉葫芦替换吊车起重端受力，松钩解除吊车钢丝绳。暂解除制动装

置，小车微调对齐下一根预制梁安装位置，再恢复制动装置。再次利用手拉葫芦缓慢将预制梁移至前臂，前后两个手拉葫芦同步缓慢下降完成安装。手拉葫芦完全脱钩后回位到主吊臂，等待接送下一根梁。以上为一个吊装循环，依次完成13个循环即可完成整跨13根预制梁安装，见图5。

第2跨（或第5跨）吊装：首先采用50t汽车吊完成第1跨（或第6跨）预制梁安装，在已完成安装的预制梁顶部，按照上述架桥机现场组装调试要求安装架桥机，按照上述方法进行预制梁吊装作业，见图6。

第3跨（或第4跨）吊装：第2跨（或第5跨）预制梁吊装完成后，拆除前臂活动支撑，安装纵向行走轨道，确认轨距无误后，在千斤顶的辅助下万向轮旋转90°角对准纵向轨道，然后逐一下降千斤顶，移除横向轨道实现变轨，并将架桥机整体向前移动一跨距离，然后恢复小车轨道和前臂活动支撑，完成移机。按照上述方法进行预制梁吊装作业，见图7。

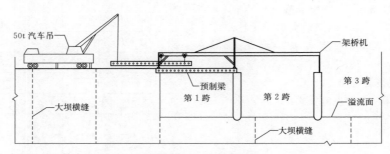

图 5　架桥机工作示意图

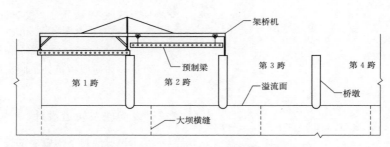

图 6　第 2 跨（第 5 跨）架桥机工作示意图

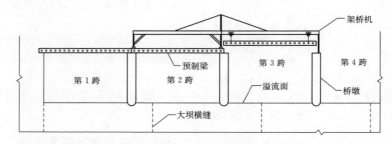

图 7　第 3 跨（第 4 跨）架桥机工作示意图

4 存在的问题和解决办法

在架桥机投入应用前，在现场加工车间模拟实际工作条件和实际荷载进行了运行试验。实测结构实际变形量小于计算数据，稳定性优于计算结果，在可操作性和安全保障方面得到了肯定性验证。监理工程师和业主方代表见证了试验全程，并认可该架桥机的工作性能。

4.1 架桥机运行操作中的问题和解决办法

（1）移机偶尔出现不畅，原因在于现场轨道安装的平行度和水平度偏差较大。轨道铺装应严格确保安装精度，若控制轨距偏差小于±4mm、轨道水平坡度偏差小于±5‰，则可避免移机不畅问题。

（2）多次使用后纵向轨道出现轻微弯曲变形，增加了移机时轨道定位难度。现场采取适当增加蝶形支撑件数量和减小单次移机距离的措施。

（3）架桥机输送预制梁过程中，存在预制梁可能碰撞前活动支腿的风险。现场采用限位绳索、设置预警距离和挡板多重保护，防止预制梁端部碰撞前支腿。另外，前支腿两侧增设钢丝缆绳，并采用葫芦调节张紧，使预制梁在输送过程中减少左右晃动量，有效增强了侧向稳定性。

4.2 架桥机在加工制作和操作使用中需要注意的问题

（1）安全问题是该架桥机设计和现场施工控制的首要目标，主要受控于操作者自身对机械的理解和熟练程度，施工安全风险较高。安装团队经过培训和多次演练后上岗。

（2）该架桥机采用吊车配合，移动式手拉葫芦推送、机械式千斤顶变轨和移机等操作，整个过程需指挥者和操作人员高度协作完成。

（3）该架桥机设置了一些主动安全设施，例如，防滑、防倾覆、制动、限位、限位绳索和预警距离等，但对危险性最大的前吊臂活动支腿和防撞保护措施还可进一步研究改进。

（4）该架桥机适合于小跨度中小型预制桥梁安装，对不同桥梁跨数和跨距有一定局限性。可改进结构设计，使其适应更多跨数、变跨距桥梁施工。

5 结束语

从架桥机方案设计到现场施工许可，承包商与工程师和业主之间做了大量的沟通协调工作，精心组织策划确保了应用成功。按照中国规范进行结构设计，并采用南非规范校核设计成果，得到了监理工程师的批准，这是工程管理和技术工作者的共同智慧结晶。

经现场实际施工验证，该架桥机具有操作简单、安全可靠、安装效率高等特点，整体施工性能优异。架桥机投入初期安装进度为每跨2d，熟练后达到每天1跨的安装速度，整个桥梁安装实际用时12d，较逐跨安装方案，缩短工期约2个月。设计制造简易架桥机完成本工程桥梁架设，实现了低成本架桥和大幅缩短工期的预期目标，取得了可观的经济效益，在类似桥梁工程和施工环境中，具有推广应用价值。

浅谈新型热塑性聚烯烃土工复合防渗材料

韩忠强/北京东方雨虹防水技术股份有限公司特种功能防水材料国家重点实验室
楚跃先/中国电力建设股份有限公司
段文锋　田凤兰/北京东方雨虹防水技术股份有限公司特种功能防水材料国家重点实验室

【摘　要】　本文介绍了国内外水利水电工程防渗土工复合材料现状，实验室研究了新型热塑性聚烯烃（TPO）土工复合防渗材料性能，与国外大坝工程上游面防渗用聚氯乙烯（PVC）土工膜进行了对比，结果表明新型 TPO 土工防渗材料具有与国外大坝用 PVC 土工膜相近的基本力学性能以及更高的延伸率、优异的耐热老化性能、耐低温性能和热风焊接性能，在水利水电工程领域中具有潜在的应用价值和前景，为工程设计提供了技术依据。

【关键词】　热塑性聚烯烃　土工复合防渗材料　土工膜　大坝　抽水蓄能

1　国内外大坝和抽水蓄能电站用土工复合防渗材料现状

　　土工复合防渗材料是由相对不透水的聚合物合成材料（含天然材料）与土工织物经一定工艺复合制备而成的一种平板状土工复合材料。根据聚合物基体不同，可分为以下 3 类：

　　（1）热固性橡胶类。如聚异丁烯（PIB）、氯丁橡胶、三元乙丙橡胶、丁基橡胶。

　　（2）热塑性塑料类。如氯化聚乙烯（CPE）、聚乙烯类（含 HDPE、LLDPE）、聚丙烯、聚氯乙烯（PVC）类。

　　（3）热塑性弹性体类。如氯磺化聚乙烯（CSPE）、乙丙橡胶（EPM）等[1]。

　　土工复合防渗材料大坝（库）工程防渗系统的重要组成部分。根据国际大坝委员会（ICOLD）2010 年公告，全球已有 260 多座大坝中 91% 以上均采用土工复合材料防渗[1]，并且在系统中可直接暴露应用、也可含有覆盖层、还可以处于坝体内部等多种应用方式，其中，土工复合防渗材料直接暴露应用在工程建设施工、造价、效益等方面均优于其他方式，是未来大坝防渗结构

主要发展趋势。如南欧江六级水电站堆石坝上游面采用 PVC 土工复合防渗材料直接暴露应用（坝高 85m）等[2]。在现有大坝防渗用土工复合材料中以软质 PVC 应用最多，占据 60% 以上（图 1），可直接外露应用，是国外主推的热塑性防渗材料。究其原因，在于 PVC 具有类似橡胶的柔韧性和延伸率，能够非常柔和地贴服于大坝工程面层，而且施工便捷（采用热风焊接实现相邻材料搭接密封），防渗性能优异，热膨胀系数与土壤接近等性能优点；相反，热固性橡胶类柔韧性和延伸率尽管较高，但化学交联结构导致其不能采用热风焊接、只能采用胶黏剂粘接，导致经常出现搭接边脱落渗漏。以 HDPE 和 LLDPE 为代表的 PE 类土工复合材料硬度偏大（因分子链化学结构规整，导致模量高，见图 2 初始阶段曲线），尤其是厚度超过 1mm 以上或（和）温度偏低时，制品更硬、难以弯曲（或出现"应力发白"折痕）、焊接时存在"虚焊"问题（焊接不实、存在遗漏点），同时在环境和应力作用极易老化开裂，不能直接暴露应用，国内抽水蓄能电站中有应用。

　　但是，PVC 土工复合材料存在长期应用耐久性问题[1,3]。主要是由于 PVC 树脂分子间作用力较强，需要添加大量增塑剂（重量份数占整体的 20%～40%，如苯二甲酸酯类、脂肪族二元酸酯类等）降低分子间作用，提高柔韧性（图 2 应力-应变曲线）。但是，在太阳光照

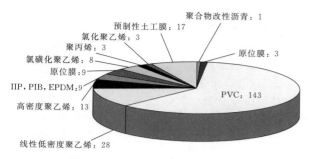

图1 全球大坝用土工膜材料统计[1]

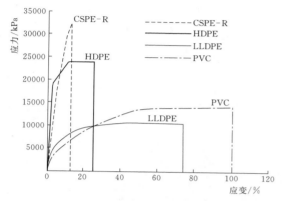

图2 不同土工复合防渗材料多轴拉伸后应力-应变关系[1]

射下，制品内部的增塑剂（尤其是低分子量）极易向制品表面迁移，使其再次变硬、发脆，在复杂水工荷载（应力、低温、往复式荷载等）下导致制品/工程变形不协调，发生断裂、破坏，失效。尽管国外某著名公司通过增加 PVC 树脂层厚度来为延缓增塑剂迁移，由 2.0mm 增加至 3.5mm，但是仍不能彻底解决增塑剂迁移带来的制品失效问题。可见，国内外迫切需求开发一种不含任何增塑剂、柔软、可直接暴露应用且具有优异耐久性的土工复合防渗材料。

2 热塑性聚烯烃材料发展趋势

热塑性聚烯烃（TPO）材料是由聚丙烯与乙丙橡胶共混复合而成，由于其良好的抗冲击性能，在汽车、家电等领域广泛应用。随着高分子合成催化技术的发展，

TPO 已经突破了传统的加工制备技术，实现在反应釜内化学聚合过程中直接制备而成，不仅提高了材料相态均匀分散性，而且改善了强度/韧性，并且在不含任何增塑剂的前提下就具有类似 EPDM 橡胶的柔韧性、耐久性和低温性能（−40℃），同时兼具热塑性塑料的强度和焊接性能。

20 世纪 90 年代，欧美一些国家为解决第一代 EP-DM 防水卷材搭接边不能焊接的问题和第二代 PVC 防水卷材中增塑剂迁移问题，首次采用该树脂制备了屋面暴露用 TPO 防水卷材，至今已经有 20 多年的应用历史。2008 年，美国 ASTM 标准协会在 ASTM D6878《TPO 防水卷材》标准再次提高其耐受紫外光（340nm）辐照度，规定最低 10080kJ/（m² · nm）[4]，制品耐久性得到提升。目前，TPO 防水卷材已经占据美国 80% 以上的屋面市场份额，成为取代 EPDM、PVC 防水卷材单层屋面领域市场的领导者。

可见，建筑屋面防水领域用防水卷材已经由 EPDM、PVC 发展到现在的 TPO 防水材料，而水利水电工程防渗领域，仍处于 PVC 防渗材料主体阶段（且有国际专利限制），开发与推广 TPO 在水利水电工程领域应用具有较大的价值和前景（目前无国际相关专利限制）。当前，现有屋面用 TPO 防水卷材不能直接应用于水利水电工程领域，因为二者的工程服役特性不同。如水利水电工程基面含有一定倾角、面层有尖锐凸起物、长期伴有水头压力（几十米、甚至二三百米）、往复式荷载应力等，而屋面领域相对较为简单，因此，为推进 TPO 在水利水电工程领域的应用，必须开发满足水利水电工程服役特性的新型 TPO 土工复合防渗材料及其系统。

3 新型热塑性聚烯烃土工复合防渗材料性能

围绕水利水电工程防渗特性，本实验通过材料结构和配方优化，按照图3制备工艺，开发了一种新型 TPO 土工复合防渗材料；其中 TPO 树脂层厚度 3.5mm，初步考察了 TPO 树脂层的基本物理力学性能、热老化性能、耐低温性能、热风焊接性能等，并与国外某著名公司大坝用 3.5mm 厚 PVC 树脂层制品性能对比。

图3 热塑性聚烯烃土工复合材料制备工艺流程图

3.1 基本性能对比

由表1可知，新型 TPO 材料的邵氏硬度为 30 邵 D，略低于国外 PVC 材料，这表明 TPO 在不含任何增塑剂情况下仍具有优异的柔韧性。在力学强度（拉伸强度、单位宽度断裂力）方面，二者基本接近，分为 10～

11MPa 和 37～39kN/m；但是，新型 TPO 具有比国外 PVC 更高的延伸性能，延伸率高达 770%～827%，约是 PVC 的 3 倍，这进一步表明新型 TPO 适应基层大变形能力远优于国外 PVC。为了模拟考察制品实际工程应用过程中的变形性能，还需要进一步测试材料的多向拉伸性能以及抗涨破性能（在测），但是二者具有相近的直角撕

裂强度，这表明二者在抵抗外力扯拽或撕裂时具有相近的抵抗破坏性能。综合来看，研制的新型 TPO 土工防渗材料具有与国外 PVC 土工材料相近的基本性能表现。

表1　新型 TPO 与国外 PVC 膜层基本性能对比

序号	测试项目		单位	国外 PVC	新型 TPO	测试方法
1	邵氏硬度		邵 D	35.6	30	按照 BS EN 1849-2：2009；5s 读数
2	拉伸强度	横向	MPa	10.8	11.1	按照 ASTM D6693-15 标准测试，拉伸速率 500mm/min；哑铃型试件
		纵向	MPa	10.8	10.7	
3	单位宽度断裂力	横向	kN/m	37.6	39.2	
		纵向	kN/m	39.2	38.5	
4	延伸率	横向	%	280	827	
		纵向	%	254	770	
5	直角撕裂强度	横向	N/mm	47.6	50.7	ISO 34-1：2010；撕裂速率 500mm/min
		纵向	N/mm	51.5	48.3	

3.2　耐低温性能对比

低温柔韧性是大坝用防渗材料的关键性能指标之一。本实验根据 BS EN 495-5：2001《柔性防水卷材低温柔韧性测试（第五部分）：塑料和橡胶屋面防水卷材》方法对比测试新型 TPO 和国外 PVC 低温弯折性能，表明材料的耐低温性能。由表2和图4可知，新型 TPO 土工材料的横向和纵向在 -59℃/1h 低温环境中弯折仍无裂纹或断裂，而国外 PVC 材料在 -55℃ 时就发生断裂，耐低温性能相对略差，这主要是由于 TPO 化学结构中含有大量低温性能优异的橡胶相，而 PVC 化学结构中则没有，仅为低温性能较差的树脂相。

表2　不同测试温度下新型 TPO 和国外 PVC 低温弯折性能对比

序号	测试项目		国外 PVC 制品	新型 TPO 制品	测试方法
1	-50℃、冷冻 1h	横向	无裂纹	无裂纹	按照 BS EN 495-5：2001 测试 试件尺寸 25mm×100mm；在实验温度冷冻 1h 后直接弯折 180°
		纵向	无裂纹	无裂纹	
2	-55℃、冷冻 1h	横向	断裂	—	
		纵向	断裂	—	
3	-59℃、冷冻 1h	横向	断裂	无裂纹	
		纵向	断裂	无裂纹	

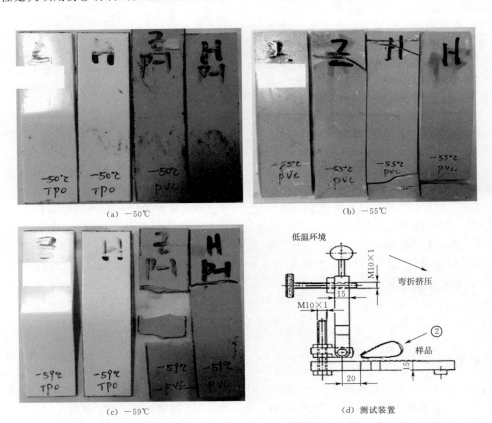

（a）-50℃　　（b）-55℃

（c）-59℃　　（d）测试装置

图4　新型 TPO 和国外 PVC 的低温弯折性能

3.3　热老化性能对比

加速热老化实验是快速获得材料耐热老化性能优劣的快速检测技术。通过借鉴美国 GAF 跨国防水公司热老化实验方法[5]，本次实验采用 135℃ 高温加速老化 22d，考察二者的耐热老化性能。由表 3 可知，经 135℃ 热老化 22d 后，新型 TPO 土工材料强度和延伸率的保持率均在 91% 以上，−40℃/h 弯折无裂纹，柔韧性较好，而国外 PVC 土工材料虽然强度保持率 123% 以上，但延伸率保持率仅 35%～39%，−40℃/h 弯折断裂，失去延伸性。究其原因，主要是由于 PVC 内部含有大量增塑剂，受热后增塑剂迁移至表面发生损失，达到 14.21%（表 3），使制品变硬、发脆，并且制品颜色由浅灰色变为咖啡色（图 5），发生化学降解，而新型 TPO 防渗材料不含有任何增塑剂和其他易挥发的小分子物质，质量保持性好，热损失率极低，仅 0.47%，因而强度、延伸率和柔韧性保持较好。可见，新型 TPO 土工防渗材料具有比国外 PVC 更好的耐热老化性能。

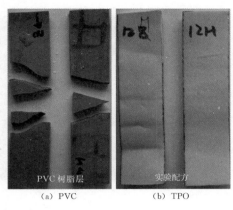

(a) PVC　　　　(b) TPO

图 5　热老化后国外 PVC 和新型 TPO 土工防渗材料 −40℃/1h 低温弯折后照片

表 3　新型 TPO 与国外 PVC 膜层热老化性能对比（135℃、22d）

序号	测试性能		国外 PVC 制品	新型 TPO 制品
1	质量损失率/%		−14.21	−0.47
2	强度保持率/%	横向	123.1	91.1
		纵向	124.1	94.4
3	延伸率保持率/%	横向	35.7	92.7
		纵向	39.4	97.9
4	低温弯折性能	老化前（−50℃/h）	无裂纹	无裂纹
		老化后（−40℃/h）	断裂	无裂纹

3.4　热风焊接性能对比

本次实验采用瑞士 LEISTER CH-6060 自动热风焊接机，在 550℃、2.5m/min 焊接速率分别对新型 TPO 和国外 PVC 膜层焊接，随后按照 GB/T 328.21—2007《建筑防水卷材试验方法第 21 部分：高分子防水卷材接缝剥离性能》测试方法在拉力试验机测试，测试速率 100mm/min 以最大剥离力表征接缝剥离强度。如图 6 所示，新型 TPO 防渗材料最大剥离强度平均值约为 391N/50mm，剥离后制品接缝完好、片材断裂［图 7（b）］，而国外 PVC 最大剥离强度平均值 443N/50mm，但是数值离散型较大，且焊接面完全剥开、光滑［图 6（a）和图 7（a）］，存在"虚焊、漏焊"现象。借鉴建筑防水行业 GB 27789—2011《热塑性聚烯烃（TPO）防水卷材》和 GB 12952—2011《聚氯乙烯（PVC）防水卷材》标准对焊接质量要求（强度大于 200N/50mm 或片材断裂）可知，新型 TPO 土工材料焊接质量满足要求，而国外 PVC 土工材料不满足要求（片材剥离）。因此，新型 TPO 具有比国外 PVC 更好的热焊接性能，这对工程防渗性能的优劣至关重要。

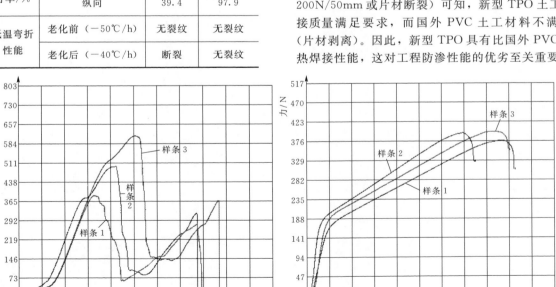

(a) PVC　　　　　　　　(b) TPO

图 6　新型 TPO 与国外 PVC 热焊接剥离曲线对比

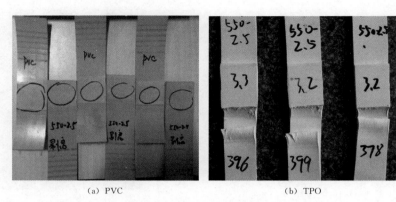

（a）PVC　　　　　　　　（b）TPO

图7　新型 TPO 与国外 PVC 剥离后形貌对比

4　结论

热塑性聚烯烃是继 PVC、PE 土工材料家族中的新的一员，通过本实验研究结果表明，新型热塑性聚烯烃（TPO）土工防渗材料具有与国外大坝用 PVC 相近基本力学性能、更高的延伸率，以及优异的耐热老化性能、耐低温性能和热风焊接性能，具有在水利水电工程领域中潜在的应用价值和前景。

参 考 文 献

［1］　Scuero A. Geomembrane sealing systems for dams：design principles and review of experience［M］. Paris：International Commission on large dams-61，Bulletin 135，2015.

［2］　皇甫拴劳. 软岩堆石坝复合土工膜防渗系统研究与应用［J］. 水利水电施工，2015（5）：22-25.

［3］　Scheirs J. A Guide to Plymeric Geomebranes：a practical approach［M］. Australia：John wiley and sons Ltd.，2009.

［4］　Subcommitte D08.18. ASTM D6878-13a Standard Specification for Thermoplastic Polyolefin Based Sheet Roofing［S］. United States：ASTM International，2013.

［5］　McGroarly C，Taylor T J. Long-term performance of TPO roof membranes can vary［J］. Professional roofing，2014：44-50.

水介质换能爆破技术综述

秦健飞　秦如霞/中国水利水电第八工程局有限公司

【摘　要】 水利水电等工程的岩石开挖最常用的就是钻爆法，然而自从炸药用于工程爆破以来，炸药爆炸的能量有效利用率一直维持在一个较低的水平。如何提高炸药能量的有效利用率、降低爆破危害、降低爆破作业施工成本，成为工程爆破科技工作者孜孜追求的目标。本文从爆破热力学和物质化学的理念出发，推出水介质换能爆破新技术，能大幅度地提高炸药爆炸能量的有效利用率、降低爆破危害、降低爆破作业施工成本、提高爆破施工质量和安全度，对提高我国爆破技术水平具有现实意义。

【关键词】 爆炸热力学系统　水介质换能爆破技术　换能最优值 M　爆破水柱装置

1 引言

"水介质换能爆破技术"从炸药爆炸的热力学、化学机理出发提出简单便捷的技术解决方法，能够较大幅度地提高炸药能量的有效利用率、减小炸药爆炸的危害作用，并且实施方法简单易行，与现行的各种炸药爆破作业施工工艺没有多大差异，但效果更好。在相同爆破介质的条件下减少炸药单耗 20%～30%，爆破震动减小 20%～30%，爆破烟尘降低 40%～90%，爆破介质破碎粒度与普通爆破相比较为均匀、大块率降低、基本无爆破飞石，个别飞石可控制在 20m 范围左右，且爆堆集中方便挖装和运输作业，故成本下降 20%～25%。因此施工单位容易接受，便于在全国水利水电、矿山、公路、铁路各种爆破行业普遍推广应用。"水介质换能爆破技术"既可以用于各种孔径的钻孔爆破（浅孔、深孔、洞挖、明挖），也可以用于药室爆破。既可以用于水上爆破，也可以用于水下爆破。还可以在各种各样的拆除爆破中应用，以降低爆破震动和减少爆破飞石以及爆破烟尘等爆破危害，应用范围极为广泛。

2 水介质换能爆破技术

2.1 有水炮孔的爆破现象

在观察分析地下水位比较高的有水炮孔爆破时"其爆破声响（爆破噪声）、爆破扬尘、爆破震动、爆破飞石都比较小"的现象后发现，在"爆炸热力学系统"中，由于水介质的存在可以缓解炸药的爆炸危害。

2.2 爆炸热力学系统

为了从热力学、化学的角度来研究"水介质换能爆破技术"的机理，我们引入"爆炸热力学系统"这个新概念。

所谓"爆炸热力学系统"是指爆破作业中需要使用炸药对岩石、混凝土等介质进行破碎时在介质中人为造成一定的装药腔后埋设炸药及起爆系统并堵塞封闭的整个爆破体系。

2.3 水介质换能爆破机理

2.3.1 炮孔爆炸微观过程

炸药爆炸是一种瞬时发生的化学反应，这一化学反应生成新的物质并在极短时间内释放大量的能量。

长江科学院、中国矿业大学、西安矿业学院等研究院所和高等院校采用 X 射线高速摄影技术或电测试验对爆破过程进行了卓有成效的试验研究[1,2]。研究表明，露天深孔爆破一个自由面时，岩石开始破裂时间最小为 6ms，最大的 58ms；当有两个自由面时，最小为 3ms，最大为 27ms。即炸药爆炸后，经过一定的延时，准静态阶段才发生破裂、破碎、鼓包、飞散抛掷等运动过程。钻孔爆破从被爆介质破裂、破碎到鼓包、飞散抛掷的运动全过程在炸药爆炸后 3～2000ms 范围之内。

以一个孔深 13.2m 的垂直"水介质爆破"工程为例，其炮孔装药长度 $L=7.60m$，水袋长度 2.5m，堵塞 3.1m。炮孔完成全部爆轰时间 T 可以通过炸药的爆速度（$v=3200m/s$）计算求得

$$T = \frac{\frac{L}{2}}{v} = \frac{\frac{7.6}{2}}{3200} = 3.8/3200 = 0.0011875(s) = 1.1875ms$$

2.3.2 炮孔爆炸微观过程的热交换

根据热力学傅里叶定律：$Q = -\lambda A \dfrac{dt}{dr}$ 可以推导出圆筒体的热传导速率计算公式：

$$dQ = -\lambda dA \frac{\partial t}{\partial n} = -\lambda (2\pi tl) \frac{dt}{dr} \quad (1)$$

式中　Q——圆筒壁的热传导速率，W 或 J/s；

λ——介质导热系数，负号表示热流方向与温度梯度方向相反，W/(M·K)；

A——圆筒壁的热传导特征面积，m^2；

t——圆筒体的热传导特征温度，℃；

r——圆筒体的特征半径，m；

l——圆筒体的长度，m。

将式（1）分离变量积分得

$$Q = \frac{2\pi l\lambda (t_1 - t_2)}{\ln \dfrac{r_2}{r_1}} \quad (2)$$

将炮孔看成壁厚等于炮孔抵抗线（即炮孔排距）的圆筒体，建立计算模型如图 1。这样就可很方便地计算装药腔内炸药爆炸后在 3000℃ 的高温条件下对被爆破岩石的热传导速率。

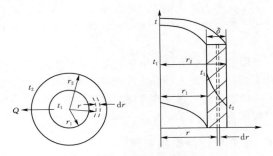

图 1　炮孔热传导计算模型图

将炮孔热传导特征值 $r_1 = 0.05m$（炮孔半径），$r_2 = 3.0m$（炮孔抵抗线或排距），$t_1 = 3000℃$（炮孔内炸药爆炸后的温度），$t_2 = 0℃$（炮孔抵抗线外的标准状态温度），$l = 10.1m$（炮孔装药腔的长度），$\lambda = 2.04$（被爆介质石灰岩的导热系数），代入式（2）可求得炮孔的热传导速率：

$$
\begin{aligned}
Q &= \frac{2\pi l\lambda (t_1 - t_2)}{\ln \dfrac{r_2}{r_1}} \\
&= \frac{2 \times 3.14 \times 10.1 \times 2.04 \times (3000 - 0)}{\ln \dfrac{3.0}{0.05}} = 94808.7 \ (\text{W}) \\
&= 94.8087 \text{kJ/s}
\end{aligned}
$$

令炮孔内炸药爆炸过程传导给被爆周围介质的热能为 q，则

$$q = QS \quad (3)$$

式中　Q——炮孔壁的热传导速率，W(J/s) 或 kW (kJ/s)；

S——炮孔内炸药完成爆炸的作用时间，s。

为此，将爆破的微观过程在时间坐标轴上分为 3 个相互衔接的微观阶段。第一微观阶段为炮孔内炸药引爆至爆轰结束，第二微观阶段为爆轰结束至炮孔壁开始破裂的准静态阶段，第三微观阶段为炮孔壁开始破裂至炮孔周围介质逐步产生破碎、鼓包、飞散抛掷的运动状态阶段。三个阶段首尾衔接，逐步演变，最终完成爆破全过程。普通常见的深孔爆破为两个自由面，现逐一分析这三个微观阶段的爆破过程及热传导情况。

将 $Q = 94.8087$kJ/s，$S = 0.00118$s 代入式（3）得到在爆破的第一微观阶段传导给周围介质的热能为

$q = QS = 94.8087$kJ/s $\times 0.00118$s $= 0.111874266$kJ

同样可以求得在爆破的第二微观阶段即炮孔破裂之前的准静态状况下，炮孔内炸药爆炸后传导给被爆周围介质的热能的最小值 q_{min} 和最大值 q_{max}。

$q_{min} = QS = 94.8087$kJ/s $\times 0.003$s $= 0.2844261$kJ

$q_{max} = QS = 94.8087$kJ/s $\times 0.027$s $= 2.5598349$kJ

而炮孔内炸药爆炸所产生的爆热为 4600kJ/kg $\times$ 42.9kg $= 197340$kJ，在爆破的第一微观阶段，爆炸发生过程传导给炮孔周围岩石的热能占炮孔内炸药爆炸所产生的热能之比值 $= 0.111874266$kJ$/197340$kJ $= 5.7 \times 10^{-7}$。

爆炸发生后，炮孔在爆破的第二微观阶段，即准静态过程传导给炮孔周围岩石的热量占炮孔内炸药爆炸所产生的热量之比值的最小值 $= 0.2844261$kJ$/197340$kJ $= 1.44 \times 10^{-6}$，最大值 $= 25598349$kJ$/197340$kJ $= 1.297 \times 10^{-5}$。

第三微观阶段，炮孔壁开始破裂，炮孔周围介质逐步产生破碎→鼓包→飞散抛掷，炮孔内积聚的势能转变为被爆介质的动能而产生被爆介质的运动，在此阶段炮孔内能量转换已完成，不再发生热交换。将以上计算统计成果列入表 1。

表 1　炮孔在炸药爆炸时的状态变化及其周围介质热交换情况表

爆破微观阶段序号	时段/s	炮孔及周围介质状态	传导给炮孔周围介质的热能/kJ	热传导与炸药爆热之比值
第一阶段	0.0~0.00118	炮孔内炸药爆炸并发生化学反应生成高温高压气态物质	0.11187	5.7×10^{-7}
第二阶段	0.00118~0.003~0.027	炮孔承受爆生气态物质的高温高压的准静态状况	0.2844261~2.5598349	1.44×10^{-6}~1.297×10^{-5}
第三阶段	0.003~0.027~2.0	炮孔周围被爆介质发生破裂→破碎→鼓包→飞散抛掷的运动状态	无	

综上所述，在炮孔炸药爆炸的第一、第二微观阶段"爆炸热力学系统"来不及和爆破介质发生热交换或这种热交换完全可以忽略不计，爆炸化学反应已经完成。

因此，可以把"爆炸热力学系统"当作绝热系统看待。

2.3.3　水介质换能爆破热力学机理

从热力学角度分析可知，如果在"爆炸热力学系统"中加入"一定量"的水，按照热力学定律和物质不灭定律（质量守恒定律），炸药爆炸所释放的"能"，在绝热的"爆炸热力学系统"中将转换为水的内能，众所周知水是最容易吸收或释放能量的物质。在常压状态下当温度达到2000℃时开始分解为氢和氧，积蓄了炸药爆炸能的水和炸药共生的爆生气态物质，在炸药爆炸的3000℃的高温10万MPa的高压条件下将进一步发生化学反应生成氢气、氧气、二氧化碳、二氧化氮等新的物质。

计算表明，这些高温高压爆生气态物质，其体积在标准状况下比原来增加了1100多倍，由于这些气态物质受到高度压缩，因此积蓄了巨大的势能，它将遵循瞬时爆轰论的"爆轰产物的飞散遵循等距离面组规律"，主要以急剧膨胀做功的方式挤压爆破介质使爆破介质破碎，从而完成爆破作业[3]，见图2。

"水介质换能爆破"按照理想气体状态方程计算炸药爆炸时其对孔壁的爆压峰值，在爆温2500℃时压强可达3300MPa，爆炸完成的瞬时静态压强也可以达到330MPa，是二氧化碳爆对孔壁压强的6.6倍，按照工程爆破爆压峰值理论计算甚至可达4661MPa。因此理论计算再一次表明"水介质换能爆破"主要依靠水介质和炸药的混合爆生气态物质以急剧膨胀做功的方式挤压爆破介质使爆破介质破碎，完成爆破作业。

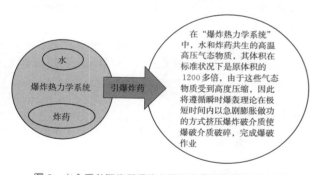

图2　水介质参与炸药爆炸主要以急剧膨胀做功示意图

从物质化学结构观点看，化学键的断裂和形成是物质在化学变化中系统发生能量变化的主要原因。一个化学反应过程，本质上就是旧化学键断裂和新化学键形成的过程[4]。在"爆炸热力学系统"中由于水介质的加入，使水和炸药共同参与化学反应，即水的化学键发生一个断裂后再形成的过程，见图3。这一能量变化（能量转换）的化学反应过程也就相对延缓了"爆炸热力学系统"瞬时爆轰的时程。换句话说，有水参与炸药爆炸就能够"较为缓慢地"释放炸药的爆炸能，这就是炸药爆炸所产生空气冲击波、地震波、光和声的效应等危害作用变小的根本原因，就像核电站将核反应速度变缓，

慢速释放原子能会消除核爆炸的危害作用一样。这就是水介质换能爆破技术水介质参与炸药爆炸的机理，也是水介质换能爆破技术与炸药单独爆炸机理的区别所在。

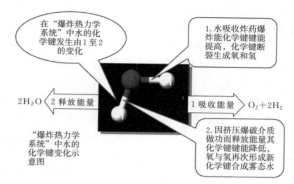

图3　水介质参与炸药爆炸化学反应化学键断裂与生成示意图

3　水介质换能爆破技术的实施

3.1　将炸药爆炸能转换为水的内能

在爆破介质的装药腔（炮孔）中安装质量比大于或等于最优值M的水介质和炸药，且将炸药和水介质相互隔离，其中最优值M的计算函数表达式为

$$M = \frac{H_e}{H_s} \times 100\% \qquad (4)$$

式中　M——水介质和炸药之间的质量比的最优值；

　　　H_e——爆破所采用炸药的爆热（表2）；

　　　H_s——氢和氧合成水时所释放的热能，$H_s = 15879$kJ/kg。

表2　　常用工业炸药的爆热数值表

序号	炸药名称	爆热/(kJ/kg)
1	岩石粉状乳化	4600
2	一级煤矿粉状乳化	4466
3	二级煤矿粉状乳化	4447
4	三级煤矿粉状乳化	4075
5	煤矿乳化	3981
6	2号煤矿抗水铵锑	3796
7	2号岩石铵锑	4345

在质量比等于最优值M的情况下，所有炸药爆炸产生的高温高压能量使水介质的化学键断裂分解为氢和氧，在质量比大于最优值M的情况下，所有炸药的能量只能够使部分水介质的化学键断裂而分解为氢和氧。在质量比小于最优值M的情况下，不能够将所有炸药的能量充分利用，不足以使水介质的化学键断裂而分解为氢和氧，则会存在炸药的能量有效利用率不足的问题。因此在爆破作业中我们在"爆炸热力学系统"加入"一定量的水"，使之与炸药的质量比等于或略大于M值。

3.2 水介质换能爆破水柱装置的制作

"水介质换能爆破用水柱装置"的制作是通过专利产品"爆破用水柱装置封口设备"采用特殊配方和特制的聚乙烯复合管材热压焊接而成。

"水介质换能爆破用水柱装置"呈圆柱体状封闭的袋状结构，袋体的端部向两端逐渐变小并有瘪平的尾翼。通过制作上述结构，能够保证袋体在装药腔（炮孔）中下落时的冲击力均匀作用在袋体的端部逐渐变小的结构段。因此能够减少装药腔（炮孔）对袋体的局部冲击力，并且由于瘪平的尾翼与炮孔壁的摩擦力可以减缓水柱袋下落的冲击力，袋体内设计成能够形成一定的真空度可以减小水柱下落过程水对袋壁的冲击力，从而能够有效防止袋体发生破裂，提高袋体的可靠性，见图4。需要说明的是在袋体的两个端部都对称设置有热压焊缝带，从而使得袋体的两端可以无障碍地选择任意一端朝下，确保水袋安装便捷、快速。

图4 爆破水柱装置可承受70kg以上的压力不破裂不渗水

3.3 水介质换能爆破水柱装置及炸药安装

3.3.1 无水炮孔

在无水炮孔中的炸药被分为一段或者两段及以上的药柱安装，水介质被封装在爆破水柱装置中，使得炸药和水介质相互隔离，每一段药柱的两端均设有爆破水柱装置，且无水炮孔的底部和靠近堵塞封口段的端部均设有爆破水柱装置。堵塞段和普通炮孔爆破完全一样，要求用钻孔石渣加水润湿封堵压实即可。

3.3.2 有水炮孔

有水炮孔中的炸药装设于防水袋中形成药卷，药卷插设于有水炮孔中，炸药和水介质相互隔离，有水炮孔的内壁和药卷之间形成径向不耦合的装药结构，有水炮孔中的水介质位于有水炮孔的内壁和药卷之间。

3.3.3 水下爆破炮孔

水下爆破炮孔的安装与有水炮孔无异。

3.3.4 药室爆破

药室爆破的"爆破水柱装置"及炸药安装更为简单。由于药室爆破炸药用量大，一般都是成箱的炸药安装在药室内，只要在安装炸药箱时，上下层药箱错开布置并留出"爆破水柱装置"的安装间隙，将"爆破水柱装置"安装在炸药箱的间隙中即可。

4 后记

2016年3月3日笔者提出两项专利申请，2016年3月4日国家知识产权局受理了该两项申请并发出受理通知书，2016年3月22日国家知识产权局发出《一种水介质换能爆破方法及其装药腔》发明专利初步审查合格通知书，2017年8月23日国家知识产权局已发出《一种水介质换能爆破方法及其装药腔》发明专利授权通知书。

2016年7月27日国家知识产权局授权《一种水介质换能爆破用水柱装置及其封口设备》实用新型专利，见图5。

"水介质换能爆破新技术"既能大幅度降低各种爆破危害又能大幅度节省施工成本，相信该项新技术必将把我国爆破技术推上一个更高的台阶。

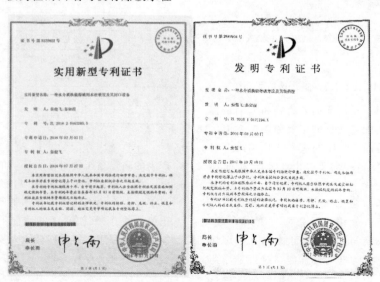

图5 实用新型专利证书和发明专利公布并进入实质性审查通知书

预制箱梁自动喷淋养护工艺

时贞祥　李振华　吴海燕/中国水利水电第十三工程局有限公司

【摘　要】 本文介绍了天津外环线项目预制梁场自动喷淋养护工艺。重点阐述其工艺原理、自动喷淋养护系统建设、实施过程及取得的良好效益。自动喷淋养护工艺养护效果好，基本实现了自动控制，降低了劳动强度，提高了生产效率，节约用水，为公司在后期预制梁养护方面提供了借鉴经验。

【关键词】 预制箱梁　自动喷淋　养护工艺　效益分析

1 引言

预制梁一般采用人工浇水养护，此方法是目前最为便捷和经济的养生方法。传统的预制箱梁浇水养生一般采用人工不断挪移水管进行浇水养护，此方法使用人工较多，而且极易造成管道损坏，给施工养护工作造成不便，并且受操作者的质量意识和工作态度影响，时常出现漏养现象，导致箱梁腹板、顶板、翼缘板产生局部裂纹，影响到梁体的使用寿命。为保证养护工作顺利进行，同时满足当前的预制梁规模化、生产厂化及质量需要，采用人工浇水养护已不能解决生产规模的需要，为此，天津外环线项目通过大量细致的工作，借鉴草坪自动喷淋浇灌技术，根据梁场建设情况，对喷淋养护设施进行创新改进，使之适应施工生产需要。经过多次试验，成功总结出预制箱梁自动喷淋养护工艺，并在预制梁生产期间充分应用，有效地保证了预制梁的养护工作，保证了预制梁的施工质量。

2 工程概况

外环线东北部调线工程作为天津市外环线向东北部的延伸，其功能与外环保持一致，所形成的新快速外环是天津市规划的"二环十四射"快速骨架路网中的重要一环，承担着中心城区交通保护壳的作用，并将承担沿线组团大部分的交通需求，通过主线出入口及互通立交的设置，将极大带动沿线组团的经济发展。

由中国水电十三局承建的天津市外环线东北部调线工程第五标段的修筑范围为 WK10＋456～WK14＋038.9，本标段包含两座大桥、路基、排水管线及 3 号泵站工程，路线全长 3582.9m，桥梁最大单跨 42m，新建排水管道 4630m，新建雨水泵站 1 座，工程造价43422.8731 万元。其中永金引河 1 号大桥预制箱梁共有140 片、30m 跨、1.6m 高的箱梁 70 片，跨河段 40m跨、2.2m 高的箱梁 70 片，全部在永金引河 1 号大桥右侧的预制梁场集中预制。

3 自动喷淋养护工艺原理

预制箱梁自动喷淋养护系统包括被养护的预制箱梁、主水管路和支水管路，支水管路设置在预制箱梁的两侧和梁顶，在支水管路上每间隔一定距离设有喷淋头，主水管路的一段与支水管路采用阀门连通，主水管路的另一端与储压水罐的出水口连通，储压水罐的进水口与压力水泵的出水口连通，在压力水泵上设置水泵工作控制继电器，在储压水罐上设置有压力传感器，压力传感器与水泵工作控制继电器连接。在被养护的预制箱梁的下方设置有喷淋水回收水沟，喷淋水回收水沟与净化水池的进水口连通，净化水池的出水口通过净化水管与进水管连通。每片预制箱梁通过两侧及梁顶三道沿梁方向的支水管进行全方位的喷淋养护，喷出的水雾均匀，养护效果极佳，达到全天候、全方位、全湿润的养护质量标准，同时为进一步节约用水，在该喷淋养护的箱梁采用土工布进行遮盖，效果更佳，经济高效，节约用水保护施工环境。自动喷淋养护工艺流程见图 1。

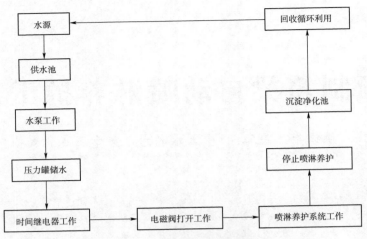

图1 自动喷淋养护工艺流程图

4 自动喷淋养护设施建设

(1) 需准备足够的水源保证，满足供水的连续性，通常需修建储水池。喷淋前打开电源，启动水泵给储压罐供水。水经过储压罐后再进行入主水管，以保证喷淋时有足够持续的压力。

(2) 采用微电脑时间控制器对水泵进行控制，生产前期通过不断实践，确定不同天气状况下的喷水频率及持续时间，若连续不断的喷淋，一方面浪费水，另一方面不能持续保持水的压力，达不到养护效果。

(3) 为便于梁场施工以及机械设备移动畅通，梁场建设之初即按照养护需要，将供水主管道进行统一规划，埋置地下，只在两预制梁台座之间及边缘台座外侧预留出水口并安装开关。

(4) 根据预制梁长度及预制梁日生产量制作相应数量的出水管，并在出水管上每隔1m安装一个喷头，间距以能保持梁体全部湿润为宜，每片预制梁有三根出水管同时进行喷淋养护。这一方案在生产中只需用软管将出水管进口与供水管出水口进行连接即可。

(5) 梁场建设时，即在台座基础旁设置好排水沟槽，将经过喷淋后的施工用水进入排水沟，然后汇集到沉淀池净化，经过沉淀后抽回储水池进行回收利用，起到既节约用水又保护环境的目的。

5 自动喷淋养护实施过程

(1) 为保证每个喷头出水压力，防止因集中用水导致喷水压力过小，预制梁生产过程中采用间隔生产方式，每个供水管出口只连接一根出水管。预制梁拆模后，即安排工人将出水管用C形钢筋悬挂于预制梁2/3高度处，并与供水管出口进行连接，连接完毕即可打开水泵进行喷淋养护。

(2) 为减少因蒸发、风干导致的水分流失，养护期间，使用土工布覆盖预制梁体，并用弓形钢筋骨架进行支撑，弓形钢筋骨架的利用，解决了顶板覆盖土工布以后，喷淋出水管没有作业空间，不能自动养护的问题，充分保证喷淋养护的效果，见图2。

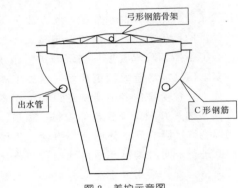

图2 养护示意图

(3) 在喷淋时间控制上，通过生产前期总结的施工经验，前4天每次喷淋持续时间在90~120s，间隔10min喷淋一次，即可保证箱梁梁体一直处于全湿润状态，后期可缩短喷淋持续时间，延长间隔时间；只需要打开出水口开关，即可保证多片预制梁同时进行养护，无须等待，一个养护周期结束，即可周转。

(4) 间隔台座进行预制梁施工作业，可以减少出水管移动距离，降低劳动强度，提高作业效率。

(5) 喷淋时间控制要准确，在每次喷淋后水分还没有完全蒸发时，即混凝土表面的气泡内还残留少量水分，第二次喷淋又开始，确保生产的箱梁在早期能进行全湿润养护，对防止梁体产生裂纹和快速提高梁体早期强度有较大作用。

(6) 养护效果显著。喷淋系统从供水到工作完毕，基本实现了过程全自动控制，喷出的水雾均匀，养护效果极佳，达到全天候、全方位、全湿润的养护质量标准，确保预制箱梁养护质量，彻底解决了因养护不到位引起的质量通病。

6　效益分析

（1）在经济方面，采用此工艺进行养护与传统工艺相比，仅增加了供水管道埋置费用、微电脑时间控制器费用及喷头费用。以一片预制梁需要 3 名工人进行养护，日产 2 片预制梁，养护交叉进行，3 名工人需要不停工作，中午炎热天气还需要加班，增加工人，才能够保证预制梁体时刻处于湿润状态，但此工艺仅在悬挂出水管时需安排 2 名工人，之后仅需 1 名工人进行正常的巡查保养即可，多片预制梁可同时进行喷淋养护，劳动强度较低。

（2）质量控制方面，采用微电脑时间控制器控制水泵供水，可根据每天的天气情况进行调整养护频率及喷水持续时间，能够充分保证梁体各个部位处于湿润状态，有效地防止由于人工洒水养护衔接时导致局部位置出现养护不到位现象，避免了预制梁腹板产生裂纹这一质量通病的发生。

（3）在安全环保方面，沉淀池的使用，达到了循环利用水源的目的；微电脑时间控制器的使用，减少了人工重复操作供电开关的次数，很好地保证了用电安全。

（4）由于管道埋置于地下，地面无过路管道，现场不杂乱，给监理、业主留下了良好印象，提高了公司施工效率和施工管理水平的形象。

（5）节约用水。喷淋系统中从供水、用水、回收采用环保理念，养护水经沉淀池后重新利用，合理利用了水资源，从而节约用水，又达到了保护施工环境的目的。

7　结束语

天津外环线项目预制梁场于 2015 年 4 月 15 日开始预制第一片箱梁，到 2015 年 11 月 16 日全部完成 140 片预制箱梁。在箱梁养护中成功地采用了自动喷淋养护系统，不仅大大提高劳动生产率，而且混凝土养护周期内梁板一直保持湿润状态，混凝土早期强度上升也较快，对提高混凝土的早期强度、防止混凝土产生收缩裂纹具有明显效果，预制箱梁混凝土外观颜色一致，表面无气泡、裂纹等质量通病，真正做到内实外美。预制箱梁取得了业主、监理、质监站及上级主管部门的一致肯定，取得了良好的效果，多次承担业主组织的观摩学习任务。预制梁场标准化施工成为了外环线项目全线的样板工程，尤其是自动喷淋养护工艺在全线进行推广应用，此工艺也为公司在后期预制梁养护方面提供了借鉴经验。

复杂地层中盾构施工进仓技术探讨

权　伟/中国水利水电第十三工程局有限公司

【摘　要】　盾构设备在复杂地层施工中选择安全可靠、经济合适的进仓方式，是盾构设备能否顺利进仓检换刀具的重中之重，更是项目降本增效的有效措施。本文拟结合深圳地铁 7 号线 7301－1 标珠龙盾构区间施工实践及以往盾构施工经验，介绍现阶段盾构施工中常用的 3 种进仓方案，并简述其工作原理与相适应的地层情况。

【关键词】　盾构　施工　进仓　加压

1　前言

深圳是我国改革开放的先行者和探索者，享有"中国地下地层地质博物馆"之称。随着深圳地区城市轨道交通建设的发展，给国内盾构施工提出了新的难题，经过盾构机制造商及地铁施工企业不懈的努力，在解决问题的同时也使盾构事业有了质的进步。深圳地铁 7 号线珠龙盾构区间地层复杂，是典型的"深圳地层"代表，综合了强度在 60～80MPa 的全断面花岗岩地层、上软为富水粗砂层、下硬为强度在 60～80MPa 的花岗岩地层、全断面富水粗砂层等复合式地层。深圳地铁采用复合式土压平衡盾构机，针对复杂的地层盾构掘进时刀具的磨损非常严重，通过不可控地层前的检刀，通过半断面、全断面硬岩地层过程中刀具磨损严重时的换刀等，这种情况下选择合适时机进仓对刀具进行检查及更换就成了一项日常要务，因此进仓技术可以说是复杂地层盾构施工过程中的一项关键技术。

2　进仓技术的介绍

深圳地铁使用的为复合式土压平衡盾构机，项目部集思广益，聘请专家召开复杂地层进仓研讨会，总结得出盾构施工中进仓的 3 种方法及适应的地层。

（1）加压进入土仓，适用于盾构刀盘周边土体有较好的气密性，或经过土体改良后能够保证气密性，同时要求水压不能过大的一种节约时间，但对工人素质要求很高的常用进仓方式。

（2）在刀盘周围土体自稳性较差的情况下采用对前方土体进行加固的方式，使得土仓内及掌子面稳定，然后在常压情况下打开仓门进仓检换刀具，此方法是相对最为安全的进仓方式。

（3）从地面向下做竖井到刀盘前方从而实现进仓对盾构机刀具的检修或更换，由于费用较高一般只作为紧急或特殊情况下使用。

在掘进施工过程中成功的采用前两种进仓方法对盾构机刀具进行检修及更换。下面分别进行介绍。

2.1　带压进仓

2.1.1　带压进仓原理及必要性

珠龙区间盾构机主要穿越粗砂层、砾质黏性土、全风化花岗岩等复杂地层，在掘进通过时对刀盘、刀具的磨损程度相当大，需多次进仓检换刀具；而局部地段无法在常压条件下进仓对盾构刀具进行检修、更换，需要带压进仓作业。盾构机正常掘进时是利用控制螺旋机出土量的方式来控制土仓内的土压与刀盘前方掌子面的压力平衡以达到土压平衡的目的，见图 1。

然而，在进行加压进仓前需要排掉土仓内的部分土体，刀盘前方撑子面就失去了平衡，这时就需要通过加高压气体的方法来维持掌子面上水土压力的平衡。根据不同埋深隧道保持不同压力，使土仓内维持土压平衡稳定，工作人员才有机会和时间去检换刀具。

2.1.2　带压进仓的要求

（1）当在黏土层和硬岩地层中加压时由于土体的气密性较好，不需要采取其他措施。

（2）当在砂质地层中加压时由于土体的气密性较差，土仓内加压的气体很难稳定，因而进仓具有较大的难度与风险，需提前采取合理的掌子面及土体改良措施，即需要在加压前向土仓中打入膨润土或其他气密性好的添加剂，在土体的表面形成一个泥皮，使加压的气

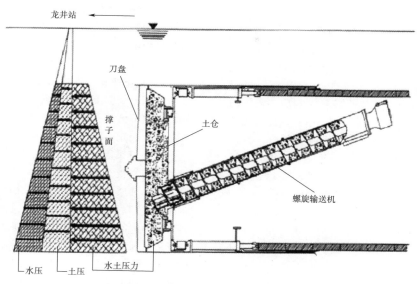

图1 盾构机与土体土压平衡示意图

体与掌子面形成土压平衡。

（3）关于气密性的试验，一般将之加压到比土仓压力高0.1MPa左右，保持12h，土仓压力稳定则可以进仓，反之此地层不能采取加压进仓方式，需重新选择进仓方式。

2.1.3　加压操作规程及注意事项

（1）加压操作前采用分阶段排土，然后分阶段加压的方式进行。

（2）工作面最终压力要比试定土压高0.1~0.2MPa。

（3）开仓作业过程中尽量维持此压力，并通过进气阀的操作使气压的变化值控制在可控范围之内。

（4）向土仓内加注膨润土浆液以保证土体的气密性时，转动刀盘使仓内渣土与膨润土较好的混合并渗入到周围围岩中，在开挖面形成一层比较厚的泥皮，从而达到保证气密性的效果。

（5）在运送刀具等工作工程中小心谨慎，防止打破仓门观察口玻璃而导致的突然卸压。

（6）气密性试验完成后，土建工程师确认开挖面的安全稳定后方可进仓工作，当开挖面有异常情况时立即组织工作人员退出土仓、关好仓门。

（7）设置两条以上通信线路，保持压力仓内仓外、地面外界相关单位、部门联系畅通，如有异常及时联系。

（8）设专人对地面房屋及地下管线进行检控和巡视，发现异常及时请示处理。

2.1.4　减压病的预防措施

（1）带压作业前。对工人进行身体检查，只有通过体检拥有带压工作证的工人才允许带压作业；从加压开始到减压结束，禁止喝酒精饮料或含二氧化碳的饮料以及过量进餐和吸烟；保持工作仓清洁，没有对身体健康有害的气味，气体、蒸汽和灰尘；只要人在工作仓内就要避免空气压力波动；对带压作业工人及相关的入仓操作人员都要进

行相关的技能培训，获得相应合格证后方能上岗。

（2）加压。人体内的器官对压力的变化有不同的反应。肺、胃和肠可以适应压力的变化，因为他们可以容易改变其体积。有些器官不能承受空气压力的改变，而且多数都在大脑的内部。对带压作业来说，最重要的是耳朵。在正常的大气压下，作用在两边耳膜上的压力是平衡的，因为空气可以从耳膜的两侧进入。

在压缩空气下，如果从嗓子到耳膜的耳道由于高压而被关闭，那么耳膜两侧的平衡就被打破。耳膜将被压入而出现痛感。所以我们需要采取措施，例如，当耳道封闭后应及时地说话、咀嚼、吞咽甚至擤鼻涕来"清理耳朵"。如果不能及时清理耳朵，耳道一直处于关闭状态，那么他就没有机会在相同的压力水平下再打开耳道。我们能做的就是降低压力，让他在较低的压力下再进行尝试。这时，在压缩空气下滞留的时间就会延长。

另外，如果清理耳朵时擤鼻涕过度也不能达到目的的时候，也是危险的，因为也会出现痛感。有时候压力太高而不能清理耳朵的时候，使人感觉像"晕船"，摔倒甚至失去知觉。所以入仓陪护员要时刻观察仓内人员的状态，确保安全。

（3）带压作业过程中。血液由血浆（水）和细胞组成，细胞占45%。如果由于工作辛苦而出汗了，血液中的水含量就会降低，相应的血液中细胞的含量就会增加，血液的浓度增加。这样小血管中的血流量就会降低，这对运输氧气和氮气是不利的。所以在压缩空气下工作和减压的时候，我们需要喝足够的水。

人体内的空气循环和血液循环类似。空气穿过薄膜进入毛细血管，在气泡周围。不同的是空气循环是单向的。空气吸入和呼出是通过相同渠道。人在吸入新的氧气之前需要呼出二氧化碳，肺吸入和呼出有一定的限度。在压缩空气下工作，人吸入的氧气比平时需要的要多，因为在

高压下，氧气的含量多。所以有足够的氧气供应。但是在高压条件下，人呼出二氧化碳就存在困难。二氧化碳会积聚在人体内并给大脑信号，使呼吸更快，以便二氧化碳能够排出。如果呼吸的频率太快而不能承受的时候，就必须停下工作，调整状态再投入工作。

（4）减压。在压缩空气下工作较长时间后，人体的各个组织中积聚了很多氮气。当结束工作时，我们在减压时不仅需要吸纯氧，还要保持良好的血液循环。所以入仓陪护员保持仓内温暖非常重要，并要求工作人员换上干爽、干净的工作服，不时地伸展身体不要睡着。仓内的空间是重要的，以便工人能有空间伸展身体。

带压作业与潜水是不同的，所以带压作业减压时间表与潜水减压时间表是不同的。不要把潜水时间表用于带压作业。

每个项目的工作条件，工人的身体状况总是不同的，所以要根据经验对条例中的减压时间表做必要的修改。要遵守条例但不是完全依赖它。在条例中，不同的压力水平都有工作时间的极限。决不能让工人达到工作时间的极限，这样比较安全而且节省减压时间。一般来讲，较长的减压时间总是比较安全的。入仓陪护员在减压过程中不能催促工人，尤其在第一阶段。给工人足够换衣服、清洗和调整面罩的时间。如果减压的时间比表中规定的时间长 2～3min 也不要担心。

减压后，最少要在洞内停留 2h（一般为 1h）。此外，曾在压缩空气下作业的人员必须随身携带一张紧急卡片，以防出现危险情况时，医生能够采取正确的治疗措施。

2.1.5 带压进仓的安全保障

（1）配置足够数量的低压空气压缩机以保证压缩空气的供给，防止突然断电导致压力供给中断，建议储备内燃式空压机。

（2）备有经验丰富的升降压人员，训练有素的进仓班组，以保证安全的进出土仓检换刀具或其他技术故障的处理。

（3）带压进仓作业应按现行法规和条理进行，尤其是有关医疗保护和卫生保健条例以及压缩空气中工作时间及减压时间等辅助与安全方面的规定。

2.2 常压开仓

珠龙区间前期使用了 2 次带压进仓，带压进仓要求比较严格，但成本低于常压进仓，用时也较短。经过聘请专家开会讨论，在珠龙区间上软下硬地层中有较长一段粗砂地层侵入隧道 1m 的情况下，带压进仓安全风险较大，后期本项目均选择加固土体常压开仓方式进仓，经过综合比较效果较好。

2.2.1 常压开仓的必要性

当出现以下情况时应采取常压开仓措施。

（1）土体气密性特别差，甚至当采取土体改良措施

后仍达不到气密性要求时。

（2）刀盘与刀具磨损严重，尤其是修复刀盘与更换刀具过程中需要大量的焊接工艺或长时间作业时应进行常压开仓。

2.2.2 常压开仓土体加固技术措施

常压开仓需要对盾构机前方土体以及周围土体进行预加固从而实现开挖面的稳定并确保在盾构机通过时地面构筑物稳定。

本项目采用了以下三种方法进行土体加固改良，三种方法可以混合使用。

（1）注浆加固土体作为地质改良措施以确保常压开仓的正常进行，经常被用于上软下硬地层。以珠龙区间 535 环开仓为例，掘进时土压异常，速度减小，刀盘扭矩增大，渣土温度升高，渣土中存在大量粗砂，查询当前地层为隧道拱顶上覆主要为砂层，洞身主要穿越微风化花岗岩（风化花岗岩遇水崩解），砂层侵入隧道不到 1m。需进仓检刀，掌子面很不稳定，停机位置地表无建筑物。

1）注浆加固区域的确定。根据盾构机的停机位置明确刀盘所在位置，确定注浆加固区域。

2）注浆加固工艺。根据实际的地质条件选择合适的注浆工艺，因停机段为上软（富水粗砂层）下硬（微风化花岗岩地层），选择使用双液浆注浆，先使用化学双液浆封水，再通过内部注入水泥加水玻璃双液浆增加加固区的强度，加固区域平面布孔图见图 2。

3）注浆施工效果。开仓后发现加固效果良好，掌子面明显能看到浆液凝固体，表层无渗透水，加固后进行取芯试验可知：其无侧限抗压强度大致为 0.9～1.1MPa，常压开仓基本安全。

（2）施作加固桩的方法作为地层改良措施确保常压开仓的正常进行。其施工区域的选定与注浆加固的方法相同，效果较好，完全满足常压开仓土体加固要求，但其施工工期过长，而且费用较高，因此除特殊情况外一般不采用此方法，本项目端头加固均选用此方法。

（3）降水处理。降水处理方法可以增加砂质、卵石地层的自稳性，因此降水处理的方法也是常压开仓前土体处理的技术措施之一，但其局限性很大，此措施通常与方法一、方法二同时使用，以加强以上两种方法的效果。

2.2.3 常压开仓注意事项

（1）盾构开仓严格执行开仓程序审批制度，开仓程序签认表未签字审批完成之前，严禁开仓，开仓时必须做好《开仓程序签认表》中要求的各项准备工作及各个环节中的签认工作，写明开仓的目的、计划开仓位置及地质条件、目前盾构掘进情况、地表监测情况、各项材料机具的准备情况及洞内风、水、电、系统检查情况。

（2）提前通知第三方气体检测单位，开仓前进行气体检测，确认无有毒气体，并开仓通风 30min 以上，人员方可进入仓内。

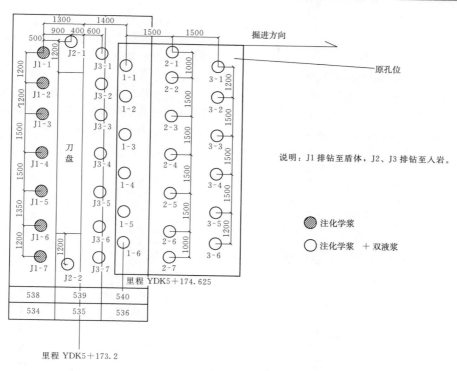

说明：J1 排钻至盾体，J2、J3 排钻至入岩。

⬳ 注化学浆

◯ 注化学浆 ＋ 双液浆

图 2　停机加固平面布孔图及与刀盘关系

（3）开仓前对盾构机各系统进行检查，做好维保工作，保证其功能完好，保证通信畅通。

（4）对进行换刀的操作人员进行换刀作业的技术交底，使其对换刀的操作程序、安全事项等完全熟悉。

（5）准备好需更换的刀具及其附件，如螺栓、锁块等。

（6）准备好照明灯具、小型通风机、风镐、潜水泵、风动扳手、葫芦、木板、安全带等材料、工具及电焊机等机料具。

（7）开仓后的仓门螺栓、气动扳手等相关机具必须就近摆放整齐，具备随时关仓条件。

（8）仓门口必须留人观察仓内情况，当班洞长、司机、劳务队负责人必须全程值班、跟踪并及时汇报进展情况。

（9）工作通道要保持顺畅，电瓶车要在台车后面待命。

（10）若需要更换刀具，必须严格遵守拆一把装一把的原则，严禁一次拆卸多把刀具。

（11）进仓机具必须随人出仓、清点。即作业人员出仓时，必须带出仓内的机具和剩余材料。

（12）仓内作业尽量安排熟练工人。注意防滑、跌落，并随时关注掌子面的稳定性。发现异常，立即出仓；备消防斧头，遇紧急情况，可砍断无法或未能马上拖出的管、线，立即关仓，推进、建压。并汇报项目领导。

（13）开仓过程中，地面派专职土木值班人员巡视，对异常情况要及时反馈给洞内控制室。刀具更换期间，

土仓内作业人员必须随时监视开挖面土体情况，如发现土质变软或含水量变大等不正常情况时，马上停止作业，退出土仓。同时，地面监控人员要加密地表监测的频率，发现异常情况必须及时通报现场负责人并采取相应的安全措施。若发生仓内地层失稳等异常，应立即撤出人员，关闭仓门，并通知地面巡视人员，启动应急预案，封闭刀盘位置地表道路，再进行地表加固施工。

2.2.4　常压开仓施工流程图

常压开仓施工流程见图 3。

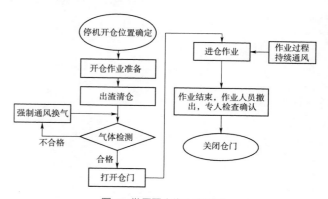

图 3　常压开仓施工流程图

2.2.5　常压进仓工作对地层的影响

从实践来看，根据地质条件及影响范围内构筑物情况选择合适的地层处理方式，认真严谨地落实，是常压开仓进仓时保证地层稳定、地面沉降在允许范围内可控的基础，本项目在多次常压开仓工作期间地面沉降一直处于允许可控状态。

3 结论

深圳地铁 7 号线珠龙区间的盾构机在穿越砂层、花岗岩地层、上软下硬等复杂地层时刀具磨损非常严重，在这种情况下选择合适时机进仓对刀具进行检查及更换就成了盾构施工中一项无法回避的任务。本文阐述了土压平衡盾构机目前常用的进仓方法及与之相适应的地层，此方法解决了复杂地层中进仓检换刀具的难题。但该方法也具有局限性，有时由于种种原因停机区域不具备进仓作业条件，也给施工单位带来很大麻烦。因此判定一段优质停机开仓区域是能否按预期进仓的前提，也是深圳地铁乃至全国各地同仁在复杂地层中盾构施工进仓作业时一个亟待解决的核心问题。

黄土隧道深浅埋影响因素分析

马治国/中电建路桥集团有限公司

【摘　要】　黄土隧道深浅埋界定与围岩压力的计算直接相关，是选择支护措施和开挖方案的重要依据。一般认为，在开挖过程中，围岩能否形成承载拱或者围岩松弛影响范围能否达到地表的深度为深埋和浅埋的分界。公路隧道设计规范以新黄土（Q_3、Q_4）和老黄土（Q_1、Q_2）的围岩分类为基础，引入了隧道宽度影响系数，进行深浅埋分界[1]。由于对围岩分类上的近似，分界方法必然存在较大的盲目性。隧道深浅埋状态与围岩力学性质、隧道断面形状和大小以及施工方法有密切关系，理论分析和试验研究不可能全面考虑上述深浅埋状态的影响因素，而数值分析方法不仅可以考虑复杂的边界条件和围岩性质，而且能够反映开挖方式等的影响。

【关键词】　黄土隧道　深浅埋　影响因素

1　工程概况

宝鸡至天水高速公路东起已建成的西宝高速公路终点（K176＋500），向西沿渭河川道布线，直至陕甘交界的牛背村（K216＋723.864），全长40.209km。水电十五局宝天高速 BT4 合同段项目部所承建的 BT4 合同段位于宝鸡以西约 25km 的晁峪乡晁峪村附近，该合同段全长 2.19km，起止桩号为 K188＋910～K191＋100。合同范围包括三座桥梁、三座盖板涵、两座隧洞和部分路基。其中桥梁部分包括田那下大（中）桥（左线长 88.3m；右线长 165.95m）、黑峪沟大桥（桥左线长 124.9m；右线长 158.2m）及 G310 分离式改线立交（桥长 104.206m）；隧道部分包括槐树岭隧道（隧道左线长 1071.15m；右线长 1045m）和黑岭隧道（隧道左线长 312m，右线长 330m）；三座盖板涵分别位于 ZK189＋036.7、ZK190＋740.0、YK190＋753.5 位置；路基部分沿线分布，长度约为 542.25m。

该项目建成通车后不仅完善了宝鸡市与甘肃天水之间的交通运输条件，同时对促进宝鸡市及西部各乡镇与甘肃天水等地区的经济、文化、商贸等交流有着积极的作用，而且是构成西北地区与中东部及西南地区公路运输大通道的咽喉路段。本项目的建成对加快地区经济发展，促进西部大开发进程，密切东西部之间的经济联系，加强和促进省际间的各种交流合作有着非常重要的作用。

2　工程地质条件

工程所在区表层为第四系上更新统黄土，土质较均，呈黄色，具垂直节理及大孔隙，含少量钙质结核，厚度 0.6～18.5m。下伏基岩为白垩系砂砾岩及印支期花岗岩。白垩系砂砾岩按风化程度可分为全、强风化两类，全风化砂砾岩呈浅红—棕红色，原岩结构完全破坏，岩体风化成散体状，岩芯呈土柱状，手捏易碎，遇水易软化，厚度 19.6～64m；强风化砂砾岩呈浅红—棕红色，原岩结构部分破坏，节理裂隙发育，岩体破碎，岩芯呈碎石状，捶击易碎，极密实，厚度 10.9～21.4m；印支期花岗岩仅分布于隧道进口处，按其风化强度可分为全、强、弱风化三种：全风化花岗岩呈黄—灰黄色，原岩结构已完全破坏，风化产物为石英颗粒，捶击易碎，密实，层厚 4.8m；强风化花岗岩呈黄—青灰色，原岩结构部分破坏，岩石节理裂隙发育，岩体破碎，岩芯呈砂砾、碎石状，捶击易碎，极密实，层厚约 13.2m；弱风化花岗岩呈青灰色，中粒结构，块状结构，岩石节理发育，岩质新鲜、坚硬，最大厚度 10.8m。其地质构造属典型的复合型大陆造山带，区域地质背景复杂，沿线褶皱不发育，断裂构造距线路较远，对隧道无影响。

施工区的地表水主要为槐树岭隧道进口黄吧沟和出口黑峪沟，均属长年性溪水。平时水量不大，但随季节性变化鲜明。地下水分布为松散岩类孔隙水，层状岩内裂隙水两种类型，其中松散岩内孔隙水分布在第四系坡积层，黄土和下伏砂砾中富水性差，基岩裂隙水分布于隧道选址的基岩山区，附存于全一弱风化岩层的节理裂隙中，水量大小分布很不均匀，但总体水量不大，经地质部门预测，槐树岭隧道的右线最大涌水量为 $236.4m^3$；左线为 $246.5m^3$。

3 拱顶上覆土体应力条件分析

将隧道围岩分为两部分，即滑动区和稳定区，认为滑动体将受到稳定区土体的约束。当围岩不能形成承载拱或者围岩松弛影响范围达到地表时，塌方的土体将受到两侧土体的约束作用，见图1。

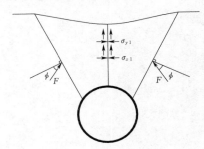

图1 浅埋隧道的应力条件

4 拱顶上覆土体变形条件分析

不同埋深的隧道，拱顶上覆土体的变形规律不同。为了反映围岩的变形规律，引入拱顶方向上围岩变形内表比的概念。

λ_U 为拱顶方向上的围岩变形内表比，U_0、U_r 分别为拱顶方向上围岩表面和围岩内部的径向位移，见图2。对于浅埋隧道，开挖后围岩的松弛范围贯通地表，λ_U 沿径向不收敛且较大；对于深埋隧道，开挖后围岩的变形沿径向逐渐趋于0，λ_U 逐渐收敛且较小。

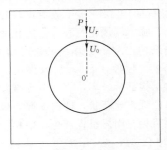

图2 围岩变形内表比

5 数值分析工况与模型参数

隧道的深浅埋状态与围岩类型、埋深、洞径、开挖方式、支护结构密切相关。在地下工程围岩分类中，一般将黄土分为老黄土和新黄土，因此，本文也考虑两种围岩类型。

6 拱顶中心线土压力系数和内表比变化规律分析

6.1 不同埋深土压力系数和内表比的变化规律

埋深对土压力系数（K）的影响最为显著，拱顶中心线上土压力系数与径深有很好的相关性，见图3、图4。洞室开挖后，卸荷作用使拱顶附近土体处于塑性状态，围岩与支护结构共同下沉，拱顶支护结构产生正的弯矩，土压力系数较小；随着径深的增大，土压力系数逐渐增大，在距拱顶 $1.7 \sim 2.5m$ 时出现极值。埋深不同，拱顶附近土压力系数基本相同，但地表附近处土压力系数差异较大。埋深为10m时，地表处土压力系数随径深迅速增大，最大可达到 1.47，发生在洞径最大的隧道中；埋深为20m时，地表处土压力系数缓慢增大，最大可达到 0.87，发生在洞径最大的隧道中；埋深30m时，洞径为8m的隧道，地表处土压力系数基本不变，接近于初始的土压力系数，洞径为14m的隧道，地表土压力系数缓慢增大；埋深50m时，地表处土压力系数基本不变，接近于初始的土压力系数。地表附近的土压力系数主要由开挖引起的附加应力决定，埋深越浅，开挖引起的附加应力越大，土压力系数也越大，当埋深增大到一定值时，开挖在地表处不引起附加应力，土压力系数逐渐收敛于初始土压力系数。

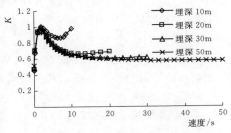

图3 8m洞径时不同埋深的土压力系数

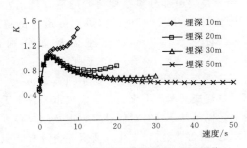

图4 14m洞径时不同埋深的土压力系数

隧道埋深与洞室开挖后围岩的变形密切相关，不同的埋深围岩的破坏形式不同，当埋深较浅时，黄土隧道可能发生贯通地表的整体滑塌，而埋深较深时，黄土隧道可能形成塌落拱。计算结果表明，当埋深为10m时，围岩变形内表比较大，呈直线形变化，地表变形约为拱顶变形的0.6倍，隧道可能发生贯通地表的塌方。随着埋深的增大，围岩变形内表比逐渐减小，变化形式从直线形向双曲线形转化。当埋深为50m时，围岩变形收敛于某一定值，地表位置处只发生较小的沉降，由此可以推断当埋深增加到一定值时，围岩变形内表比将趋于0，即地表不发生位移。对比图7、图8可知，洞径越大，围岩变形内表比也越大，收敛速度缓慢，表明大洞径的隧道更易处于浅埋状态。

6.2 不同洞径土压力系数和内表比的变化规律

洞径是影响围岩深浅埋状态的另一重要因素，图5~图8给出了同一埋深不同洞径拱顶中心线上土压力系数和内表比的变化规律。埋深为10m时，土压力系数在地表附近增大，内表比呈直线形变化，洞径越大，土压力系数和内表比也越大，洞室均处于浅埋状态。埋深为50m时，不同洞径的土压力系数均趋于稳定，内表比呈双曲线形变化，洞径越大，土压力系数变化不大，但内表比增大。

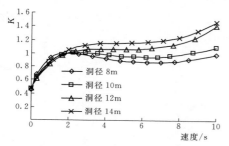

图5　埋深10m时的土压力系数

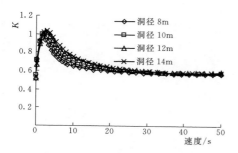

图6　埋深50m时的土压力系数

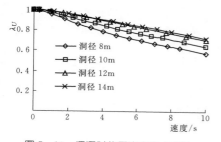

图7　10m埋深时的围岩变形内表比

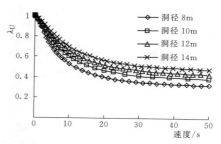

图8　50m埋深时的围岩变形内表比

6.3 土压力系数和内表比与埋深和跨度之比的关系

埋深和洞径是影响洞室深浅埋状态的两个主要因素，埋深浅，洞径大，洞室易处于浅埋状态，埋深大，洞径小，洞室易处于深埋状态；为反映两者的共同影响，引入埋深（H）和跨度（D）之比的概念，H/D综合反映了埋深和洞径对围岩应力条件和变形规律的影响。图9、图10给出了拱顶中心线上地表处土压力系数和内表比随H/D的变化规律。由此可见，地表处的土压力系数和内表比与H/D有很好的相关性，H/D越大，即埋深较大或者洞径较小，地表处的土压力系数越小，并接近于初始状态的土压力系数，内表比亦越小，且逐渐趋于0。土压力系数和内表比随H/D均呈现先减小后稳定的趋势，存在一个拐点。从拱顶中心线上应力条件和变形条件的理论分析可知，地表附近土压力系数和内表比逐渐收敛，则隧道为深埋。因此可根据曲线上的拐点来定义隧道的深浅埋状态。对于不同洞径的隧道，地表土压力系数收敛时的H/D约为2.0，即当埋深为洞径的两倍以上时，开挖对地表应力条件的影响将显著减弱，此时，可按深埋隧道来计算围岩压力，这与公路隧道设计规范定义的深浅埋基本一致。地表处的内表比出现收敛的范围约在H/D为1.7~3.0。例如，当隧道的跨度为8m时，浅埋的临界深度为24m。应该指出，围岩的变形状态与自承载力的发挥和作用于支护结构上的围岩压力密切相关，而深浅埋定义主要是用来合理地确定围岩压力。与此同此，围岩的变形内表比可以用多点位移计实测，因此，根据围岩的变形状态来定义深浅埋能更好地指导工程实践。

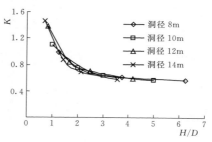

图9　土压力系数与埋深和跨度之比的关系

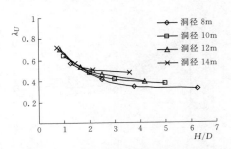

图 10　围岩变形内表比与埋深和跨度之比的关系

6.4　不同围岩类型土压力系数和内表比的变化规律

实践表明，在黄土层中开挖隧道，围岩的稳定性和支护结构上的围岩压力与土性密切相关。对于新堆积的浅压黄土，由于其结构较为松散，抗剪强度低，抵抗变形的能力差，开挖卸荷后，围岩的应力条件恶化，变形迅速发展，作用于支护结构上的围岩压力将显著增大。对于老黄土，由于其结构较为致密，抗剪强度和抵抗变形的能力均较强，围岩的自承载能力较强，相对于新黄土，作用于支护结构上的围岩压力将较小。

6.5　不同开挖方式对土压力系数的影响

开挖方式对围岩的变形发展有较大的影响，采用合理的开挖方式可有效地降低作用于支护结构上的围岩压力。正台阶开挖在地表处引起的附加应力较大，土压力系数较大，围岩的变形内表比较大，且呈直线形变化；而先墙后拱开挖在地表处附加应力较小，土压力系数也较小，围岩变形内表比较小，且呈双曲线形变化。与先墙后拱法比较，正台阶开挖法拱顶的围岩压力较大，洞室更易处于浅埋状态。在考虑埋深和洞径的条件，仍然可以按地表的土压力系数和内表比的收敛范围来定量地确定洞室的深浅埋状态。

7　结束语

洞室的深浅埋状态与作用于支护结构上的围岩压力密切相关，是选择支护措施和开挖方式的基础。影响洞室深浅埋状态的主要因素有埋深、洞径、土性和开挖方式。为了深入地考虑这些因素对黄土隧道深浅埋状态的影响，由此提出了用数值分析方法确定黄土隧道深浅埋状态的新方法。用该方法确定深浅埋状态时，不仅可以考虑洞室的埋深和大小，而且可以考虑围岩类型和开挖方式。分析表明，用土压力系数确定的浅埋临界深度约为洞径的 2 倍；用围岩变形内表比确定的浅埋临界深度为洞径的 1.7～3.0 倍。

齐热哈塔尔水电站深斜井施工中反井钻的应用

雷永红/中国水利水电第四工程局有限公司

【摘　要】　新疆喀什地区齐热哈塔尔水电站调压井和引水管道围岩为O—S₁（奥陶系—下志留统）角闪斜长板岩、片岩夹大理岩，薄层状夹中厚层状。井深0~70m为强—弱风化岩体，风化卸荷强烈，有断层f₁₈在此通过，岩体破碎，位于地下水位之上。根据围岩情况，采用了劳动强度低、工程质量好的反井钻机、正向扩大法进行开挖，取得了较好的效果。

【关键词】　新疆　齐热哈塔尔　反井钻

1　工程概况

齐热哈塔尔水电站位于新疆喀什地区塔什库尔干县库科西力克乡境内，塔什库尔干河中下游，距喀什市公路里程约322km，距塔什库尔干县城公路里程约56km。电站距下坂地水电站约11.4km。

齐热哈塔尔水电站工程是一座低闸坝、长隧洞、高水头引水式水电站，工程主要任务是发电。枢纽工程主要由首部拦河闸坝、左岸发电引水隧洞，电站主副厂房及开关站等组成。岸边式地面厂房，内设3台单机容量为70MW的立式混流发电机组，水轮机额定水头为311.49m。总装机容量为210MW，多年平均年发电量为6.973亿kW·h。

引水管道斜井井挖总长度为319.333m，倾角为60°，开挖平均洞径为6m，内衬直径4.5m压力钢管。为方便施工在斜井顶部、中部、底部分别布置有6号、7号、8号施工支洞。

2　地质概况

斜井中上部围岩为O—S₁（奥陶系—下志留统）大理岩、板岩夹片岩，中厚层状夹薄层状，上覆岩体厚120~200m。岩层产状为NW315°~330°SW∠20°~40°，

倾向坡内，与洞线大角度相交，围岩完整性较差。位于地下水位之上。围岩以Ⅲ类为主，局部为Ⅳ类。

斜井段下部围岩主要为O—S₁角闪斜长板岩、片岩夹大理岩，薄层状夹中厚层状，上覆基岩厚200~250m。岩层产状为NW315°~330°SW∠20°~40°，倾向坡内，f₁₇断层产状为NE10°/NW∠51°，片理及f₁₇断层、裂隙均与洞线大角度相交，结构面发育，岩体较破碎。下游段约80m位于地下水位之下。围岩以Ⅳ类为主，局部为Ⅲ类。

3　反井钻机开挖方法

根据围岩情况，确定采用反井钻机、正向扩大法进行开挖。虽较人工正井开挖的设备投入大，施工成本相对较高，但反井钻法有工作效率高、施工安全、劳动强度低、工程质量好，因此钻机的高可靠性和安全性能保证在恶劣地质条件下反井施工的经济性和高效性。该种施工方法主要特点是：① 导井采用机械开挖，施工进度快；② 扩挖时爆破石渣可直接滑到竖井下口，出渣速度快；③ 中导井贯通后可形成自然通风系统；④ 适用于各类围岩；⑤ 无须人员进洞开挖导井，改善了施工条件；⑥ 机械化程度高，节省劳力、爆破器材以及机械通风和降尘等工序，有利于降低工程造价；⑦ 占用地上面积小、出渣效率高、施工安全性高、对工人的生命安全

提供了更多保障。

3.1 反井钻机选型

用于本工程调压井及斜井施工的反井钻机选用 LM-250型反井钻机，数量为2台。

3.2 反井钻机参数

反井钻机采用电动机（129.6kW）作为动力形式，使用液压驱动，各类参数见表1。

表1　　　　反井钻机参数参照表

参数	对应值	参数	对应值
导孔直径/mm	250	钻孔偏斜率/%	≤1
扩孔直径/mm	1400	岩性	≤F14
钻孔深度/m	250～350	额定扭矩/(kN·m)	25
钻孔倾角/(°)	50～90	最大扭矩/(kN·m)	40
钻杆直径	ϕ200	导孔最大推力/kN	700
钻杆有效长度/mm	1000	扩孔最大拉力/kN	1250

3.3 反井钻机施工原理

反井钻机是依靠电动机带动液压马达，液压马达将动力传递给钻具系统，带动钻具系统旋转做周向及竖直轴向运动，从而实现钻头对岩体产生冲击、挤压、剪切作用，达到破岩钻进的目的。在导孔钻进过程中，钻具系统对岩体作用推力，在扩孔钻进过程中，钻具系统对岩体作用拉力。

3.4 反井钻施工流程说明及施工方法

3.4.1 施工准备

（1）施工准备。清理反井钻机施工基础面，由测量队施放井轴线中心点，在清理好的基础面上采用C20混凝土浇筑反井钻机基础平台，基础平台长5m，宽3m，高0.8m。在基础平台混凝土浇筑时预留反井钻机机架固定锚杆及固定螺栓预留槽。

在基础平台附近挖掘长3m，宽2m，深1m蓄水池（或埋设水箱），水池顶面高度要低于钻机基础平台高度。

在洞顶垂直投影于斜井轴线中心点位置环向安装4根长4.5m的天锚锚杆，锚杆外露长度为0.7m，锚杆与中心点的间距为40cm。

（2）钻机安装。在基础平台达到3d龄期强度后，将钻机轨道按要求铺设到基础平台上，然后将钻机吊装到轨道上，调整好钻机位置，竖起钻架，安装后拉杆，调平钻机。在确认钻机调平后用螺栓将调整钢垫板固定在钻架上。最后安装前拉杆及埋设预埋螺栓，再次调平钻机并回填二期混凝土。

在调压井施工时，采用16t汽车吊进行反井钻机的安装；在斜井施工时，利用已安装好的天锚锚杆进行反井钻机的安装。安装完后利用测量仪器对钻机进行调平、调正处理，在确认钻机完全满足施工要求后，对钻机机架进行固定。

3.4.2 ϕ250导孔施工

（1）导孔钻进方法。在二期混凝土达到7天龄期强度后，对钻杆轴线对位及机身平整度进行复测，确认钻杆轴线与井轴线相对接重合，机身水平后，开始进行导孔的钻进施工。

钻机调平，开孔钻进后，调整动力水龙头的转速为预定值，并将动力水龙头升到最高位置，把导孔钻头移入钻架底孔并用下卡瓦卡住钻杆的下方卡位，然后将卡瓦放入卡座，用钻机辅助设备连接钻杆。接好钻杆后，开启冷却用水开始开孔钻进。

导孔钻进排渣用泥浆泵抽取沉渣池内的水从动力水龙头的洗井液接头沿钻杆内壁压入钻头底部，经钻头底部的排水孔将孔底的石渣沿孔壁排至孔口的排渣槽内，自流进沉渣池内。石渣沉淀后人工捞至堆放位置，石渣水经沉淀处理后，再用泥浆泵抽入导孔内循环利用。

导孔开始钻进时采用高转速、低钻压，动力水龙头的转速调至高速挡，钻压为2～5MPa。背压根据实际情况调整，背压过大时动力水龙头不能向下推进，背压过小时动力水龙头向下推进速度过快容易产生卡钻。

导孔钻进过程中的参数见表2。

表2　　　　导孔钻进参数选择

钻进位置或岩石情况	钻压/MPa	转速/(r/min)	预计钻速/(m/h)
导孔开孔	3.0	10～20	0.3～0.6
导孔钻进中至钻透到下水平前	5.0～7.0	20	0.5
导孔钻透前5m内	2～4	10	1～2
石灰岩	3.5～6.5	20	2～3
砂岩	2.0～3.0	20	2～3
泥岩	1.5～2.0	20	3～4

因本工程施工部位岩体较为破碎，岩石强度较低，故在导孔钻进中采用低钻压、高转速的钻进方法。离钻透下水平通道5m左右时，采用低钻压、低转速。

钻进过程中及时清理返出的岩渣，防止岩渣堆积，每钻进一根钻杆进度后冲水（泥浆）5～10min，等孔内的岩屑全部排出后，停泵接卸钻杆。导孔钻透后，停止泥浆（水）循环，但钻机不能停转，开始向孔内加清水将导孔内岩渣冲洗干净，直到钻机转动平稳，扭矩变化不大时停钻。

（2）导孔施工难点处理措施。

1）钻头偏移控制。导孔钻进过程中，由于钻杆直径为200mm，而钻头直径为250mm，钻头钻进后钻杆周围有50mm的空隙，因此在开孔后及钻进过程中要合理配备稳定钻杆（装有4根稳定耐磨条，直径与导孔钻头一致的钻杆）强制控制导孔钻进方向，利用导孔孔壁对稳定钻杆的约束作用将前端一定范围内的钻杆强制摆正，使这段范围内的钻杆钻进方向与设计钻孔轴线一致，从而控制导孔钻进方向。钻入深度较短时，由于钻杆抗弯强度较高，钻杆钻进方向不会发生偏移；当钻入深度达到一定值后，随着钻孔深度的增加，钻杆稳定性将会随之减弱，当钻孔深度达到一定程度，受重力作用，钻杆弯曲，钻杆中间段将受挤压紧贴在钻孔下部，钻杆施加给钻头的作用力将不再与设计洞轴线方向一致，在改变的作用力下，钻头钻进方向将发生偏移。为了及时掌握钻头钻进位置，对导孔钻进方向进行有效控制，利用测量手段对钻进方向和钻头位置进行测量，根据测量数据分析钻孔偏移情况，采取纠偏措施，以保证钻孔偏差控制在允许范围之内。当钻孔深度达到50m、100m时各测定一次。根据导孔偏移情况适当合理调整前端稳定钻杆的数量和位置，并在钻杆中部适当位置设置稳定钻杆，逐步对导孔方向进行调整和控制。最终完成满足设计要求的高质量导孔。

2）塌孔、卡钻现象的预防处理措施。由于本工程调压井、斜井地处斜坡位置，岩体较为破碎、风化卸荷强烈，裂隙发育，围岩主要由碎裂岩、糜棱岩组成，在导孔钻进施工过程中极有可能发生塌孔、卡钻等现象，造成导孔报废，为解决这一施工难点，导孔钻进时采用固结灌浆的方法予以预防、处理。具体方法如下：

在现场制备水灰比为0.4～0.55的水泥浆或水泥砂浆通过灌浆设备或人工自流输送浆液的方法进行灌注，利用浆液填充断层、裂隙。灌注浆液48h后即可进行钻孔、扫孔施工。当导孔达到一定深度后（至少要达到50m以上），采用灌浆设备灌注较稀的水泥浆液，对导孔周围岩体进行固结。具体水灰比需在现场试验确定。（一般是采用2∶1、1∶1、0.5～0.8∶1等几个比级），但由于要反复取钻、灌浆、扫孔，对施工进度影响较大。

2012年7月19日开始反井钻 ϕ250mm导孔钻进施工，并于8月10日下斜井 ϕ250mm导孔贯通，日平均进尺8.7m/d，日最大进尺15.2m/d（7月19日至8月24日受停电影响，10日未施工）。导孔完成后进行测量，下斜井导井偏斜率小于1%。

3.4.3 ϕ1400mm滚刀扩孔施工

（1）扩孔钻头安装。导孔贯通后，用装载机将 ϕ1400mm扩孔滚刀钻头运至下水平洞导孔下方，将上、下提吊块分别同扩孔钻头、导孔钻杆固定，上、下提吊块用钢丝绳连接，提升导孔钻杆，使钻头离开地面20cm，然后固定钻头，下落钻杆，拆去上、下提吊块，连接扩孔钻头。在扩孔钻头安装过程中钻机操作人员与钻头安装人员利用报话机上下联系、紧密配合。

（2）扩孔施工。在扩孔施工时，钻机低转速、低钻压缓慢将扩孔钻头提升至与岩面接触，然后从导孔内通入冷却水，以冷却扩孔钻头并消尘。

待扩孔钻头全部钻进岩体后开始对钻头加压，加压压力根据岩性具体而定，遇到软岩或岩石较为破碎时采用低压，遇到硬岩时采用高压。

随着扩孔钻头的逐步提升，钻杆随之跟进拆卸。拆卸钻杆时，第二根钻杆上方卡位升至卡座上方约20cm，将下卡瓦卡住第二根钻杆的上卡位，下降动力水龙头，使下卡进入卡座内，反转动力水龙头一圈，升起翻转架并将机械手抱住钻杆，动力水龙头反转并提升约10cm，取出上卡瓦，再将动力水龙头升至最高位置，下降翻转架并松开机械手，同时下降动力水龙头连接钻杆，取出下卡瓦，继续扩孔钻进。

（3）反井钻机拆除。扩孔施工完成后，将扩孔钻头担放在钻机基础平台上，然后利用起重设备进行钻架、机身的拆除，最后拆除扩孔钻头。

（4）扩孔施工中的抽排水措施。扩孔施工用于冷却钻头及消尘的用水量较大，为9～12m³/h，在下层水平洞内合适位置挖掘长1m、宽0.5m、深1m的集水坑，利用二级3″污水泵分段接力抽排出施工支洞外。

8月11日反井钻 ϕ1400mm扩孔滚刀钻头安装、调试；8月12日开始下斜井反井钻 ϕ1400mm导井扩挖施工，于8月24日下斜井 ϕ1400mm导井顺利贯通。日平均进尺13.9m/d，日最大进尺32m/d。扩挖过程中出现过几次局部塌方，都顺利通过溜渣井出渣，安全高效，充分验证了溜渣井方案的成功。

4 结语

本工程利用反井钻机在320m斜井开挖的成功应用，偏斜率控制在1%以内，在新疆乃至全国创造了一个成功的范例。将反井钻机施工技术成功运用到岩石完整性较差带有多条挤压断层带的60°斜井开挖施工中，证明反井钻工艺可以在水电行业得到有效运用，可以完全替代人工开挖导井的施工工艺，解决了多年来人工开挖导井进度慢、安全隐患多的问题。同时反井钻在软弱围岩中的成功运用将反井钻机应用的范围推广得更大。

地铁车站土建预埋件及预留孔洞施工管理与控制

娄在明/中国水利水电第十三工程局有限公司

【摘　要】　本文结合深圳地铁7号线龙井站、茶光站及珠光站等工程实例中出现的预埋件及预留孔洞质量问题，总结分析地铁车站土建预埋件及预留孔洞施工管理与控制，结合正在施工武汉地铁11号线左岭站、未来三路站，总结施工经验，并提出相应的管理措施，为后续地铁车站土建预埋件及预留孔洞施工管理提供参考。

【关键词】　地铁车站　预埋件及预留孔洞　质量管理与控制

1　引言

地铁建设是一个庞大的系统工程，地铁车站土建是地铁人防、轨道通信信号等二十几个专业系统的基础专业，地铁高质量、高标准的使用功能要求决定土建结构及其预埋件及预留孔洞质量控制非常重要。地铁车站土建预埋件及预留孔洞笔者大致分为5项内容，分别是自动扶（电）梯、屏蔽门安装要求预埋件及预留孔洞，人防、防淹门安装的预埋件及预留孔洞，车站风水电的预埋件及预留孔洞，地铁系统（通信信号、接触网等）专业要求的预埋件及预留孔洞，盾构始发、接收和过站要求的预埋件及预留孔洞。地铁车站土建预埋件及预留孔洞质量管理涉及地铁测量放样质量管理、设计图纸会审质量、施工组织方案审查和预埋件及预留孔洞质量检查及验收。

2　车站预埋件及预留孔洞质量控制要点

2.1　严格控制地铁基点、基线测量质量，认真核查细部放样正确性

由于地铁线路使用的特殊性，车站有效站台中心线、线路中心线和底板标高基点关系到后续地铁各专业施工使用正确，也是细部测量放样基准。依此进行的细部测量应严格遵守 GB 50308—2008《城市轨道交通工程测量规范》。根据该规范规定，地铁车站和区间施工测量中线和高程的总贯通误差为 $m_{横} \leqslant \pm 50\text{mm}$，$m_{纵} < L/$ 10000，$m_{竖} \leqslant \pm 25\text{mm}$。

2.2　深化施工图纸设计管理，提高图纸会审质量

对地铁建设的建筑施工图纸和车站孔洞及预埋件图纸进行会审。首先，要核对图纸的标高、里程、轴线和线路中心线是否一致；其次，建筑功能性的预埋件及预留孔洞是否在结构图纸有所体现；核对预埋件及预留孔洞材质、安装要求和检测要求。

2.3　做好技术方案

施工单位在施工预埋件及预留孔洞前应编制专项施工方案和预埋件及预留孔洞统计表，专项技术交底，实施过程监理单位实施全程监理。

2.4　加强现场检查

每完成一个地铁施工结构段，需要对该段的预埋件及预留孔洞检查核对，检查是否遗漏和埋设是否达到设计要求。特别是预留孔洞的同心垂直度是否满足使用安装要求。

2.5　材料要求高标准

鉴于地铁防水要求，迎水面结构上的预埋件及预留孔洞使用的防水套管、防水材料封堵高标准施工完成，不要因遗漏而重新开孔破坏地铁车站防水整体性，满足《轨道交通防水工程施工质量验收标准》，地下车站防水等级为一级，不允许渗水，结构表面无湿渍。

3 各专业预埋件及预留孔洞质量控制要点

3.1 屏蔽门预埋件及预留孔洞施工质量控制要点

（1）在正确确定有效站台中心线后，土建施工时根据施工图纸预埋件及预留孔洞尺寸计算出每个预埋件及预留孔洞到有效站台中心线和线路中心线的距离，特别注意由中心里程往大小里程放线预埋，防止累计测量误差超限。

（2）土建施工在浇筑地铁车站屏蔽门梁混凝土前，加强预埋件及预留孔洞的模板支撑，杜绝跑模，保证屏蔽门梁底、侧平整度和尺寸，并防止混凝土堵塞预埋件及预留孔洞。

（3）由于地铁车站底板有结构坡度的设置，屏蔽门梁和站台板高度要进行换算后才可放线施工。

3.2 自动扶梯及电梯对土建施工质量控制点

（1）土建施工时应严格把关自动扶梯及电梯在车站每层结构井孔的定位和尺寸、中间支撑的定位和尺寸、井道壁尺寸及平整度和垂直度等质量控制点。根据《预留孔洞及预埋件设计专册》要求，扶梯井总长度的公差要求为 $L+30mm$。

（2）土建施工时应注意自动扶梯及电梯上下坑壁边的预埋钢板标高和平整度质量控制扶梯上下头的预埋钢板须按绝对标高制作，一般比结构面低 50mm。同时，应注意自动扶梯及电梯预埋吊钩的材质、外露长度和埋设的工艺要求和方向，有检测要求，并注意现场保护。

（3）自动扶梯及电梯底坑和井道、井壁结构在施工底板时应提前预埋，并应满足使用设计，混凝土要求有抗渗设计要求，满足 GB 50208—2001《地下防水工程质量验收规范》中相应要求。

3.3 防淹门（或人防）安装对土建施工质量控制要点

（1）土建施工单位应严格保证预埋防淹门套筒的大小、伸出结构面的长度和套筒与顶板结构面的垂直度，预埋套筒及钢板在垂直线路方向和沿线路方向的施工误差小于安装要求偏差，且在施工过程中应满足 CJ/T 453—2014《地铁隧道防淹门》规范中的相应要求。

（2）土建施工时，在中板和顶板防淹门预埋件及预留孔洞应以线路中心线为预埋件及预留孔洞控制线，预留孔洞中心线与线路中心线重合，预埋件应以线路中心线对称设置。

（3）人防预埋件（角钢、门框和穿墙管道等）应按设计图纸检查无误后浇筑混凝土，施工过程中需保护预留的孔洞不被混凝土堵塞。

（4）为保证车站人防密闭门的安装要求，建议与土建、轨道施工在工序上采用门框的两侧及顶部三边由土建实施，底框混凝土由轨道实施，人防门的焊接和精度调整由人防实施单位实施。以此，保证人防密闭门的安装要求及避免返工。

3.4 给排水预埋件及预留孔洞对土建施工质量控制要点

（1）由于消防、给排水和地漏贴装修墙预留，土建施工时应注意纵、横向位置的正确性。

（2）管道穿越楼板时设置钢套筒，套筒一般高于地面 50mm。

（3）车站土建施工时应注意车站站厅层和站台层侧墙侧式排水沟施工质量和防水质量，建议与土建结构板一起浇筑，并振捣密实。

3.5 供电系统对土建预埋件及预留孔洞施工质量控制要点

（1）供电系统包含专业有土建接地网和杂散系统。土建施工时，应重点保证结构板上的设备孔洞、电缆孔洞、电缆夹层中的接地端子、车站两端的测量端子、排流端子等。

（2）土建施工确保强电专业的接地铜板引出底板高度、位置和材质符合设计要求，并在浇筑底板前必须检查铜排的止水板位置和绝缘达到设计功能要求。

（3）车站与隧道区间的变形缝处，车站两端侧墙应设有 1 个连接端子，连接端子的位置、材质和连接方式达到设计要求。

（4）弱电系统管线穿越车站站厅板和轨顶风道的预埋管在测量定位正确后，在实施此部位的站厅板结构混凝土时，不论采用顺做和逆做施工轨顶风道，都应采用一根整管，避免中间接驳。满足通信和轨顶排风功能。

3.6 盾构施工对土建预埋件及预留孔洞施工质量控制要点

（1）盾构预埋件主要包括洞门环板、吊装所需的钢板或吊环、后配套设备底座、测量监测点、盾构始发及到达所需的预计埋件等。

（2）施工图纸会审时，进一步确认预埋件、孔洞的尺寸、位置和埋设方式是否满足盾构施工要求。

（3）根据盾构始发和接收实际使用要求，为确保洞门钢环的安装质量，车站土建应编制施工专项施工方案，内容涉及预埋件、孔洞的尺寸、位置和焊接质量要求，特别是洞门的坐标测量，需要全线测量复核合格后才可以浇筑混凝土。

3.7 车站轨顶风道施工所需的预埋件及预留孔洞施工质量控制要点

轨顶风道和站台板建议采用顺做法施工，施工时则需在车站的中板或夹层板上预留轨顶风道的钢筋，并同时考虑需在车站中板预留孔洞给轨顶风道侧边墙和底部的混凝土浇筑。预留的钢筋的位置、间距、长度和数量按设计要求，预留孔洞的间距和尺寸大小满足浇筑混凝土的要求。

4 车站土建预埋件及预留孔洞质量管理措施

车站土建预埋件及预留孔洞施工质量管理主要从事前、事中和事后三个阶段进行质量管理控制。事前控制主要包括车站土建预埋件及预留孔洞图纸审查、预埋件交底及预埋件管理台账的核对；事中控制主要包括车站土建承包商的三级检查、监理单位的质量巡检和隐蔽工程验收；事后控制主要是土建完工后移交前的综合检查及整改。

4.1 车站土建预埋件及预留孔洞专项技术审查

地铁车站在主体结构现场实施前，需要认真审查车站土建预埋件及预留孔洞设计技术要求，必须对车站孔洞预埋件专册图、车站结构施工图和车站建筑施工图专项技术审查和设计交底。主要解决的问题是：汇总地铁车站各专业预埋件及预留孔洞设计技术要求；明确车站孔洞预埋件施工图纸依据；明确孔洞预埋件接口施工技术要求和范围。从设计质量上避免出现预埋件及预留孔洞出现错、漏的现象。

4.2 车站土建预埋件及预留孔洞施工技术质量交底表编制及审批

车站土建预埋件及预留孔洞施工技术质量交底表是

由车站土建承包商根据孔洞预埋件专项技术审查和设计交底后编制，主要是用于车站孔洞预埋件施工指导。质量交底应注明车站孔洞预埋件的编号、位置大小、所在图纸和相对尺寸关系。孔洞预埋件施工技术质量交底表由承包商编制后，报驻地监理和设计审核并签署意见后才可施工。

4.3 车站土建预埋件及预留孔洞过程检查及验收

在施工车站土建预埋件及预留孔洞，成立专门的预埋件核对小组，对每段预埋件进行核对与验收，及时指出施工存在的问题。验收通过后各部门几方确认验收后，才可浇筑混凝土。车站土建预留孔洞及预埋件施工过程中，应按竣工图纸编制要求及时整理归档到位。

4.4 土建完工后移交前的综合检查及整改

车站孔洞预埋件在土建完工后，在现场设置已标明车站孔洞预埋件编号的标示牌后，施工单位按车站孔洞预埋件施工资料或图纸现场核对，并报监理工程师验收，对核对后问题汇总并提出解决的办法，及时整改。

5 结语

为避免车站土建施工造成机电设备系统预埋件及预留孔洞出现错、漏的现象，加强地铁土建和机电设备接口的质量管理，地铁车站土建结构及其预埋件及预留孔洞质量控制非常重要。因而要重视并加强预埋件及预留孔洞的管理与控制。

旧桥桥面翻修沥青薄层加铺技术研究与应用

张宝堂　陈希刚/中国水电建设集团港航建设有限公司

【摘　要】 旧桥桥面沥青薄层加铺是一项较难的技术问题，本文在综合考虑沥青桥面薄层加铺各种影响因素的基础上，利用西部交通科技项目"桥面铺装材料与技术研究"课题的研究成果，采用溶剂型沥青黏结剂与橡胶沥青砂胶技术，对桥面沥青薄层加铺的技术问题进行了有益的探索。

【关键词】 高架桥　沥青薄层　加铺　技术

1　工程概况

青岛开发区团结路桥桥面沥青薄层加铺段位于开发区团结路与青兰高速交界处，桥面铺装总面积近2万 m²。该路高架桥桥面铺装原设计为水泥混凝土。由于各种原因，原水泥混凝土桥面铺装发生了一定程度的损坏，主要的损坏类型有裂缝、啃边、破碎等，对桥梁的行车安全性和舒适性已产生了较大的影响。由于原来的水泥混凝土桥面铺装参与了桥梁结构的整体受力，在经过桥梁的相关试验检测及理论分析以后，不能拆除原有的水泥混凝土桥面铺装，认为可以采用直接加铺4cm厚沥青混凝土的解决方案。

2　团结路桥面薄层加铺需要解决的技术问题

青岛开发区团结路是通车10年左右的城市快速道路，高架桥桥面薄层加铺需要解决以下的主要技术问题。

2.1　界面的抗剪切问题

根据水泥混凝土桥面铺装的受力分析与试验研究结果，在设防水层的沥青桥面铺装中，桥面铺装的厚度和防水层材料的模量 E 对层间抗剪切强度有较大的影响：层间抗剪切强度随着铺装层厚度的增加而减小，在常温条件和标准轴载下，在铺装厚度为4cm时，沥青混凝土层间的抗剪切强度为0.55MPa左右。在设防水层的桥面铺装中，层间抗剪切强度随着防水层材料模量的增加

而增大，当防水层在常温25℃时的模量为50MPa时，防水层与水泥混凝土间的层间抗剪切强度为0.34MPa，当防水层模量增加至200MPa时，层间抗剪切强度增加至0.40MPa。

根据这一研究成果，结合团结路桥面铺装的实际情况，特别是青岛市属于沿海城市，混凝土桥梁桥面铺装长期的使用海边城市氯离子作用的情况下，确定在45℃时设计的沥青铺装层与混凝土桥面间的抗剪强度不应小于0.45MPa。

2.2　桥面铺装的防水问题

在桥面铺装的防水方面，主要有以下作用：一是通过桥面防水，保护桥梁结构，延长混凝土桥梁的实际使用寿命；二是在沥青混凝土铺装中，设置合理的防水体系，使雨水的渗入不能达到沥青铺装层与水泥混凝土间的结合界面，影响层间的粘接与抗剪切能力。在综合比较各种不同防水粘接体系（如改性乳化沥青稀浆封层、防水卷材、改性沥青＋预拌沥青碎石和橡胶沥青砂胶）与其上铺筑的改性沥青 SMA10 相互匹配的基础上，选择橡胶沥青砂胶作为该路高架桥桥面铺装防水粘接体系。

2.3　桥面铺装的热稳定性

青岛是全国有名的沿海中心之一，混凝土结构长期在氯离子的作用下，使用年限要比内陆地区短，损坏率高，根据项目组长期进行钢桥面及混凝土桥梁桥面铺装研究的经验，桥面铺装的最高设计使用温度在60℃以上，沥青混凝土铺装层与混凝土桥面板间的结合界面间的最高温度在45℃左右。因此，给沥青桥面铺装的热稳

定性能提出了较高的要求，同时给高温条件下层间结合界面的粘接与抗剪切强度提出了较高的要求。

根据以上情况，选择改性沥青 SMA10 作为铺装面层材料，其下的防水粘接层的热稳定性要求相当高，提出了如表 1 的技术要求。

表 1　　橡胶沥青砂胶的技术要求

指标	要求	试验方法
软化点（R&B）/℃	≥100	T0606—2000
流动性（220℃）/s	≤3	《铺装试验法便览》
剪切强度（45℃）/MPa	≥0.5	直接剪切试验
空隙率/%	≤1	T0705—2000
渗水率/(mL/min)	≤1	T0730—2000

橡胶沥青砂胶用各种原材料要求如下：

（1）沥青结合料（见表 2）。

表 2　橡胶沥青砂胶用聚合物改性沥青技术要求

试验项目		要求	试验方法
针入度/(25℃，0.1mm)		20～50	JTG E20—2011 T0604
软化点/℃		≥85	JTG E20—2011 T0606
延度（5℃，cm）		≥20	JTG E20—2011 T0605
弹性恢复率（25℃，%）		≥75	JTG E20—2011 T0662
闪点/℃		≥240	JTG E20—2011 T0611
溶解度/%		≤99	JTG E20—2011 T0607
密度/(15℃，g/cm³)		≥1.00	JTG E20—2011 T0603
RTFOT 163℃	质量变化/%	−1～+1	JTG E20—2011 T0610
	针入度比（25℃，%）	≥70	
	延度（5℃，cm）	≥10	

（2）集料及矿粉。粗集料采用坚硬、耐磨的岩石破碎，宜采用玄武岩碎石。粗集料、细集料及矿粉技术指标见表 3～表 5，集料分级规格见表 6，其他技术指标应满足 JTG F40—2004《公路沥青路面施工技术规范》中相应的要求。

表 3　　　粗集料技术性能指标

试验项目	要求	试验方法
压碎值/%	≤20	JTG E42—2005 T0316
细长扁平颗粒含量（混合料）/%	≤10	JTG E42—2005 T0312
洛杉矶磨耗损失/%	≤25	JTG E42—2005 T0317

续表

试验项目	要求	试验方法
吸水率/%	≤2	JTG E42—2005 T0304
坚固性/%	≤12	JTG E42—2005 T0314
黏附性/级	≥5	JTG E20—2011 T0616

表 4　　　细集料技术性能指标

试验项目	要求	试验方法
表观相对密度	≥2.5	JTG E42—2005 T0328
坚固性/(>0.3mm 部分，%)	≤12	JTG E42—2005 T0340
含泥量/(小于 0.075mm 的含量，%)	≤3	JTG E42—2005 T0333
砂当量/%	≥60	JTG E42—2005 T0334
亚甲蓝值/(g/kg)	≤20	JTG E42—2005 T0349

表 5　　　矿粉技术性能指标

试验项目		要求	试验方法
表观密度/(g/cm³)		≥2.50	JTG E42—2005 T0352
含水率/%		≤1	JTG 051—1993 T0103
通过率 /%	0.6mm	100	JTG E42—2005 T0351
	0.15mm	90～100	
	0.075mm	85～100	
亲水系数		<1	JTG E42—2005 T0353
塑性指数/%		<4	JTG E42—2005 T0354
外观		无团粒结块	—

表 6　　　集料规格技术要求

集料规格 /mm	通过率/%			试验方法
	9.5mm	4.75mm	2.36mm	
5～10	≥90	≤15	—	JTG E42—2005 T0303
3～5	—	≥90	≤15	
0～3	—	—	≥80	JTG E42—2005 T0327

（3）混合料级配。橡胶沥青砂胶级配应满足表 7 要求；推荐油石比为 7.5%～8.5%；设计混合料性能需满足表 8 中的技术要求。

表 7　　　混合料级配范围要求

混合料类型	通过率/%（筛孔：mm）								
	13.2	9.5	4.75	2.36	1.18	0.6	0.3	0.15	0.075
GA10	100	80～100	63～80	48～63	38～52	32～46	27～40	24～36	20～30

表8 橡胶沥青砂胶性能要求

试验项目	要求	试验方法
流动性/(240℃，s)	≤50	见《公路钢箱梁桥面铺装设计与施工技术指南》
贯入度/(60℃，mm)	1～4	
贯入度增量/(60℃，mm)	≤0.4	
弯曲极限应变/(−10℃)	≥8×10^−3	JTG E20—2011 T0715

注 低温弯曲试验试件尺寸：300mm×100mm×50mm。

（4）橡胶沥青砂胶施工要求。

1）拌和方面。该混合料拌和温度高，搅拌时间长，因此对拌和楼的拌和能力和耐高温能力要有很高的要求。同时，所用的沥青黏度大，而且沥青含量比较高，混合料容易黏附在设备上，每次生产完毕后，待设备还没完全冷却时，应对黏附的混合料进行彻底清理，在生产前应对运料小车、储罐或卸料斗清理并涂刷隔离剂。混合料拌和温度控制：如果矿粉未加热，则石料加热温度应为300℃左右，混合料拌和后出料温度按210～240℃目标控制。由于混合料中矿粉含量很大，因此混合料的拌和时间比较长，拌和时间为干拌15s，湿拌90s，上述工艺均需现场试拌后确定。如果矿粉加热，则石料温度250～300℃。拌和过程中应充分注意矿粉掺加，沥青用量及出料温度的控制。同时，冷仓上料速度的设置应充分考虑到加热鼓风中细集料的粉料（＜0.3mm材料）损失。如发现任何异常情况，立即停机处理，通知摊铺现场相关人员，在未找到发生异常的原因并在解决前，不得恢复施工。

2）运输方面。从拌和楼生产出来的混合料还需不断搅拌和加温，因此，使用专门的运输设备。在浇注式沥青运输设备初次进料之前，应将其温度预热至160℃左右，装入浇注式沥青运输设备中的混合料应保持不停的搅拌，同时应让混合料升温至220～250℃。应尽量避免混合料在高温的浇注式沥青运输设备中停留太长时间，超过250℃时停留时间不能超过2h，220～250℃时停留时间不能超过6h。但在浇注式沥青运输设备中的搅拌时间至少应在40min以上。在从运输混合料的浇注式沥青运输设备车中出料时必须对加热温

度进行调节，以避免结合料硬结。同时还须减慢搅拌速度，不让空气中的氧气进入浇筑式沥青中，以减少结合料的氧化。

3）摊铺方面。因为该混合料是自流成型无须碾压的沥青混合料，因此，铺装下层的摊铺使用专用摊铺机。运至现场的混合料应进行流动性试验，符合设计要求后，方可摊铺。具体施工工艺如下：

a.边侧限制。混合料在220～250℃摊铺时具有流动性，需设置边侧限制，防止混合料侧向流动。边侧限制采用约33mm厚、300mm宽的钢制或木制挡板，设在车道连接处的边缘。根据钢板表面平整度的情况，用不同厚度的铁片或木片调节，以达到保证铺装表面平整的目的。

b.厚度控制。在摊铺之前，根据钢板表面情况进行测量放样，确定一定间隔某一点的摊铺厚度，然后调整导轨的高度及边侧限制板，从而确定摊铺厚度。摊铺机整平板有自动的水平设备控制，按照侧限板高度摊铺规定厚度的路面。

c.行车道摊铺。应根据摊铺机及桥面宽度设定合理的摊铺宽度，但应尽量避免接缝位于车行道轮迹带上（可设置在行车道画线区位置或行车道正中间），当边缘带40～80cm范围内摊铺设备不能摊铺时，可采用人工方式铺设浇筑式沥青混合料边缘带，再用机械方式完成内侧浇筑式沥青混合料的铺筑。

浇注式沥青运输设备倒行至摊铺机前方，把混合料通过其后面的卸料槽直接卸在钢桥面板上。摊铺机的整平板的紧前方布料板左右移动，把混合料铺开。摊铺机向前移动把沥青混合料整平到控制厚度。紧跟摊铺机后，对接缝进行加热并由工人使用木制的刮板修整。摊铺机应带有红外加热设备，用于对先铺路面的加热，保证与新铺的沥青混合料形成整体，接缝处连接可靠。在摊铺机行走过后，再采用喷枪进行加热，使新旧混合料变软，同时人工用工具搓揉，使结合部位进一步结合良好，消除接缝。在摊铺过程中，会产生部分气泡，应采用带尖头的工具刺破，排出内部空气，使其充分致密。

（5）橡胶沥青砂胶质量验收。橡胶沥青砂胶在使用前应取样进行检测，橡胶沥青的技术指标应符合表9中的规定。

表9 橡胶沥青砂胶质量验收标准

工程分项	检测指标	要求	合格判定	检测频度
橡胶沥青砂胶用改性沥青	针入度 0.1mm/(25℃，100g，5s)	20～50	最小20，最大50	2次/施工日
	软化点/℃	≥85	最小85	
	延度/(cm，5℃)	≥20	最小20	

工程分项		检测指标	要求	合格判定	检测频度
混合料	级配（通过率）/%	厂拌取样		与施工级配目标值对比，每次结果均达到要求	3次/施工日
		9.5mm，4.75mm	±7		
		2.36mm	±6		
		0.075mm	±2		
	油石比/%		±0.3	与设计值对比，每次结果均达到要求	
	贯入度/(60℃，mm)	现2场取样	1～4	每次结果均达到要求	
	贯入度增量/(60℃，mm)	现场取样	≤0.4	每次结果均达到要求	

2.4 桥面铺装的使用耐久性

通常情况下，桥面铺装的合理铺装厚度应在7.0cm以上，此时界面间在行车荷载作用下的剪应力较小，对界面结合较为有利，一般不会出现层间结合界面的滑动问题，在设计使用年限内（如现规范推荐的设计使用年限12～15年），不会出现剪切疲劳问题。但在铺装厚度较薄的情况下，在行车荷载作用下，结合界面将产生较大的层间剪应力。如前所述，在常温时，在标准轴载作用下，层间的剪应力将达到0.34MPa，这对于层间抗剪切极为不利。尽管目前国内对混凝土桥梁桥面铺装的层间剪切疲劳问题尚未进行深入的研究，团结路的旧桥桥面铺装设计中，对于桥面铺装的设计使用年限，根据目前的交通流量计算，取为5～8年。

2.5 原混凝土铺装层界面的处理

团结路原混凝土桥面经过几年的行驶，表面已经光滑，并且混凝土表面长期暴露在空气中，在雨水的侵蚀作用下，表面的化学成分十分复杂，对界面的粘接与抗剪切能力影响很大。因此，必须采取有效的措施，改善界面条件，以增强界面的粘接与抗剪切能力。

通常来讲，沥青桥面铺装层要实现与原混凝土桥面板的粘接，其界面之间必须涂布一层黏结材料，至少应经历以下过程：首先进行界面处理，然后洒布黏结剂，最后固化形成强度。黏结材料洒布在桥面板上，要形成足够的粘接强度，必须满足两个条件。一是黏结剂对于桥面板应有良好的浸润；其二是黏结剂涂在桥面板上应具有足够的粘接强度。应该说，浸润是形成足够粘接强度的必要条件，洒布黏结剂后形成一定的粘接强度才是要达到的目的。

在影响沥青铺装层与原混凝土桥面板间的黏结强度诸因素中，界面的状况和黏结材料的性质影响最大。首先是界面的状况，一般来讲，理想的接触界面是：从宏观方面来讲，接触界面应该具有良好的平整度；从微观方面来讲，界面应该是粗糙的，铺装层与界面应该具有更大的接触面积，即在相同铺装面积的条件下，接触面积越大，在相同条件下粘接和抗剪切能力越强。

根据以上的分析，在设计青岛开发区团结路沥青桥面的薄层加铺时，采用了喷砂工艺处理原有桥面，一方面可以彻底清除原混凝土桥面上的所有一切杂物；另一方面，通过采用菱角砂进行喷砂处理桥面，桥面的粗糙度将会得到较大程度的改善。

在黏结材料方面，不同的黏结材料具有不同的粘接强度的形成机理。粘接力通常包括三个方面的力：机械结合力、分子间力和化学键力。对于不同的桥面黏结剂类型，三种作用力的贡献大小是不同的。如常用的乳化沥青和改性乳化沥青，则主要是靠分子间力来形成结合力，而溶剂型黏结剂和热沥青则主要是机械嵌合力形成强度。在设计中选用了青岛市政设计研究院在长期的桥面铺装研究中得出的具有较好粘接强度的溶剂型改性沥青黏结剂。

溶剂型黏结剂的特性：当黏度较低的溶剂型黏结剂喷涂到处理后的水泥混凝土桥面上时，溶剂型黏结剂迅速渗透到水泥混凝土表层2～5mm深度范围的微孔中并完成固化，形成了水泥混凝土相互贯穿的致密结构，从而实现了溶剂型黏结剂与水泥混凝土基层之间的有效粘接并同时起到了良好的防水作用；由于溶剂型黏结剂属高分子热塑性材料，与同为高分子材料的道路沥青有着良好的相似相容性，当施工沥青混凝土时，在热拌沥青混合料的热作用和碾压作用下，溶剂型黏结剂膜部分熔化与热拌混合料融为一体。随着温度逐渐降低，溶剂型黏结剂与沥青混凝土一道发生了第二次固化，从而实现了溶剂型黏结剂与沥青铺装层之间的有效粘接。其物理学性能及技术参数见表10。

表10　溶剂型改性沥青黏结剂物理学性能及技术参数

序号	检测项目	技术参数
1	外观	黑色或褐色液态
2	密度/(kg/L)	0.95
3	固含量/%	≥45
4	闪点/℃	≥26
5	黏度（涂4黏度计）/s	≤15

续表

序号	检测项目		技术参数
6	指干时间（20℃）/h		≤30
7	固化时间（20℃）/h		≤30
8	附着力/MPa	20℃	≥1.0
		40℃	≥0.6
9	渗水系数/(mL/s)		≤1.0×10⁻⁸
10	柔韧性		不大于1级
11	铺装沥青混凝土后的黏结强度/MPa	20℃	≥1.0
		40℃	≥0.6
12	铺装沥青混凝土后的剪切强度/MPa	20℃	≥0.8
		40℃	≥0.4

溶剂型改性沥青黏结剂的施工工艺：本材料为单组分黏度较低的液态物质，施工时，将其倒入适当大小的容器中，轻微搅拌 3～5min。施工方法可分为两种：两遍喷涂，GS溶剂型黏结剂喷涂用量为 0.4～0.7kg/m²。若基面不平，可选择偏大涂布量：① 人工涂布：由操作人员用滚筒将其均匀涂布于工作面；② 机器喷涂：由操作人员手持喷枪，将喷枪后部的弯管直接从原料桶中吸取溶剂型黏结剂，喷枪口喷出雾状的溶剂型黏结剂，均匀覆盖在工作面。在遍喷涂 1h 之后进行第二遍喷涂。待溶剂型黏结剂涂膜完全干燥后，即可进行下道工序。溶剂型改性沥青黏结剂的施工验收标准按 JTG F80－1—2004《公路工程质量检验评定标准 第一册 土建工程》执行。

3 桥面薄层加铺的结构

根据上述的薄层桥面铺装需要解决的技术难题，提出了如下的桥面铺装结构方案，见图1。

在原有混凝土桥面喷砂处理以后，洒布溶剂型黏结

图1 桥面薄层加铺结构

剂，然后施工 3～6mm 的橡胶沥青砂胶，最后再铺筑 3.5cm 改性沥青 SMA10。改性沥青 SMA10 的配合比及施工工艺严格按照 SHC F40－01—2002《公路沥青玛蹄脂碎石路面技术指南》及 JTG F40—2004《公路沥青路面施工技术规范》执行。验收标准按 JTG F80－1—2004《公路工程质量检验评定标准》第一册《土建工程》执行。

在加铺段需要采取一定的技术处理措施以延缓反射裂缝的出现。故在设计中，桥面橡胶沥青砂胶层上设置一层自粘式玻纤格栅。

4 特殊部位的处理措施

青岛开发区团结路跨青兰高速立交桥薄层桥面铺装需要特殊处理的内容有：①桥面连续处的处理；②对边缘排水的处理。

4.1 桥面连续部位的处理

青岛团结路薄层加铺段的桥跨结构全是跨径为 20～30m 的简支梁桥，每 4～5 跨一联，全被做成了桥面连续的形式，现场调查结果表明，几乎每一桥面连续处都形成了两条不规则的裂缝，并且在有些裂缝处出现了啃边破坏，这种破坏现象与西部交通科技项目"桥面铺装材料与技术研究"沿海地区的桥面铺装调查结果完全一致。由桥面连续处铺装层的受力特点可以知道，在桥面连续部位，产生裂缝是很难避免的，产生的裂缝通过桥面铺装来解决也是不可能的。但是在桥面加铺时，对产生的裂缝必须加以认真处理，否则将对沥青铺装产生影响，对此，提出了如下的解决方案，见图2。

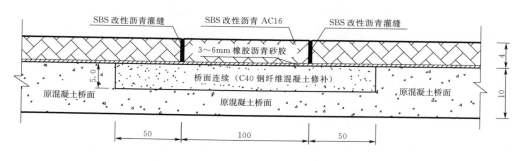

图2 桥面连续处的处理

首先清除发生破坏的桥面连续处的原混凝土铺装，深度应不小于 5cm，宽度为 2m，即桥面连续处影响范围。然后浇筑 40 号钢纤维混凝土，待强度形成以后，然后再按照正常段落的桥面铺装施工，为避免以后再发生桥面连续处的损坏，沥青混凝土施工完毕以后，沿原断裂处锯成一条规则的缝，最后再用 SBS 改性沥青进行灌缝即可。其中，SBS 改性沥青 AC16 的配合比及施工工艺严格按照 JTG F40—2004《公路沥青路面施工技术规范》执行。验收标准按 JTG F80－1—2004《公路工程质量检验评定标准　第一册　土建工程》执行。

4.2　边缘排水的处理

对于桥面铺装，边缘排水问题必须引起足够的重视。在团结路立交桥的桥面铺装更是如此：因为沥青铺装层很薄，水的下渗滞留将引起层间抗剪切能力的降低。对此提出了如下的边缘排水方案，见图 3。

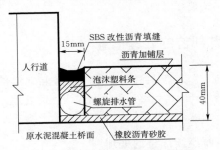

图 3　桥面薄层加铺的边缘排水处理

在桥面铺装的外缘，设置纵向的螺旋排水管，其上填充 1cm 左右的泡沫塑料条，以防止 SBS 改性沥青填缝时堵塞排水管，排水管在桥梁的泄水口的位置，应伸入 15～20cm，以利于雨水的排除。

5　结语

薄层沥青桥面铺装涉及的技术问题较多，其中界面的抗剪切能力与层间粘接问题，结合界面的处理问题和桥面铺装的防水排水问题是必须解决的关键技术问题，对这些问题的解决将直接影响到薄层桥面铺装的实际使用寿命。本文结合我公司承接的青岛开发区团结路立交桥桥面沥青薄层加铺施工实践，利用沿海地区"桥面铺装材料与技术研究"的科技成果，采用橡胶沥青砂胶技术，对这些技术问题进行了有益的实践探索。

晋红高速公路高液限土路堑边坡稳定性分析及处理

李中飞　张南海/中国水利水电第四工程局有限公司

【摘　要】 高液限土通常含有大量蒙脱石、伊利石、高岭石等黏土成分，具有天然含水量高、强度低、压缩性大、饱和度大、渗透性差、吸水膨胀、失水收缩等特性。新建高速公路边坡在施工过程中容易出现边坡失稳等病害，有的即使经过处理也很难稳定。本文结合云南晋红高速公路高液限路基边坡防护工程，对高液限土质进行分析，并对高液限土边坡的开挖及防护措施进行了论述。

【关键词】 晋红高速　高液限土　分析　处理

1　工程简述

随着高速公路在西南地区的迅速发展，路堑的修筑遇到很多复杂的工程问题，其中高液限土边坡的病害是亟待解决的技术难题。高液限土种类多、分布广、成因复杂，主要包括软土、膨胀土、红黏土等，具有天然含水量高、强度低、压缩性大、饱和度大、渗透性差、吸水膨胀、失水收缩等特性。许多新建公路边坡在施工过程中会出现各种病害，有的边坡边开挖边溜滑，有的边坡经常规处理后仍很难稳定。

云南省晋红高速公路四标段光山 4 号隧道出口 K33+265～K33+490 段右侧深挖路堑边坡采用支挡加固措施，本段地处构造剥蚀低中山地貌，地形总体较浑圆开阔，以高中山丘地貌为主，受玉溪断陷盆地及岩层风化作用影响，局部岩体破碎，完整性差，为古、新近系地层，地层中含泥炭、褐煤和软土等特殊岩土，埋深较大，同时大部分为高液限土，具有弱膨胀性。为了保证该段深挖路堑边坡稳定，防止路堑坡面或整体失稳，需要对路堑边坡进行前期稳定性分析，并对不稳定的边坡采取合理的处理措施。

2　高液限土物理特性分析

（1）地质构造及地层岩性。高液限土是一种细粒土，同时具备两个分类特性：①小于 0.074mm 的颗粒含量大于 50%；②液限大于 50% 以上。当液限大于 50%，统称为高液限土。

经地表工程地质测绘及钻探揭露：主要分布在 N_2（上新统）地层中部，黏土，可塑状—硬塑状，以鸡窝状或层状分布于该地层中，厚度不均匀，具有孔隙比大、压缩性高、承载力低的工程特性。根据试验数据显示，阳离子交换量 CEC（NH^{4+}）位于 135.2～231.1mmol/kg 之间、蒙脱石含量位于 7.95%～17.39% 之间、自由膨胀率位于 41%～79% 之间，该段黏土层均具有膨胀性，膨胀土地层具有遇水软化、膨胀、强度降低，失水收缩、开裂、干硬等特征。

（2）地形地貌（图 1、图 2）。

图 1　清表后的高液线土地貌

图2 开挖过程中的高液线边坡

3 高液限边坡稳定性计算及支护措施

（1）根据JTJ 064—98《公路工程地质规范》中的有关技术要求，详细勘察了沿线路堑边坡工程地质情况：该路段开挖形成 2.80～52.2m 高的人工岩土质边坡，土质及强风化基岩直立切坡，易垮塌，建议放坡开挖。中风化基岩边坡为顺向坡，受裂隙及岩层产状的影响，不利于边坡稳定，直立开挖，易产生顺层滑坡。建议边坡处理如下：土层按 1∶1～1∶1.5（高宽比），强风化基岩按 1∶0.75（高宽比），弱风化基岩沿层面放坡按 1∶0.75（高宽比），弱风化基岩沿层面放坡按 1∶0.75（高宽比）分 2～3 台阶放坡，并对坡面进行防风化护坡处理。

（2）选取晋红高速公路路堑边坡高度为 4～26m，根据 FLAC 原理，选取高液限土的计算参数，验算坡度分别取 1∶0.75、1∶1、1∶1.25、1∶1.5、1∶1.75、1∶2，在最不利的暴雨情况下，水位线置于地面线以下2m 处，按照上述方法建模，依次可得到一定坡度下不同坡高边坡所对应的安全系数，以及计算得到不同坡高，不同坡度边坡的安全系数（表1）。

表1 路堑不同坡度、坡高边坡所对应安全系数

坡高 \ 坡度	1∶0.75	1∶1	1∶1.25	1∶1.5	1∶1.75	1∶2
6	1.38	1.79	1.82	2.00	2.06	2.16
8	0.91	1.21	1.38	1.53	1.65	1.72
10	0.93	1.17	1.24	1.35	1.44	1.52
12	0.79	0.91	1.12	1.10	1.27	1.32
14	0.71	0.87	0.97	1.04	1.11	1.20
16	0.65	0.76	0.90	0.97	1.04	1.13
18	0.63	0.69	0.83	0.92	0.96	1.03
20	0.5	0.63	0.76	0.84	0.88	0.95
22	0.43	0.58	0.71	0.77	0.86	0.89
24	0.41	0.54	0.65	0.71	0.79	0.84

根据表格计算可以看出：坡度一定时，边坡的安全系数随着坡高的增加指数逐级减小。

根据 JTG D30—2004《公路路基设计规范》规定：对于高速公路或一级公路路堑边坡，处于暴雨或连续暴雨工况时，安全系数规定为：对于高速公路或一级公路路堑边坡，处于暴雨或连续暴雨工况时，安全系数为1.1～1.2，边坡稳定。因此，可得到一定坡度下边坡的临界高度，见表2。

表2 路堑边坡坡度与临界高度及安全系数对应表

坡度	1∶0.75	1∶1	1∶1.25	1∶1.5	1∶1.75	1∶2
坡高	8	10	12	14	16	18
安全系数	1.12	1.17	1.12	1.10	1.11	1.13

根据晋红高速公路的地质条件和高液限土路堑边坡的设计要求，拟采用 C20 现浇混凝土拱形格防护＋锚杆＋树形盲沟及防水土工布处治。

4 高液限边坡土体失稳的原因分析

（1）高液限土吸水引起土体抗剪强度降低。雨水渗入土体，水分逐渐积累，土体渐渐饱和，土体内孔隙气压减小，孔隙水压力增大，基质吸力减小，水分在土粒表面形成润滑剂，其内摩擦角、内摩擦力减小，高液限土的抗剪强度降低。

（2）高液限边坡不同地质条件引起坡体内应力变化。高液限土中的不同矿物成分、不同厚度、不同接触关系及坡体变形失稳引起坡体局部应力的变化，对边坡造成不利影响。

（3）坡体自重增加及坡脚强度降低。高液限边坡吸水，引起坡体自重增加，含水量高，强度较低，坡脚附近积水潮湿，引起坡脚强度不足，导致坡脚变形过大失稳。

（4）开挖导致的应力变化。开挖边坡属于卸荷的力学行为，卸荷将引起路堑边坡位移场和应力场的改变，在坡脚边缘形成坡内边缘拉应力、坡中部最大压应力、坡脚剪应力三大应力集中带，导致最大主应力和剪应力增加，在一定的诱发因素下演化为坍塌或滑坡。

在这些影响因素中，土体结构及土质特性是边坡是否产生变形的决定性因素，其他几方面均为外因。外因均可通过人为的力量进行预防、减弱甚至消除。所以，高液限土路堑边坡防护要遵循高液限土的固有特性，主动防护，在最大限度上减弱外因对其的影响，达到加固边坡的目的。

5 施工方案

高液限边坡防护防治必须坚持"先发制坡、以防为主"的原则，根据高液限土的类别及挖方深度不同，考虑边坡的防治措施。边坡防护根据路基施工进度，依次展开，开挖一级、防护加固一级，逐级开挖，逐级防护。施工开挖过程中随时进行地质核查，对边坡稳（滑坡）定性进行施工监测。

K33+265～K33+490 段深挖路堑边坡为四级边坡，第1级边坡坡面高度为15m，采用C20现浇混凝土拱形格防护；第2级边坡坡面高度为14.5m，采用C20现浇混凝土拱形格防护；第3级边坡坡面高度为13.7m，采用C20现浇混凝土拱形格防护；第4级边坡坡面高度为10m，采用M7.5浆砌片石拱形护坡防护，其边坡坡面总高度为53.2m，边坡防护下面进行高液限边坡处治为主沟 0.6m×0.8m，支沟 0.3m×0.4m 的碎石盲沟，碎石盲沟上铺一层防渗土工布，在防渗土工布上进行C20现浇混凝土或浆砌拱形防护，现浇混凝土拱形防护通过锚杆将坡面防护与坡面形成整体。

5.1 主要施工工序

（1）开挖前，先修好坡顶排水沟。

（2）严格测定和掌控边坡的开挖（定位和坡率），台阶分级法逐级开挖。

（3）每开挖至一级台阶后，及时复测、修整，及时施工碎石盲沟＋防渗土工布及锚杆＋混凝土防护。

（4）边坡在开挖中和防护过程中，随时以防渗土工布覆盖，防雨水冲刷。

（5）提前、充分做好机具和器材的准备。

（6）一旦开始防护施工，必须组织足够的劳力，整个一级的坡面全面施作，供料和运料紧紧跟上（从山下往山上搬运，采用机械）。

（7）锚杆施工可在刷边坡及挖碎石盲沟的同时，先进行打眼，眼孔深度可留有适当调整锚杆的余地。

（8）锚孔每打完一眼，随即插入锚杆，待确认边坡无误之后，进行注浆及拱形格防护施工。

5.2 施工步骤

5.2.1 边坡开挖

选择合理的边坡开挖方式是保证开挖质量的关键，该施工段采用台阶分级法，加宽各级平台的宽度，把高边坡降低为矮边坡的组合形式，这样不仅减轻了土体对坡脚的压力，而且减弱了地面水对坡面的冲蚀，同时平台对坡脚有一定的支撑作用。

采用机械配合人工开挖，要求严格按照从上至下的顺序逐级开挖，待上级边坡锚固工程全部实施并起到加固作用后，方可进行下级边坡的开挖，逐级开挖逐级加固，直至全部防护工程结束。在开挖过程中，根据边桩位置，预留 0.2～0.3m 的保护层，以利于人工修坡，施工时逐层控制，每10m长边坡范围插杆进行人工修刷。

5.2.2 边坡防护施工

每开挖完一层边坡，测量放线，用白灰将碎石盲沟主沟及支沟的设计边线撒出，采用小型挖掘机进行碎石盲沟的开挖，然后进行碎石盲沟的施工，碎石盲沟施工完成后覆盖防渗土工布再进行锚杆及现浇混凝土的施工。

锚杆施工工艺流程为：确定孔位→钻机就位→调整角度→钻孔→清孔→安装锚杆→注浆。

5.2.2.1 锚杆施工方法

（1）锚杆孔测量放线。在锚杆施工范围内，起止点用仪器设置固定桩，中间视条件加密，在施工阶段不得损坏。其他孔位以固定桩为准，钢尺丈量，全段统一放样，孔位误差不得超过±50mm。测定的孔位点，埋设半永久性标志，严禁边施工边放样。

具体长度可根据实际边坡高度确定，但锚杆的位置须按等分坡面的长度进行放样，其间距可适当调整。如遇既有坡面不平顺或特殊困难场地时，在确保坡体稳定和结构安全的前提下，适当放宽定位精度或调整锚孔定位。

（2）钻孔设备。根据锚固地层的类别、锚杆孔径、锚杆深度以及施工场地条件等来选择钻孔设备。岩层中采用 MG－50 锚杆钻机钻孔成孔；在岩层破碎或松软饱水等易于塌缩孔和卡钻埋钻的地层中采用跟管钻进技术。

（3）钻机就位。利用 ϕ48mm 脚手架杆搭设平台，平台用锚杆与坡面固定，钻机用三脚支架提升到平台上。锚杆孔钻进施工，搭设满足相应承载能力和稳固条件的脚手架，根据坡面测放孔位，准确安装固定钻机，并严格认真进行机位调整，确保锚杆孔开钻就位纵横误差不得超过±50mm，高程误差不得超过±100mm，钻孔倾角和方向符合设计要求，倾角允许误差位±1.0°，方位允许误差±2.0°。锚杆与水平面的交角不大于45°，设计为10°～20°之间。钻机安装要求水平、稳固，施钻过程中随时检查。

（4）钻进方式。钻孔要求干钻，禁止采用水钻，以确保锚杆施工不至于恶化边坡岩体的工程地质条件和保证孔壁的黏结性能。钻孔速度根据使用钻机性能和锚固地层严格控制，防止钻孔扭曲和变径，造成下锚困难或其他意外事故。

（5）钻进过程。钻进过程中对每个孔的地层变化，钻进状态（钻压、钻速）、地下水及一些特殊情况做好现场施工记录。如遇塌孔缩孔等不良钻进现象时，须立即停钻，及时进行固壁灌浆处理（灌浆压力 0.1～0.2MPa），待水泥砂浆初凝后，重新扫孔钻进。

（6）孔径孔深。钻孔孔径、孔深要求不得小于设计值，孔口偏差不大于±50mm，孔深允许偏差为＋200mm。为确保锚杆孔直径，要求实际使用钻头直径不得小于设计孔径。为确保锚杆孔深度，要求实际钻孔深度大于设计深度 0.2m 以上。

（7）锚孔孔清理。钻进达到设计深度后，不能立即停钻，要求稳钻 1～2min。钻孔孔壁不得有沉渣及水体黏滞，必须清理干净，在钻孔完成后，使用高压空气（风压 0.2～0.4MPa）将孔内岩粉及水体全部清除出孔外，以免降低水泥砂浆与孔壁岩土体的黏结强度。除相对坚硬完整之岩体锚固外，不得采用高压水冲洗。若遇锚孔中有承压水流出，待水压、水量变小后方可下安锚筋与注浆，必要时在周围适当部位设置排水孔处理。如果设计要求处理锚孔内部积聚水体，一般采用灌浆封堵二次钻进等方法处理。

（8）锚杆孔检验。锚杆孔钻孔结束后，要求验孔过程中钻头平顺推进，不产生冲击或抖动，钻具验送长度满足设计锚杆孔深度，退钻要求顺畅，用高压风吹验不存明显飞溅尘渣及水体现象。同时要求复查锚孔孔位、倾角和方位，全部锚孔施工分项工作合格后，即可认为锚孔钻孔检验合格。

（9）锚杆体制作及安装。锚杆杆体采用 φ25 螺纹钢筋，沿锚杆轴线方向每隔 2.0m 设置一组钢筋定位支架，保证锚杆的保护层厚度达到设计要求。锚筋尾端防腐采用刷漆、涂油等防腐措施处理。锚杆端头与拱形格钢筋焊接，如与拱形格钢筋相干扰，可局部调整钢筋间距，竖、横主筋交叉点必须焊接牢固。

安装前，要确保每根钢筋顺直，除锈、除油污，安装锚杆体前再次认真核对锚孔编号，确认无误后再用高压风吹孔，人工缓慢将锚杆体放入孔内，用钢尺量测孔外露出的锚杆长度，计算孔内锚杆长度（误差控制在 ±50mm 范围内），确保锚固长度。

制作完成的锚杆经监理工程师检验确认后，及时存放在通风、干燥之处，严禁日晒雨淋。锚杆在运输过程中，防止钢筋弯折、定位器的松动。

（10）锚固注浆。常压注浆作业从孔底开始，实际注浆量一般要大于理论的注浆量，或以孔口不再排气且孔口浆液溢出浓浆作为注浆结束的标准。如一次注不满或注浆后产生沉降，要补充注浆，直至注满为止。注浆压力为 0.2～0.4MPa，注浆量不得少于计算量，压力注浆时充盈系数为 1.1～1.3。注浆材料宜选用水灰比 0.45～0.5、灰砂比为 1：1 的 M30 水泥砂浆。注浆压力、注浆数量和注浆时间根据锚固体的体积及锚固地层情况确定。注浆结束后，将注浆管、注浆枪和注浆套管清洗干净，同时做好注浆记录。

锚杆抗拔力试验：为确保锚杆具有可靠的锚固力，要求在现场条件下对每段坡面不小于 3 根锚杆做严格的抗拔力试验，试验数据必须同原设计相比较，如试验结果与原设计结果有较大差异时，由设计方调整锚杆锚固参数。

5.2.2.2 C20 现浇混凝土拱形格施工

（1）施工准备。施工现场"三通一平"工作要完成，进入工作面等施工辅道已经修建完毕；各钢筋、砂石材料已经试验抽检合格；各施工机具已进场并满足施工生产要求；各作业人员已进场并进行技术交底培训；根据工程需要及工程划分，技术人员、管理人员及其他人员均已到位。

（2）测量放样。各开挖后断面的复测工作已经完成，开挖坡体在人工修整其坡比等达到要求，然后测放出拱形格的位置及施作起始范围。

（3）钢筋绑扎。

1）在施工安置框架钢筋之前，先清除拱形格基础底浮渣，保证基础密实，并在底部铺一层 1：3 水泥砂浆垫层。

2）在坡面上打短钢筋锚钉，准备好与混凝土保护层厚度一致的砂浆垫块。

3）绑扎钢筋，用砂浆垫块垫起，与坡面保持一定的距离，并和短钢筋锚钉连接牢固。

（4）立模板。

1）模板采用木板或竹胶板按设计尺寸进行拼装。模板线型在曲线段时每 5m 放一控制点挂线施工，保证线形顺畅，符合施工要求。

2）立模前首先检查钢筋骨架施工质量，并做好记录，然后立模板。

3）模板表面刷脱模剂，模板接装要平整、严实、净空尺寸准确，设合设计要求并美观。

4）用脚手架钢杆支撑固定模板，模板底部要与基础紧密接触，以防跑浆、胀模。

5）检查立模质量，并做好原始质检记录。

（5）混凝土浇筑。

1）浇筑前检查框架的截面尺寸，要严格检查钢筋数量及布置情况。

2）拱形格主筋的保护层一定要满足设计要求，最小不能少于 50mm，主筋的净保护层不小于 40mm。

3）钢筋宜制成整体长骨架，其制作、搭接、安装要符合设计及技术规范要求。

4）浇筑框架混凝土必须连续作业，边浇筑边振捣。浇筑过程中如有混凝土滑动迹象可采取速凝、早强混凝土或用盖模压住。各竖梁混凝土不间断浇筑，若因故中断浇筑，其接缝按通常方式处理。

5）锚杆拱形格的施工是锚杆与混凝土拱形格两项工程密切配合的过程。锚杆和拱形格的相对位置比二者的绝对位置更重要，必须精确测量，准确定位。

6）浇筑框架混凝土时，分别从下而上在三个部位制取混凝土试件各一组，进行试验。

5.2.3 植生袋施工

在拱形格内采用植生袋生物加固措施，降低高液限土坡体孔隙水压力，控制坡体表面土粒流失。

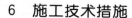

6 施工技术措施

（1）严格按照台阶分级开挖，减小土体对坡脚的压力，而且减弱了地面水对坡面的冲蚀，同时平台对坡脚有一定的支撑作用，保证边坡开挖过程的稳定。

（2）水是高液限边坡的天敌，对地表水、地下水均要处理。采用碎石盲沟排除地下水，采用防渗土工布隔水措施可提高高液限土的遇水稳定性。

（3）采用锚杆＋拱形格防护，使得边坡防护工程与边坡形成一个整体，保证边坡的整体稳定。

（4）采用植生袋生物加固措施，减轻高液限土坡面的不稳定性和侵蚀，具有深根锚固、浅根加固的作用，可降低高液限土坡体孔隙水压力，控制坡体表面土粒流失，保证边坡的稳定。

7 施工过程混凝土观测桩监测数据分析

按照《公路路基施工技术规范》施工开挖过程中随时进行地质核查，采用混凝土桩作为观测桩对边坡稳（滑坡）定性进行施工监测。针对该段位移桩监测数据，边坡变形及位移量在允许范围内，能够满足边坡施工安全。

8 结束语

通过对晋宁至红塔区高速公路高液限土路堑边坡稳定性的分析，采取了"拦截、疏干、引排"等处理措施，保证了开挖及防护过程中的边坡稳定，既能有效地排水，又能降低工程造价。通过该方案的实施，可为今后类似工程提供值得借鉴的施工经验。

施工企业项目管理信息化系统建设探讨

周祥林/中国电力建设股份有限公司总部

【摘　要】 项目是施工企业利润的来源，生存的根本，企业业务范围纵向不断延伸，横向拓展，项目的体量和数量不断增加的同时，也意味着风险的增加。一个项目管理失控，就有可能拖垮一个企业，因此在新的形势下，如何管住、管好项目是施工企业急需解决的难题，靠传统的人工统计、检查等手段已经难以适应企业的发展，在信息化技术成熟的今天，依靠信息化手段提升项目管理水平是目前最佳选择。

【关键词】 施工企业　项目管理　信息化

随着施工企业业务范围的扩展，市场环境的要求以及企业发展战略的定位，对以项目为生存根本的施工企业，需要不断创新项目管理模式，与时俱进，不断完善和创新项目管理手段。施工企业的项目现在呈现点多面广，战线长的特点，如何管住、管好这么多项目，对企业来说是一个急需解决的难题，毕竟项目管理人员有限，不可能每个项目都去现场深入了解项目中存在的问题。通过不断探索，结合社会发展形势，在信息化、数字化技术飞速发展的时代，信息化技术的发展为施工企业项目管理水平提升提供了基础，管理信息化是提升项目管理水平的最佳手段。

1 项目管理信息化系统建设的原则

项目管理信息化系统建设，应遵循"管用、适用、易用"的原则。

（1）管用是指通过信息化系统实现对项目的全过程管理，串联各管理要素，规范项目管理，提高效率，控制风险。首先要做好顶层设计，信息化系统建设要以理顺管理体系为基础，要依法合规，减少非结构化的数据远程传输，做好架构体系设计；其次要清晰定位项目管理信息化系统的管理边界和管理对象，区分企业本部、项目部对项目管理上的不同需求，管理对象不同，管理的颗粒度粗细也相应不一。

（2）适用是指项目管理信息化系统是企业管理制度的体现和固化，通过信息化系统做到管理制度化、制度表单化、表单信息化。项目管理是一个系统性工程，涉及专业和部门较多，信息化系统不能碎片化，应将各部门业务需求进行整合，共性中有个性。因此系统建设需要各相关部门参与，各司其职，业务部门提供管理需求，信息化部门根据需求搭建系统平台，项目部实际操作运行，确保系统满足项目管理的真实需求。

（3）易用是指系统要做到简单易用，系统的成败与否取决于基层人员的实际使用体验，一个成功的系统应该是减少原有工作量，体现出效率提升，从而吸引住使用者的兴趣。因此从基础数据做起，做到"一次输入、多次使用，按权共享"，通过数据贯通，打通管理链条。

2 项目管理信息化系统建设的目标

目前，国家有关部委在项目管理上的法律法规基本健全，企业内部关于规范项目管理的规章制度也较完善，基本覆盖了重要的项目管理要素；但问题还是时有发生，一些重大问题的背后深层次原因就是管理制度没有落地生根，尤其是在项目部层面执行起来就打了折扣，操作不规范，制度约束力层层衰减，项目管理信息化系统的根本目的就是要通过信息化手段把企业管理制度进行固化，融合到项目的日常管理中，通过制度的固化确保管理上轨道。信息化系统的建设是企业管理标准化的过程，通过项目管理信息化系统，将企业管理制度和流程标准化、信息化，更加切合实际，更具有可操作性，提高制度的执行力，按制度办事，规范企业管理。

通过项目管理信息化系统，加强项目履约的过程管控，对项目从中标—策划—履约—竣工实现全过程、全生命周期的管理，将项目管理要素串联起来，打通管理环节。项目管理人员通过系统就能全面掌握项目履约状况，管理效率更高也更加透明，从而实现项目价值的最大化。比如分包管理，从策划—招标—履约—结算支付等一环扣一环，分包商履约情况，结算进度、支付进度一目了然。

项目管理信息化系统可以实现预警及风险管控的目标。项目在实施过程中，一些问题在前期并没有充分暴露，致使风险不断累积，最终导致小问题变成大问题致使项目管理失控。项目管理信息化系统可以设置预警线，及早暴露风险，发现问题，将风险控制在可控范围内。例如，在分包管理方面，结算时设置预警线，结算快到合同额 80% 的时候就开始预警、提示，超合同额就不能办理结算，避免超支超结现象。出现亏损的项目，项目管理信息化系统可以定期汇总情况，并提交给企业决策层，作为决策依据。

项目管理信息化的一个重要作用，就是管理过程留痕，将企业原有审批流程由线下转到线上流转，提升效率的同时做到管理实时留痕，避免暗箱操作、事后补录等违规违纪现象的发生，也可作为企业信息公开，建设阳光企业的重要手段。

3 项目管理信息化系统建设内容

由于项目管理的复杂性，管理要素多，在系统建设初期应坚持抓大放小，分步实施，首先要对关键要素进行管控，以经营为主线，以合同为核心，满足最基本需求；例如，合同管理、成本管理、资金管理、分包管理、进度管理、材料管理、质量管理、安健环管理等。

3.1 合同管理

合同管理主要是实现与业主的合同管理，主要功能应包括合同签订前的会签、评审工作；合同台账的管理，登记所有合同信息、合同清单信息、里程碑节点目标；登记合同清单，作为合同变更、分包的基础，合同清单从工程量清单库选择，登记跟踪所有合同变更、索赔信息；对合同的预付款、保留金、扣款及进度款的结算支付进行管理等。

3.2 进度管理

进度管理是工期的分级计划管控、预警管理，主要功能应包括分级进度计划编制，依据 WBS 完成详细进度计划的编制，并对应工程量清单，通过对应合同工程量清单，实现进度成本关联；编制年、月、周等期间生产计划，并按期填报实际工程量，完成百分比，采集工程照片，实现进度检查，计划与实际对比；形成预警及

差异分析，根据预警及差异报告，调整总体计划。

3.3 成本管理

成本管理以工程量清单为基础，主要功能应包括设置成本科目及科目明细；通过概预算实现成本科目的概算预算成本，同时形成概预算工程量、材料量，依据概预算建立项目目标成本，生成年、月等期间目标，通过期间计划加载的工程量数据，形成期间成本目标；按成本科目从分包管理、材料管理、机械设备管理中采集实际资源消耗、分包结算费用，其他费用无法自动采集的手工录入；成本计划与实际对比分析，形成预警和差异。

3.4 分包管理

分包管理是指与分包商的分包一体化管理，主要功能应包括分包策划，段划分、工程量清单，以及拟分包时间；标段与工程量清单对应；按分包策划进行分包立项审批，实现分包招标流程管理；完成合同签订前的线上评审工作，登记所有分包合同信息及合同清单信息；实现分包合同结算、支付合同扣款管理，设置预警线，严禁超支超结现象；建立分包商的准入、跟踪、评价机制。

3.5 材料管理

材料管理是对材料的项目采购、仓储管理，主要功能应包括材料编码管理，建立材料统一编码体系；根据材料预算与 WBS 的对应，生成主要材料的需求计划，辅材可直接上报需求计划；汇总材料需求计划，编制项目采购计划，登记所有采购合同及合同材料清单并作为入库的依据；材料入库登记以及材料发票的入账处理，先进行材料入库，发票到后进行入账处理；领料出库管理；包括分包商的领用、内部队伍的材料领用，实时查看材料当前库存，设置库存最大值，当超出时发出预警，核算领用成本，与财务对账一致。

3.6 资金管理

资金管理是对合同收款、资金支付进行管理，主要功能应包括实现资金计划的申请及资金平衡。资金收入主要指业主的合同结算付款，支出是指项目的人、材、机费用支出，实现对资金收支两条线的管理，掌握项目资金动态。

3.7 质量管理

项目质量管理要实现质量的 PDCA 循环，主要功能应包括质量计划的编制，根据验收标准编制质量计划，设定检查点；根据检查类型进行质量检查；根据质量检查结果、问题分类编制质量问题整改单，整改后验收，形成闭环。

3.8 安全、职业健康和环境保护管理（HSE）

项目 HSE 管理以危险源辨识清单为基础，实现 HSE 的 PDCA 循环，主要功能应包括辨识项目危险源，区分高风险作业、一般风险作业；建立项目应急预案库，对应 WBS，形成危险源控制计划；根据检查类型进行 HSE 检查并整改闭环，部分问题整改前后应具备拍照对比功能；进行事故登记、分析；实现对 HSE 相关台账的登记，包括培训台账、特种作业人员台账、危险品登记等。

4 结论

项目管理信息化系统是一个永远在路上的工程，没有终点，系统建设同样应该是逐步完善、推广的过程；一个新的管理手段需要不断检验、修正，逐步完善。项目管理信息化系统开始应用阶段，应做到抓大放小，先从管理关键要素抓起，抓住项目管理中的经营、合同两个主线，例如，进度、质量、成本、安全等，待系统成熟，使用者适应后，再根据需要添加功能，对系统的推广应用可起到事半功倍的效果。

当今社会已发展到数字化、大数据的时代，信息技术应用更是企业转型升级面向未来发展的重要手段。企业不能把项目管理信息化仅仅当成项目管理的一个工具，要将其作为企业核心竞争力去对待。通过项目管理信息化系统建设，在大数据积累、最佳案例实践的基础上，逐步实现从数据库到知识库再到智库的转变。

新电改政策对电力行业业务影响研究

邱志鹏/中国电力建设集团有限公司

【摘　要】 2015年3月，中共中央、国务院印发了《关于进一步深化电力体制改革的若干意见》（简称"新电改"），后续配套政策也已陆续发布，将对电力行业产生深远影响。本文试图对新电改政策进行解读，分析新电改政策对发电侧、电网环节、售电侧、电力建设企业、电力交易市场和能源互联网等各业务环节的影响，为电力企业下一步判断行业形势、抢抓改革红利、确立新的商业模式和盈利模式提供一个视角和借鉴。

【关键词】 新电改　电力行业　业务　影响

2015年3月，中共中央、国务院印发《关于进一步深化电力体制改革的若干意见》，明确"管住中间、放开两头"和"三放开一推进三强化"的改革思路，要求输配以外的经营性电价放开、售电业务放开、增量配电业务放开、公益性和调节性以外的发供电计划放开，交易平台相对独立。随后，国家发展和改革委员会、国家能源局印发《关于推进输配电价改革的实施意见》《关于推进电力市场建设的实施意见》《关于电力交易机构组建和规范运行的实施意见》《关于有序放开发用电计划的实施意见》《关于推进售电侧改革的实施意见》《关于加强和规范燃煤自备电厂监督管理的指导意见》等配套文件，陆续组建了北京、广州电力交易中心和省级电力交易中心，新电改在全国全面推开。

本轮电改目的是还原能源商品属性，构建有效竞争的市场结构和市场体系，促进市场决定能源价格形成机制，目标是优化我国能源电力发展体系、促进电力行业可持续发展。同时也将改变电力工业的体系及格局。深入理解新电改革精神和政策实质，科学分析新电改对电力行业产业链各环节业务模式的影响，是抢抓改革红利、确立电力企业新的盈利模式的关键。

1　对发电侧的影响

《关于有序放开发用电计划的实施意见》指出，放开发用电计划方面，通过直接交易、电力市场等市场化交易方式逐步放开发用电计划；建立优先购电制度，通过发电机组共同承担、加强需求侧管理、实施有序用电、加强老少边穷地区电力供应保障，来保障优先购电制度的推行；建立优先发电制度，通过留足计划空间、加强电力外送和消纳、统一预测负荷、组织实施替代，

同时实现优先发电可交易四项措施来保障优先发电制度的推行。也就是说，在电力市场化改革初期，发用电计划电量与市场电量并存，即形成所谓的"双轨制"。

发用电计划放开对发电企业来说是一把"双刃剑"，过去发电企业靠单一电网市场就能生存，今后随着售电侧放开，越来越多的发电企业要靠找市场来生存，电力营销由打"固定靶"变为了打"移动靶"，只有那些善于开拓市场且满足优先发电制度的发电企业才能赢得市场并获得可持续发展能力。今后分布式能源、新能源发电企业优先发电，风电、光电、生物质电源优先发电，电网调频调峰电量、"以热定电"电量将加快发展，水电、核电、余热余压余气发电及超低排放燃煤机组等"六类电"拥有一类、二类优先发电权。煤电机组进一步加大差别电量计划力度，高效节能环保机组利用小时数明显高于其他煤电机组。跨省跨区送受电量中的国家计划、地方政府协议电量将逐步增加。

发电企业除投资运营电厂外，可根据自身能力延伸产业链条，进入跨省跨区域输电、新增配电和售电侧领域，实现电力全产业链经营，向发售一体化方向转变。另外，随着我国经济进入新常态，电力相对过剩也将成为常态，今后电力市场竞争将更加激烈，发电企业"打折让利"将成常态。随着新电改不断深入和市场化竞价推广，现有水电还本付息电价、火电标杆电价和计划电量体系将会出现根本性改变。电力市场竞争逐步加剧，发电行业有将出现盈亏分化，优胜劣汰，兼并重组，发电企业合并重组将成为必然。

2　对电网环节的影响

《关于推进输配电价改革的实施意见》要求指出，

输配电价改革的目的是改革和规范电网企业运营模式。电网企业按照政府核定的输配电价收取过网费，不再以上网电价和销售电价价差作为主要收入来源。输配电价改革的核心是以核定独立的输配电价为基础，改变现行电价形成机制，改变电网收入模式，推动发、购电价格通过协商或竞价形成，使电价机制能够有效地发挥作用，充分体现电力商品属性，发挥好市场机制的决定性作用，使资源配置更有效率。

输配电价改革有利于维护电力市场公开、透明，在促进电力直接交易的同时，将直接减少电网公司收益和未来投资能力，电网公司只有管好有效资产，加强成本监控来弥补，才能获得可持续发展。也就是说，输配电价核定高低、对核减部分的分配倾向，将直接关系到发电侧、电网环节、需求侧的利润平衡。同时改革电价交叉补贴的影响，有利于优化电价结构，降低社会用电成本。

3 对售电侧的影响

《关于推进售电侧改革的实施意见》明确，售电侧改革后，电网企业的售电公司、拥有配电网运营权的售电公司、不拥有配电网运营权，不承担保底供电服务的独立售电公司三类售电主体可参与竞争。发电企业、电力建设企业、社会资本、专业化电力服务机构及拥有资本优势的上市公司逐步进入售电领域，有利于形成产业新的一体化发展，包括发电售电一体化经营、建设运营一体化经营等新业态，电力行业产销对接，延伸产业链，有利于形成多种形式的综合能源供应和服务体系。有利于市场主体掌握电力市场第一手信息和客户资料，利用大数据优化发电企业、建设企业及相关服务企业的战略布局，有利于增加用户选择权，改善供电服务，提高用户满意度。当然，以五大发电集团为代表的发电企业除近年来取得一些大用户直供电、热力销售的经验外，总体上缺乏为用户提供综合能源解决方案的能力，缺乏促进新能源消纳发展、服务节能减排等方面的实际经验。部分社会资本进入售电侧，缺少相应的配售电资产、管理平台以及营销、计量、结算等专业人才队伍，需要在今后的改革实践中学习、探索、培育、引入。在目前全国电力市场相对过剩、加剧竞争的新形势下，众多市场参与售电公司有可能出现争夺用户、竞相压价等现象，也可能出现用户违约欠费、用户服务投诉、售电成本增加等市场风险。

4 对电力建设企业的影响

本轮电改以打破电网公司对售电侧垄断为重点，放开售电市场和增量配电网市场，有资本实力的综合电力建设企业可以把握售电侧和增量配网放开机遇积极进入新城镇、工业园区等增量配售电市场，发挥整体优势整合供电、供水、供热、供冷、基础设施建设资源，提供一体化解决方案，打造建设＋销售＋运维的基础设施供应商。对于部分非电力行业的资本及产业公司组建的售电公司和投资的配电网，有资本实力但缺乏专业队伍，电力建设企业可以把握机会，发挥人才队伍和经营网络优势，以创造运营及综合服务能力为重点，积极布局第三外包运维公司。也可把握电改相关的电力运营、维护、检修、试验、技术改造等业务机会，积极扩大参与电力运维市场综合影响力。

5 对电力交易市场的影响

《关于推进电力市场建设的实施意见》及《关于电力交易机构组建和规范运行的实施意见》要求，建立相对独立的电力交易机构，实现开放电网公平接入、加强电力统筹规划和科学监管等电力配套改革的综合举措。有序组建国家和区域、省（自治区、直辖市）交易机构，采取电网企业相对控股、全资、内设机构及会员制形式，设立电力市场管理委员会，有利于提供规范、可靠、高效、优质的电力交易服务，对发电企业影响正面。开放电网公平接入，建立分布式电源发展新机制属于政策利好，有利于落实新能源保障性收购，将减少弃风、弃光、弃水现象，促进新能源、分布式能源、智能微电网的快速发展。今后，政府部门一方面简政放权，放权于地方、企业、市场；另一方面加强规划、监管，推进《中华人民共和国电力法》修订及其他能源法规建设，有利于营造公平公正、规范运行的政策市场环境，促进电力行业的可持续发展。

6 对能源互联网发展的影响

新电改在破除电力市场准入壁垒的同时，也打破了电力市场原有的利益格局，为各方深度利用互联网、发展能源互联网创造了条件。如发电企业可借用互联网技术促进单纯发电业务转变为横向多源互补、纵向源—网—荷—储—用协调的能源互联网时代；电力建设企业可借用互联网技术转变单纯依靠设计建设的生存方式，进入设计、建设及运营一体化综合能源公司发展新阶段；电网企业利用互联网和特高压技术实现跨区域、跨国能源的全球互联网发展。

城市轨道交通 PPP 项目采购阶段法律风险防控研究

杜　娟/中国电建集团铁路建设有限公司

【摘　要】　本文介绍了城市轨道交通 PPP 项目风险分配原则、风险模型和整体合同架构，特别对 PPP 项目在采购阶段法律风险的识别应对进行了详细分析，并结合实际项目案例，对防控在 PPP 项目采购阶段的法律风险提出了建议。

【关键词】　城市轨道交通　PPP 模式　法律风险

1　引言

1.1　城市轨道交通 PPP 项目特点需要重视采购阶段法律风险管控

近年来，PPP 建设模式在我国工程建设、运营领域得到了越来越多的应用和推广。因 PPP 模式扩展了资金渠道，利用社会投资者的资金优势、专业技术和管理经验，提高了市政公用设施的服务效率，良好地发挥了政府在市场经济中的调控和引导职能，在城市轨道交通建设领域更是备受青睐。

城市轨道交通工程建设投资大，施工工艺复杂，施工周期长，周边环境复杂，所需的施工设备繁多，涉及的专业工种与人员众多且相互交叉，工程建设中容易发生各类风险，风险管理作为减少或降低风险的有效手段。特别是在 PPP 项目中，多数工程建设方作为社会资本方，在 PPP 项目采购阶段就参与其中。PPP 项目采购阶段的风险分配、合同架构设计、融资及股权架构等方面一旦出现问题，便会向下传导到工程建设、运营管理等各个环节。因此，在采购阶段应对各类法律风险科学系统的进行辨识、分析与控制，对有效管控 PPP 各阶段风险有着十分重要和积极的意义。

1.2　采购阶段法律风险管控是城市轨道交通 PPP 项目建设的需要

中国电建铁路公司作为电建集团城市轨道交通板块的平台公司，肩负着带动、承载、服务中国电建轨道交通业务发展的职责。如何紧跟国家战略、政策导向，积极适应 PPP 模式变化，发挥融资建造在拓展城市轨道交通市场的引领突破作用，发挥电建集团的整体资源整合优势，把握好商机与风险的平衡，推进企业可持续健康发展，是铁路公司"十三五"时期所肩负的重任。

PPP 建设模式，在给企业参与城市轨道交通建设带来重要商机的同时，另一方面也使企业面临由于 PPP 项目资产周期运营长、社会资本融资能力不足、顶层合同架构设计经验欠缺等风险和问题。在项目实施中，例如：

武汉轨道交通 8 号线一期工程，拟由 BT 建设模式变更为 PPP 建设模式，变更过程中风险如何分担，如何保障公司既得利益不受损害，这些都为项目执行阶段合同变更风险提出了新课题。

哈尔滨地铁 2 号线建设项目，是多方投资的 BOT 合作模式，复杂的合同关系和股权转让金以及项目回购期长的现实，在合作运行中如何进行风险的管控和与收益平衡的控制，确保项目合作各方实现"共赢"，是项目合作各方需面对的且绕不开的难题。

成都地铁 18 号线 PPP 项目，由集团公司投资兴建，特许经营期 26 年。由于该项目为成都市首个地铁 PPP 项目，项目实施过程中市政府也在对内部具体管理权限、操作流程不断进行研究和调整，新发布了 PPP 项目的实施指导细则；且各级政府部门的授权实施机构及具体操作流程不尽相同，如何做好对成都地铁 18 号线 PPP 项目的法律风险控制，确保项目的顺利实施，也是我们需要认真研究的重大课题。

1.3 研究意义

在城市轨道交通 PPP 项目中，风险是项目参与各方最为关注的问题。法律风险作为风险因素中重大的基础风险因素，如果不能系统地识别，科学地定量评估，并采取合理的风险应对措施，不仅会给社会资本造成损失，也会让政府前期的工作功亏一篑。

本文拟通过对 PPP 项目风险分配原则、风险模型和整体合同架构的整体阐述，具体分析城市轨道交通 PPP 项目在采购阶段法律风险，并结合对深圳地铁 7 号线、成都地铁 4 号线、18 号线在项目采购阶段中的法律风险识别与评估以及在采购阶段制定的法律风险应对措施，以期对城市轨道交通 PPP 项目在采购阶段的法律风险防控起到借鉴作用。

2 PPP 项目风险分配原则、模型和合同体系架构

2.1 PPP 项目风险分配原则及分析

要掌控 PPP 项目的法律风险，首先要对 PPP 项目合同风险分配目的原则有所了解。PPP 项目合同风险分配的目的就是要在参与方和项目公司之间合理分配风险，明确合同当事人之间的权利义务关系，以确保 PPP 项目顺利实施。在设置 PPP 项目合同条款时，要始终遵循上述目的，并坚持风险分配的下列基本原则：

（1）承担风险的一方应该对该风险具有控制力。

（2）承担风险的一方能够将该风险合理转移（例如通过购买相应保险等）。

（3）承担风险的一方通过控制该风险可获得更大的经济利益。

（4）承担风险方因自身技术或管理优势更具有控制该风险的效率。

（5）如果风险最终发生，承担风险的一方不应将由此产生的费用和损失转移给合同相对方。

为了使城市轨道交通 PPP 建设工程项目风险分担更为有效，多数研究学者采用风险分担的一些原则进行风险分配，通过这些原则来反映风险分担时所考虑的风险主要因素。究竟如何分担城市轨道交通 PPP 建设工程项目风险才更为合理，目前业界尚无统一的定论；在实践中，合同风险分担通常采用灵活有效的分担策略，以适应具体项目的要求。归根结底风险分担应按照"效率和公平"这两个维度为根本的出发点。

2.2 PPP 项目风险分配模型构建

通过以上分析，城市轨道交通 PPP 建设模式风险分担的原则可以按照能力、来源、惯例、意愿、损益分为五类，对这五类风险进一步细化，归纳出影响风险分担效果的 10 个风险因素：①工程项目的惯例；②承担者对风险的控制能力；③风险的可控程度；④承担者的参与深度；⑤风险来源；⑥承担风险强的意愿；⑦承担者应对风险的成本；⑧承担者承担风险的预期收益；⑨承担者承担风险的预期损失；⑩承担者承担风险的上限。风险分配模型见图 1。

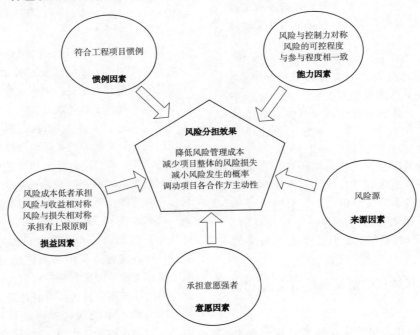

图 1 风险分配模型

2.3 城市轨道交通 PPP 项目合同体系架构

要掌控 PPP 项目的法律风险，还需要对项目参与方合同关系有清晰的了解。PPP 项目的参与方通常包括政府方、社会资本方、融资方、承包商和分包商、原料供应商、专业运营商、保险公司以及专业机构等。在 PPP 项目中，项目参与方通过签订一系列合同来确立和调整彼此之间的权利和义务关系。构成 PPP 项目的合同体系，通常包括：PPP 项目合同、股东协议、履约合同（包括工程承包合同、运营服务合同、原料供应合同、产品或服务购买合同等）、融资合同和保险合同等。其中，PPP 项目合同是整个合同体系的基础和核心，政府与社会资本方的合同谈判是项目采购阶段工作重心。PPP 项目合同之间的关系见图 2。

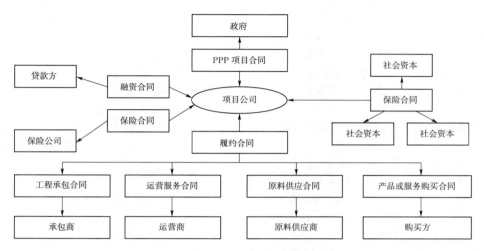

图 2　PPP 项目合同关系图

在 PPP 项目合同体系中，各个合同之间并非完全独立、互不影响，而是紧密衔接、相互贯通的，且合同之间存在着一定的"传导关系"。特别是在项目采购阶段，PPP 项目合同作为合同体系的基础和核心，其具体条款不仅会直接影响到项目公司股东之间的协议内容，而且会影响项目融资合同以及与保险合同等其他合同的内容。识别和掌控项目采购阶段的法律风险，有助于对 PPP 项目合同进行更加全面准确地把握，并控制风险通过工程承包或产品服务购买等方式传导到合同履行阶段的工程承包合同、原料供应合同、运营服务合同和产品或服务购买合同上去。

3　城市轨道交通 PPP 项目采购阶段法律风险

3.1　融资法律风险识别及应对措施

3.1.1　融资方的主债权和担保债权法律风险识别

如果项目公司以项目资产或其他权益（例如运营期的收费权）、或社会资本以其所持有的与项目相关的权利（例如其所持有的项目公司股权）为担保向融资方申请融资，融资方在主张其担保债权时可能会导致项目公司股权以及项目相关资产和权益的权属变更。因此，融资方首先要确认 PPP 项目合同中已明确规定社会资本和项目公司有权设置上述担保，并且政府方可以接受融资方行使主债权或担保债权所可能导致的法律后果，以确保融资方权益能够得到充分有效的保障。

3.1.2　融资方的介入权法律风险识别

由于项目的提前终止可能会对融资方债权的实现造成严重影响，因此融资方通常希望在发生项目公司违约事件且项目公司无法在约定期限内补救时，可以自行或委托第三方在项目提前终止前对项目进行补救。为了保障融资方的该项权利，融资方通常会要求在 PPP 项目合同中或者通过政府、项目公司与融资方签订的直接介入协议对融资方的介入权予以明确约定。

3.1.3　融资法律风险辨识结果及应对措施

通过对融资方的主债权、担保债权和介入权的法律风险的分析，可得出如下结果：

（1）融资方的主债权和担保债权，政府方能否接受融资方行使主债权或担保债权所可能导致的法律后果。

（2）融资方的介入权，政府方能否接受融资方行使介入权。

可以采取的控制措施如下：

（1）PPP 项目合同中明确规定社会资本和项目公司有权设置主债权和担保债权，并且政府方可以接受融资方行使主债权或担保债权所可能导致的法律后果。

（2）PPP 项目合同中或者通过政府、项目公司与融资方签订的直接介入协议对融资方的介入权予以明确约定。

3.2 项目征地费用承担法律风险识别及应对措施

3.2.1 项目征地费用承担法律风险识别

实践中，负责取得土地使用权与支付相关费用的有可能不是同一主体。通常来讲，即使由政府方负责取得土地权利以及完成相关土地征用和平整工作，也可以要求项目公司支付一定的相关费用。

具体到项目公司应当承担哪些费用和承担多少，需要根据费用的性质、项目公司的承担能力、项目的投资回报等进行综合评估。在实际运作中项目公司和政府方可能会约定一个暂定价，项目公司在暂定价的范围内承担土地使用权取得的费用，如实际费用超过该暂定价，对于超出的部分双方可以协商约定由政府方承担或由双方分担。

3.2.2 项目征地费用承担法律风险辨识结果及应对措施

通过对项目征地费用承担的法律风险分析，可得出如下结果：项目征地费用由项目公司承担若无上限，导致项目成本增加，效益损失。可从以下方面采取控制措施：①项目征地费用由政府承担，包干使用；②项目公司和政府方约定一个暂定价，项目公司在暂定价的范围内承担土地使用权取得的费用；实际费用超过该暂定价，对于超出的部分双方由政府方承担。

3.3 股权变更法律风险识别及应对措施

3.3.1 股权变更锁定期法律风险识别

锁定期是指限制社会资本转让其所直接或间接持有的项目公司股权的时期。通常在 PPP 项目合同中会直接规定：在一定期间内，未经政府批准，项目公司及其母公司不得发生上文定义的任何股权变更的情形。这也是股权变更限制的最主要机制。

锁定期的期限需要根据项目的具体情况进行设定，常见的锁定期是自合同生效日起，至项目开始运营日后的一定期限。这一规定的目的是为了确保在社会资本履行完其全部出资义务之前不得轻易退出项目。但也有例外情形，在锁定期内，如果发生以下特殊的情形，可以允许发生股权变更：

(1) 项目贷款人为履行本项目融资项下的担保而涉及的股权结构变更。

(2) 将项目公司及其母公司的股权转让给社会资本的关联公司。

(3) 如果政府参股了项目公司，则政府转让其在项目公司股权的，不受上述股权变更限制。

3.3.2 其他限制法律风险识别

除锁定期外，在一些 PPP 项目合同中还可能会约定对受让方的要求和限制。如约定受让方须具备相应的履约能力及资格，并继承转让方相应的权利义务等。在一些特定的项目中，政府方有可能不希望特定的主体参与

到 PPP 项目中，因此可能直接在合同中约定禁止将项目公司的股权转让给特定的主体。

这类对于股权受让方的特殊限制通常不以锁定期为限，即使在锁定期后，仍然需要政府方事前批准才能实施。但此类限制通常不应存在任何地域或所有制歧视。

3.3.3 股权变更风险辨识结果及应对措施

通过以上风险识别分析，可得出如下结果：

(1) 股权变更锁定期，社会资本希望通过转让其所直接或间接持有的部分或全部的项目公司股权的方式，来吸引新的投资者或实现退出，保障其自由转让股权的权利，有利于增加资本灵活性和融资吸引力，进而有利于社会资本更便利地实现资金价值。

(2) 股权变更受让方限制，影响社会资本合作伙伴的选定范围，无法实现股权变更。采取的控制措施：一是尽量缩短股权变更锁定期，进退自如，便利实现资金价值；二是选择社会信誉良好的合作伙伴

3.4 法律变更风险识别及应对措施

3.4.1 政府方可控的法律变更的后果

在 PPP 项目中，某些法律变更事件可能是由作为 PPP 项目合同签约主体的政府方直接实施或者在职权范围内发生的。例如，由该地方政府方、或其内设政府部门、或其下级政府所颁布的地方法规，对于此类法律变更，可认定为政府方可控的法律变更，具体后果可能包括以下几方面：

(1) 在建设期间，如果因发生地方政府方可控的法律变更导致项目发生额外费用或工期延误，项目公司有权向签约主体的政府方索赔额外费用或要求延长工期（如果是采用政府付费机制的项目，还可以要求认定"视为已开始运营"）。

(2) 在运营期间，如果因发生地方政府方可控的法律变更导致项目公司运营成本费用增加，项目公司有权向地方政府方索赔额外费用或申请延长项目合作期限。

(3) 如果因发生地方政府方可控的法律变更导致合同无法继续履行，则构成"政府违约事件"，项目公司可以通过违约条款及提前终止机制等进行救济。

3.4.2 政府方不可控的法律变更的后果

对于超出签约主体的政府方可控范围的法律变更，如由国家或签约主体政府方的上级政府统一颁行的法律等，应视为不可抗力，按照不可抗力的机制进行处理。在某些 PPP 项目合同中，也有可能将此类法律变更直接定义为政治不可抗力，并约定由政府方承担该项风险。

3.4.3 法律变更风险识别结果及应对措施

通过以上分析，法律变更风险识别结果为：政府方可控的法律变更，在建设期间导致项目发生额外费用或工期延误，在运营期间导致项目公司运营成本费用增加，或导致合同无法继续履行，可以采取的控制措施

是，在 PPP 项目合同中，界定法律变更事件及处置措施。法律变更事件发生后，项目公司应及时根据变更情况，准备资料，积极应对，最大限度地减少企业的损失。

4 采购阶段法律风险识别在项目中的应用

4.1 深圳地铁 7 号线

4.1.1 采购阶段法律风险识别

深圳地铁 7 号线项目的采购方式为公开招标，其在采购阶段的法律风险主要有以下两个方面：

（1）法律风险。虽然招标为 PPP 项目中合作伙伴选择的首选或鼓励方式，但是 PPP 项目中，其招标文件的编制，因受限于合作模式的选择，并未有类似于国家发展和改革委员会等发布的《标准施工招标资格预审文件》和《标准施工招标文件》等招标文件范本可供使用。PPP 项目中的招标人或招标代理机构，必须结合具体的 PPP 项目，编制具体的招标文件或资格预审文件。而在这些招标文件或资格预审文件的编制中，可能会存在着诸如招投标时间、资格预审和中标条件的制定等一些常见的法律风险。深圳地铁 7 号线采用的 BT 模式进行建设，相对于一般的设计施工总承包项目的招标，BT 模式并没有标准的统一招标文件模板，这为 7 号线的招标带来了潜在的风险。

（2）合同风险。深圳地铁 7 号线 BT 项目在合同谈判阶段，业主提供了既定的合同格式条款，在谈判中掌握主动权。相对而言，中国电建处于不利地位，需在很多方面对业主做出让步，这为项目履约带来了一定的合同风险。

4.1.2 采购阶段法律风险应对措施

（1）法律风险的应对措施。在组织投标文件的编制时，认真研读招标文件信息，研究相关条款，随时关注招标信息的变化以及更新。要特别注意诸如截标时间、资信和业绩要求等限制条件。对招标文件有疑问时，应及时向招标机构提出。中标后，就招标人的疑问及时作出澄清。

（2）合同风险应对措施。做好澄清工作。在合同谈判前，认真研读招标文件和投标文件，收集相关项目资料，抽调项目公司合同管理方面专业的人士负责合同谈判。注重合同谈判技巧，为公司争取最大利益。

4.2 成都地铁 4 号线

4.2.1 采购阶段法律风险识别

（1）合同条款法律风险。合同条款风险主要体现在 BT 项目的真正业主是政府，在招标文件中有关合同条款对社会资本方不利甚至不公平，但是社会投资方必须响应招标文件，接受相关合同条款。

（2）政策法律风险。项目履行过程中，很可能出现后继政策法规的变化（如税率、利率的调整等），会影响项目采购阶段社会投资人的期望收益。如本项目合同中约定"乙方在履行本合同期间税率调整而不调整合同价款"。

（3）融资法律风险。成都地铁 4 号线项目为保证融资能力和降低融资成本，融资方式采用的是由融资方提供担保的流动资金贷款，融资方的主债权和担保债权不涉及项目资产和权益的权属变更，融资方对项目本身没有介入权。在项目采购阶段，融资风险主要表现在项目公司是否能筹集到足够资金以启动项目的建设工作，该风险发生的可能性很低，但是一旦发生造成的损失是非常严重的。

4.2.2 采购阶段法律风险应对措施

（1）合同条款法律风险应对措施。主要是组织专业的合同及法律方面的专家，对不公平以及不利于社会投资方的合同条款进行识别，并针对每个存在风险的合同条款制定专门的应对措施，确保中标后不为该合同条款而影响整个项目的顺利实施。

（2）政策法律风险应对措施。在评审招标文件时需对相关合同条款进行仔细研究，看是否约定由甲方承担，若未明确约定，则需要在投标文件中进行声明或通过合同谈判明确。本项目合同中约定投融资回报的计算随基准利率的变化而变化，但税率调整的风险无法避免，只能针对政策的调整提前筹备应对措施，合理化解风险；如本项目执行过程中营改增政策出台，通过采取老项目简易征收的方式避免了税赋的增加。

（3）融资法律风险在项目采购阶段应对措施。由母公司对项目公司的贷款进行担保，依靠母公司的实力和信用取得金融机构的信任和支持，及时足额地筹集到项目启动资金。在项目建设阶段，由于业主单位本身具有充足的现金流，能够按合同约定及时支付回购款和回报款。项目公司在取得回购款和回报款后能提前归还原有借款并支付利息，然后再根据需要借入新的款项，不但树立了良好的信用，也能充分享受利率降低的好处，建设期的资金流动是良性的、高效的。目前项目已进入尾声，履约情况良好。

4.3 成都地铁 18 号线

4.3.1 采购阶段法律风险识别

（1）合同条款法律风险。合同条款风险主要体现在 PPP 项目的真正业主是政府，在招标文件中有关合同条款对社会资本方不利甚至不公平，但是社会投资方必须响应招标文件，无条件接受相关合同条款。

（2）法律政策法律风险。项目履行过程中，很可能出现后继政策法规的变化（如税率、利率的调整等），会影响项目采购阶段社会投资人的期望收益，属于重大风险。

（3）政府信用风险。该项目运营期收入的约80%依靠政府补贴支持，政府平均每年补贴额约30亿元，地方政府的中长期财政状况难以准确判断；同时运营期共22年，期间将会出现政府换届，换届后的新一届政府对于政府财政预算支出的主导思想难以准确预测；因此存在政府不能保证在整个运营期内如期支付财政补贴的重大风险。

（4）融资法律风险。成都地铁18号线项目是成都市第一个以PPP模式建设的地铁项目，其融资模式是以线路的特许经营权为担保的中长期固定资产贷款，由多家银行组成银团作为融资方。在项目采购阶段，融资风险主要体现在两个方面：一是融资方在主张其担保债权时可能会导致项目公司股权以及项目相关资产和权益的权属变更，政府方能否接受这些变更；二是融资方通常会要求具有项目的介入权以保障其权利，政府方能否接受融资方行使介入权。风险发生的概率是可能的，造成损失的程度是需要考虑的，风险值为2.5，风险等级为Ⅲ级，可以通过采取针对性措施来消除该风险。

4.3.2 采购阶段法律风险应对措施

（1）合同条款法律风险应对措施。合同条款风险方面的应对措施主要是组织专业的合同及法律方面的专家，对不公平以及不利于社会投资方的合同条款进行识别，并针对每个存在风险的合同条款制定专门的应对措施，确保中标后不因为该合同条款而影响整个项目的顺利实施。在项目中标后也积极准备，开展与政府授权部门的相关合同谈判工作，在合理合法的前提下争取合同条款对社会投资方利益最大化。

（2）法律政策风险的应对措施。该项目在市场测试阶段已经按增值税进行考虑，同时也将随利率的波动调整政府财政补贴，因此税务和利率风险较小；其他后继法规的变化也约定主要由政府进行承担。

（3）政府信用风险的应对措施。首先在采购阶段对成都市政府的财政状况进行了分析，并运用财务模型进行了政府财政承受能力分析；分析结果表明，成都市政府财政实力较强，对轨道交通产业支持力度大，同时由于该项目是成都市首个地铁PPP项目，政府财政补贴处于可承受的能力范围内；其次在特许经营协议中，也约定政府需将对本项目的财务补贴列入政府的中长期财务预算中。

（4）融资风险的应对措施。针对融资风险，在项目采购阶段，采取的措施是：主动与政府方和融资方沟通协商，达成三方都能够接受的方案并在PPP项目合同中做出明确约定。在项目建设阶段，挑选实力较强的金融机构作为银团的牵头方，并要求其总行提供担保；在融资协议中明确约定融资方的违约责任以及项目公司能够采用的应对措施，准备应急的融资方案和措施备用。在项目营运阶段，设置合理的定价和调价机制，提升营运效益；合理利用资源开展多种经营，增加现金流入；将政府补贴与贷款的还本付息在时间上匹配起来，避免额外的损失，并考虑购买保险转移风险。

5 结束语

城市轨道交通PPP项目采购阶段的法律风险防控，是企业在市场开拓和竞争中面临的一个新的课题，所涉及的市场要素比较复杂，目前尚无成熟的经验可复制。本文虽然以深圳地铁7号线项目、成都地铁4号线以及18号线项目为例，对如何做好PPP项目采购阶段的法律风险识别以及风险应对措施做了探讨，但由于这些项目目前还在建设期，尚未进入运营、移交阶段，文中的观点和措施难免失之于偏颇，因此本文仅作为学术交流与同行共同探讨。

国际 EPC 电站项目设计管理探析

赵西文　卢爱玲/山东电力建设第一工程公司

【摘　要】 国际EPC总承包项目设计管理水平的高低，对整个工程项目的施工进度、质量以及企业的信誉具有直接的影响。本文拟通过对EPC总承包工程中设计管理的核心作用和重要性的阐述，进而探讨国际EPC总承包项目设计管理的一些方法，以期提高企业国际EPC总承包项目的设计管理水平。

【关键词】 国际　EPC项目　设计　管理

1 引言

目前，随着国家"一带一路"战略的实施，更多的中国企业走出国门参与国际市场竞争。国际建筑工程领域既有传统的欧美老牌工程公司，又有新兴的日韩工程公司，随着中国建筑企业的参与，国际建筑市场竞争日趋激烈。要在激烈竞争的国际市场中立足，必须不断提升企业自身的技术管理水平和品牌影响力。

EPC总承包管理模式是国际工程承包中最主要的模式，作为EPC项目的总承包商，抓好成本管控是决定项目成败的关键。总承包方通常从设计、采购、施工等环节对项目成本进行管控，而设计环节的管控又是整个项目成本管控的重中之重，做好工程设计管理就等于抓住了项目执行的命脉。本文试以笔者参加印度、巴西等多个国家和地区EPC燃煤电站项目建设的经验和教训总结，来探讨国际EPC项目设计环节的管控方法与措施。

2 招投标阶段的工作

2.1 加强与设计单位合作

国内工程公司大多为单一施工型或设计型公司，很少有集两者于一体的综合性的工程公司。施工型企业因对工程设计业务不熟悉，在国际EPC项目投标中很难做到精确测算工程成本，往往导致投标报价偏离正常范围，从而丧失市场机遇。因此，在项目招投标阶段，施工型企业可借助外部的优秀设计公司，组成联合体投标或聘请设计咨询顾问，协助从设计环节对整个工程项目成本进行测算、管理与控制。采用这种方式不仅可以弥补施工型工程公司在设计环节上的短板，此外，也加强了与设计单位的交流与合作，优秀的设计单位一般有着广泛的市场信息资源，通过合作交流能够拓展施工型企业的市场信息来源，真正达到优势互补、资源共享的目的。

2.2 采用合理的设计方案控制工程造价

在投标阶段，从设计角度出发，认真细致地分析招标文件中相关的地形地貌、气象、环境、水质、煤质等原始条件及项目所在国对于标准规范应用的要求、设计习俗等因素，根据这些因素制定符合招标要求的技术方案及概算，为商务投标报价提供翔实可靠的资料。

投标阶段重大设计方案的选择对工程造价有着至关重要的影响。针对燃煤发电机组工程，投标阶段对工程成本有重大影响的设计方案或应考虑的主要因素有：煤仓间布置方式的选择；主厂房混凝土结构或钢结构型式选择；主厂房跨距的确定；从地质结构上判断是否考虑打桩及应采用的桩基型式；原水水质的优劣对BOP（balance of plant）项目设备的选型及费用影响；环境因素对冷却塔等设备的选型及费用影响，等等。此外，关于标准规范的选择，若采用国内标准、规程、规范进行设计，项目成本会有较大降低空间，在国际市场上具有一定价格优势和竞争力。因此，在满足投资方要求的前提下，优先选用中国标准的设备、设计，有利于降低工程成本和风险。若要更好地控制工程造价，需从设计源头上采取管控措施，制定科学合理的设计方案，从而达到更好的控制工程总成本的目的。

2.3 充分考虑工程所在地的设计习俗

2.3.1 实地考察

项目实地考察工作是项目执行的首要环节。项目考察工作的全面性、完整性和精细化，对项目实施阶段的组织模式起决定性的作用。考察中应主要针对项目背景、当地法律法规、文化习俗、行业标准、设计习惯、建材市场资源、当地施工技术水平、劳动力市场等方面信息进行收集和分析，为今后项目管理策划提供决策依据。实地考察过程如执行不好，会给工程建设带来意想不到的困难和问题，例如，对印度某项目进行考察过程中，因忽视了对当地有关"风水"习俗的了解，导致施工总平面布置图多次重复修改，设计进度因此拖延 2～3 个月，对工期和成本都造成了严重影响。

2.3.2 标准规范的选用

标准规范的选择不仅决定了工程项目实施的难易程度，还将直接影响工程造价。由于中国机电产品与国际顶级产品还有一定的差距，目前国际工程项目实施中投资方多青睐于欧洲标准、美国标准、日本标准（BS/ASME/JIS 等）的机电产品，若按以上标准提供机电设备将大大提高工程造价；同时，对于整个电站系统的设计，有些投资方也倾向于选择欧美设计公司，这将使得工程成本呈几何级增长。因此，在招投标阶段应重点关注工程标准规范的选用，通常应尝试与投资方沟通，优先推荐采用中国标准的设计方案或机电产品，并承诺保证机电产品质量等同或高于欧美产品质量，设计方案更具有针对性、科学性和适宜性。这就要求设计管理团队及设计分包单位对中国标准与国际标准能有十分准确的理解和把握。

2.3.3 加强前期风险分析

在项目投标前期加强对各种风险因素的分析，尽量减少或避免设计阶段的风险。例如，当地建材供应情况；对于环保、节能减排的许可，业主征地、水源、燃料源、输电方面的工作进展；压力容器、压力管道、消防等方面的认证及许可；劳工派遣政策等。

3 设计阶段

3.1 设计分包单位的选择

为保证设计质量及加强成本控制，以施工为主的国内工程公司在选择设计单位时需充分考察设计单位的设计资质、能力及业绩，确保选择的设计单位能力及水平满足工程需求，这将对项目实施、管理起到重要保障，节省时间和精力，降低工程管理成本。例如，在某独联体国家燃煤电站项目设计分包招标过程中，同时参与竞标的有国内实力雄厚的龙头设计单位和某小型设计单位，在设计招标评审中小型设计单位具有极大的价格优势，但综合考虑项目实施的难度及设计单位的综合实力，最终选择价格偏高的龙头设计院。经过项目实施阶段的验证，项目出现了事先未能预估的困难，虽然历经波折但凭借设计单位的雄厚实力，最终保证项目按期履

约。若选择小型设计院就有可能陷入无法按期履约的泥潭，事实证明设计单位的选择是一件非常重要的工作，对项目按期履约至关重要。

3.2 签订设计分包合同

在与设计分包单位签订设计分包合同时，应充分明确双方的义务与责任。不仅要明确设计计划进度节点的控制目标，严格按照双方认可的节点拟定付款计划；更要明确因工作范围及工程量的变化所带来的效益和风险的分配原则和分配形式，形成利益共享、风险共担的共同体。例如，某项目实施过程中，与设计单位事先就控制工程造价达成利益共享的协议，设计单位协助控制工程造价，根据项目实际成本降低给予设计单位一定额度的奖励，激励设计单位优化设计方案，在保证功能需求的前提下大大降低了工程成本。

3.3 正确执行投资方及主合同要求

设计方案的主要依据是与投资方签订的主合同，与主合同的要求是否一致是判断和控制设计质量的唯一标准。设计环节对于主合同执行的好坏将直接影响未来的工程项目整体，不折不扣地执行合同要求是降低项目风险最有效的保障措施。例如，印度某项目实施过程中，设计方没有严格按照主合同要求对某水处理系统设备设计留有制水出力备用余量，项目部就直接面临着业主拒收和罚款的风险。

3.4 设计优化

项目管理的最终目标是在满足投资方意愿及合同要求的前提下，追求利润最大化。在设计方面主要体现在设计优化。在保证设计性能、质量、安全的前提下，精确考虑设计限制条件、因素，从设计产品的配置、安全系数方面进行控制，改进设计方案，从而达到降低设计成本的目的。设计优化过程中应首先满足设计安全，同时符合与投资方签订的主合同要求。

为保证 EPC 项目总承包方的总体效益，设计人员不仅要充分理解投资方的意图，还要把握关键技术标准，收集市场信息，了解当地实际的技术、经济水平，进行必要的现场踏勘，以利于最佳设计方案的选择。此外，严格要求设计人员认真贯彻经过批准的初步设计原则，把投标时批复的设计工作量作为初步设计工作量的"最高限额"，严格按照总承包方对设计的具体要求进行初步设计，使限额设计贯穿于整个工程设计中，从设计源头控制投资费用，控制实际设计与投标时编制的工作量差异。在没有限额的情况下，对工作量大、投资高的子项，要求设计人员按照经验提供多种方案比较，在满足主合同基本要求的前提下，提供既便于施工又节约投资的最佳设计方案。

3.5　引进限额设计管理方式

限额设计是促进设计单位改善管理、优化结构、提高设计水平、真正做到用最少的投入获得最大产出的有效途径；它不仅是一个经济问题，更确切地说是一个技术经济问题，它能有效地控制整个项目的工程投资。限额设计是建设项目投资控制系统中的一个重要环节、一项关键措施。在整个设计过程中，设计人员与经营人员密切配合，做到技术与经济的统一。设计人员在设计时以投资或造价为出发点，做出方案比较，有利于强化设计人员的工程造价意识，优化设计；经营人员及时进行造价计算，为设计人员提供有关信息和合理建议，达到动态控制投资的目的。

3.6　采用设计监理制度

设计过程中引进设计监理，通过借助第三方力量加强对工程设计质量的监督，保证设计安全。通过设计监理还可以对设计方案优化把控，加强设计成品审核力度，真正做到设计方案具备可行性与经济性。

3.7　加强设计接口配合管理

设计阶段存在各种接口工作，如设计单位与制造商（供货商）之间配合资料的接口；设计单位内部各专业之间的接口；设计单位与设计监理审查之间的接口；设计单位与总包方之间的接口。由于配合涉及单位多，根据项目实施中的经验，在项目执行之初，建立一套资料管控网络平台，所有资料通过统一的文件管理平台共同管理、传递，确保接口资料的及时性、准确性、全面性及有效性。通过此平台的建立可以保证设计工作的正常有序进展，从根本上避免因设计配合资料的传递而引发的设计错误，从而保证设计质量、减少设计成本。

4　设备招标阶段

在设备招标采购阶段，应严格按照投资方意愿与主合同规定执行。目前，国际上通行的招标方式有邀请招标和公开招标，由于电站 EPC 总承包项目的特殊性，因此多采用邀请招标的方式。设备、材料费用占总承包合同价格比重较大，且具有类别品种多、技术性强、涉及面广、工作量大等特点，因此，策划好设备、材料采购阶段的技术管控是实现总承包商利润的主要渠道。

4.1　确定供货商名单范围

项目实施阶段选择供应商时，应根据主合同中明确的供货商或技术要求，尽量选择同一水平的供货商。选择同一水平的供货商一方面可以保证设备、材料的质量水平，避免恶性竞争；另一方面可达到以可能低的采购价格获得优质产品的目的。从降低风险角度出发，尽量

选择具有国际项目业绩的供货商，同时与实力雄厚、水平较高的供应商应建立长期战略合作关系，缩短采购周期，争取利润最大化。

4.2　明确采购范围

在设备、材料采购阶段，从技术角度出发，对设备、材料的供货范围明确种类、数量、执行标准等指标。严格按照合同要求集中批量购买，避免因重复或零星采购造成成本费用的增加。同时，设计中应对材料的设计余量进行合理估算控制，以减少材料浪费。

4.3　建立设备技术分析表

设备招标采购时，根据采购设备特点，建立一套设备技术对比分析表，从技术角度上对各供货商的设备技术特点、供货范围、性能指标进行综合对比分析，从而选择性价比最好的产品。

5　项目现场实施阶段

5.1　加强设计变更管理

项目现场实施阶段，应重点加强对工程设计变更的管控。工程设计变更产生的主要原因有设计错误、业主指令、设计更改、现场优化等。为减少因设计变更导致的工程成本增加，必须加强对设计变更的管控，并加强设计变更的统计、分析，从管理角度控制变更数量，从而明确成本控制的重点渠道，有目的地进行成本管控。

5.2　加强现场设计工代管理

加强对设计工代的现场管理，要求工代编报现场工作日志，以加强对设计工作的管控和督导；在项目开始前建立设计问题处理制度，从制度流程上确保设计管理工作正常实施，确保现场处理设计变更及设计问题的时效性，保证项目工程进度。

5.3　项目竣工阶段图纸资料的管理

项目竣工阶段，应提前策划、超前准备项目竣工图纸资料。根据工程实施惯例，当项目处于竣工阶段，参与设计的主要人员多数已经调离或将工作重点转移到其他工作中去，这就给设计竣工资料的整理、出版造成一定的麻烦，后续工作的开展存在一定的难度。为保证设计竣工资料的完结，需超前组织，确保设计竣工图纸的全面性、准确性，推动工程项目竣工结算和合同关闭的进程。

6　项目后评价阶段

在项目竣工后一定时期内，应积极组织设计单位人

员共同参与现场调研，对项目运维期间出现的问题进行汇总，分析问题产生的主要原因，形成总结性材料，为以后项目的实施积累经验，从而提高设计管理水平及对工程成本的管控能力。

7 结束语

设计管理是国际 EPC 总承包项目管理的重要组成部分。随着我国电力工程企业不断走出国门，国际 EPC 电站项目的设计管理水平有了长足的进步和提高。但与欧洲、美国、日本、韩国等实力强势电力工程公司相比，还有很大改进和提升空间。这就要求我国的工程设计管理人员在国际工程项目实践中不断摸索、学习和总结，不断提升管理能力和管控水平，为提升在国际市场业务中的竞争优势，更好地做好国际 EPC 电站项目实施奠定基础。

项目施工赶工强度系数法初探

邱东明　曾吕军/中国水利水电第十四工程局有限公司

【摘　要】 在大型石油储备地下水封洞库项目中，由于各种原因不可避免地存在加速施工，而赶工费用该怎么计算，目前业内尚无公认的依据可循，其费用构成、计算标准、编制方法不断引起各方争论，参建各方和审计机构对补偿金额也常各执一词。本文在基于合同定额的基础上提出赶工强度系数概念，对赶工费用计算做了阐述并进行了一些探索。

【关键词】 赶工　强度系数　费用计算

1 引言

大型石油储备地下水封洞库工程具有施工周期长、投资大、施工干扰多、技术难度高的特点。建设过程中受复杂地质条件、异常气候及其他非承包商原因引起的工期延误，或业主单方面要求提前完工投产，这就存在加速施工的事实，造成承包人投入费用较原合同大幅度增加。当前，我国赶工费用补偿在施工合同中通常有相关约定，但常见的多是原则性要求或通用理论，赶工费用该怎么计算，目前业内尚无公认的依据可循，其费用构成、计算标准、编制方法不断引起各方争论。承包人、发包人、监理人、审计机构对补偿金额也常各执一词。本文在基于合同定额的基础上提出赶工强度系数概念，对加速施工的赶工费用在计算方面做了一些探索，意在抛砖引玉。

2 工程概况

某石油储备地下水封洞库工程，主要由主洞室群、竖井、水幕系统及施工巷道等组成，共有 10 个等深度、平行布置的地下主洞室组成，每相邻的两个主洞室组成一组洞罐，每组洞罐容积约 100 万 m³。主洞室为直边墙圆拱洞，跨度为 20m，高度 30m，每个洞室长度 930m。合同开工日期为 2013 年 6 月 1 日，完工日期为 2016 年 9 月 30 日，合同工期为 40 个月。2013 年 12 月，业主根据工程进度、国际原油波动情况，要求将合同工期提前 3 个月完成，即完工日期提前至 2016 年 6 月 30 日。

3 常见赶工费用计算方法对比分析

国内赶工费用常见的计算方法主要有：实物量法（统计法）、调整价差法、劳动生产率分析法等，各方法特点如下。

3.1 实物量法（统计分析法）

实物量法是指对承包人在赶工时段内实际投入的人、材、机进行统计，并结合承包人投标时合同基础单价计算实际发生的费用，再扣减赶工时段完成相应工程量的合同价款，即为承包人赶工需补偿的费用。

特点：统计分析法的优点是能够较真实客观地反映工程实际投入成本，赶工费用计算符合工程实际，具有一定的说服力，相对公平合理，承发包双方协商难度小。不足之处是现场实际统计工作量大，对参建各方人员的素质要求高，需大量现场实施过程中的第一手数据和分析资料。由于赶工历时长，监理在统计大量基础数据过程中难以做到精确，业主、监理审核难度大，现场实际投入的资源边界条件难以区分。

3.2 调整价差法

调整价差法是以原合同单价为基础，根据工程的劳动生产率，所在地市场价格重新确定新的赶工人、材、机价格并计算相应价差的方法。

特点：调整价差法仅对赶工时段内增加的人、材、机价格进行调差，但因赶工期间人工、材料、等价格波动频繁，监理根据自身掌握的非权威数据进行估算，计算结果容易产生较大的偏差。

3.3 劳动生产率分析法

这种方法一是按赶工期间统计的劳动力投入数量计算实际投入的人工费，人工费补偿的额度为实际人工费与赶工期间结算的人工费之差；二是通过分析对比投标阶段和实施阶段生产人员的劳动生产率，按劳动生产率变化的幅度计算补偿的机械费用。补偿的人工费和机械费计算可以用下式表示：

$$C = C_1 + C_2 = M - M_0 + M_2(1 - K_0/K_1)$$
$$= A_0 \times M_1 \div A_1 - M_0 + M_2 \times$$
$$[1 - (S_0 \div A_0)/(S_1 \div A_1)]$$

式中　C——补偿的人工和机械费用之和；

　　　C_1——补偿的人工费用；

　　　C_2——补偿的机械费用；

　　　M——承包人实际支出的人工费，按实际统计人数和单价计算；

　　　M_0——为赶工期间结算的人工费用；

　　　M_1——与赶工时段施工内容基本一致的施工时段合同额中的人工费；

　　　M_2——赶工期间结算的机械费用；

　　　A_0——赶工期间实际投入的劳动力数量；

　　　A_1——与 M_1 对应时段内的劳动力计划投入数量；

　　　K_0——赶工期间的实际劳动生产率，$K_0 = S_0 \div A_0$；

　　　S_0——赶工期间结算产值；

　　　K_1——投标时与赶工时段施工内容基本一致的施工时段的劳动生产率，$K_1 = S_1 \div A_1$；

　　　S_1——与赶工时段施工内容基本一致的施工时段合同额。

特点：劳动生产率分析法是以实际投入的劳动力为计算基础，计算过程较为复杂，统计核实赶工期间施工单位实际投入的人工是关键，特别是对于同时施工多个标段和项目的，人数如何划分界定更存在一定的难度，从而影响计算结果的准确性。

上述三种常用的方法均属于事后统计分析的方法。由于本项目使用中央预算专项资金，根据业主的管理权限及规定，对于该类型的重大合同变更须事前签订补充（赶工）协议，这就意味着事后统计分析法不适合本项目事前计算分析的要求。经过对上述三种方法的认真研究，结合本项目的实际情况，我们在此基础上综合提出了赶工补偿费用的另外一种计算方法——赶工强度系数法，并得到了业主的认可，达到了双赢的目的。

4　赶工强度系数法的应用

4.1　赶工强度系数

赶工是合同工期压缩或合同工程增加后施工强度增加而发生的加速施工过程。本标施工强度的增加主要由设计变更导致工程量的增加和合同工期压缩两方面内容组成，此处不考虑非承包人原因及不可预见风险产生的其他工期延误。

赶工强度系数是反映赶工施工期间平均强度比合同工期施工强度提高的程度，可用下式表示：

$$K = S_{增}/S_{合} = (S_{赶} - S_{合})/S_{合}$$
$$= (Q_{赶}/T_{赶} - Q_{合}/T_{合})/(Q_{合}/T_{合})$$

式中　K——赶工强度系数；

　　　$S_{增}$——赶工增加的施工强度；

　　　$S_{赶}$——赶工施工强度；

　　　$S_{合}$——原合同施工强度；

　　　$Q_{合}$——合同工程量；

　　　$Q_{赶}$——赶工工程量；

　　　$T_{合}$——合同工期；

　　　$T_{赶}$——赶工工期。

4.2　赶工资源量计算的合同依据

赶工增加的资源量计算的依据是合同定额。合同定额有如下三个方面的特点：

（1）唯一性原则。不论投标前采用何种定额，一旦甲乙双方签约，就成了合同定额这一唯一名称了，它既不是 2004 版水电定额，也不是全统定额或自编定额。

（2）履行合同是发包人（业主）与承包人的共同义务，因此合同定额也受到法律的保护。

（3）受合同约定的时空条件制约，项目发生了赶工，合同的时空条件也就发生了变化，执行合同定额的水平也随之变化，这种变化只能在原合同定额标准基础上变化。

承包人为了实现赶工施工强度，需增加人工和机具等施工资源，而增加的人工和机具的运作费用（人工费和机械费），须遵循合同定额水平不变的原则，赶工强度增加多少，相应人工、机具资源增加多少，它与施工资源配置量成正比，即强度越高所需资源越多，其计列式如下：

由 $S_{合}/R_{合} = S_{增}/R_{增}$，可得
$$R_{增} = S_{增}/S_{合} \times R_{合} = K \times R_{合}$$

式中　$R_{增}$——赶工增加资源量；

　　　$R_{合}$——合同资源量。

4.3 赶工费用的内容

赶工费用的内容由下列内容组成：①增加的人工费和机械费；②增加的进、退场费；③增加的临时生产管理和生活设施费；④增加的周转性材料（如脚手架、模板等）费；⑤增加施工通风费；⑥增加其他临时措施费（如临时道路、施工通道等）。

4.4 赶工费用的计算

（1）赶工强度系数的计算。

根据施工总进度计划，仅计算关键线路中各分部分项工程赶工强度系数 K，详见表1。

表1   关键线路赶工强度系数计算表

序号	项目名称	单位	合同工期/d	合同工程量	赶工工期/d	赶工工程量	合同施工强度	赶工施工强度	增加施工强度	赶工强度系数 K
			①	②	③	④	⑤=②/①	⑥=④/③	⑦=⑥-⑤	⑧=⑦/⑤
一	施工巷道进口工程									
1	土石方明挖	m³	30	25358	30	87594	845.27	2919.80	2074.54	2.45
2	喷混凝土	m²	75	16473	75	16473	219.64	219.64	0.00	0.00
3	锚杆	m	75	1575	75	5029	21.00	67.05	46.05	2.19
二	施工巷道洞内工程									
1	石方洞挖	m³	444	233842	444	324875	526.67	731.70	205.03	0.39
2	喷混凝土	m²	444	87925	444	87925	198.03	198.03	0.00	0.00
3	锚杆	m	444	149696	444	149696	337.15	337.15	0.00	0.00
4	超前灌浆	m	444	15822	444	21981	35.64	49.51	13.87	0.39
5	固结灌浆	m	398	800	398	1111	2.01	2.79	0.78	0.39
三	主洞室工程									
1	石方洞挖	m³	599	2122186	507	2122186	3542.88	4185.77	642.89	0.18
2	喷混凝土	m²	599	297312	507	297312	496.35	586.41	90.07	0.18
3	锚杆	m	599	301109	507	301109	502.69	593.90	91.22	0.18
4	超前灌浆	m	599	22320	507	22320	37.26	44.02	6.76	0.18
5	后注浆	m	599	8928	507	8928	14.90	17.61	2.70	0.18
6	固结灌浆	m	599	23790	507	23790	39.72	46.92	7.21	0.18
7	混凝土	m³	60	1900	51	1900	31.67	37.25	5.59	0.18

在计算赶工过程中，强度系数为0时，表示不需要赶工，施工强度执行原合同强度，不参与赶工计算，各分项工程合同金额占分项工程总费用的权重计算详见表2。

表2   各分项工程施工强度系数及占合同金额权重表

序号	项目名称	单位	赶工强度系数 K	合同分项合计金额/元	各分项工程合同金额/元	分项工程权重/%	备注
			①	②	③	④=③/②	⑤
一	施工巷道进口工程						
1	土石方明挖	项	2.45	331322080	565049	0.17	
2	锚杆	项	2.19	331322080	100628	0.03	
二	施工巷道洞内工程						
1	石方洞挖	项	0.39	331322080	24637593	7.44	
2	超前灌浆	项	0.39	331322080	2834037	0.86	
3	固结灌浆	项	0.39	331322080	154312	0.05	

序号	项目名称	单位	赶工强度系数K ①	合同分项合计金额/元 ②	各分项工程合同金额/元 ③	分项工程权重/% ④=③/②	备注 ⑤
三	主洞室工程	项	0.18	331322080	261928833	79.06	
1	石方洞挖	项	0.18	331322080	186633818	56.33	
2	喷混凝土及锚杆	项	0.18	331322080	49342943	14.89	
3	钻孔和灌浆	项	0.18	331322080	15755473	4.76	
4	混凝土	项	0.18	331322080	10196598	3.08	

（2）赶工增加人工费和机械费。赶工费用的取费标准执行原合同约定的标准，利润率为4.0%，税金为3.413%。赶工增加人工费＝分项工程合同人工基本直接费×赶工强度系数K×（1＋其他直接费率）×（1＋间接费费率）×（1＋利润率）×（1＋综合税率），分项工程合同人工基本直接费＝投标报价文件综合单价分析表中相应各项工程中的人工费之和。

赶工增加机械费＝分项工程合同机械费基本直接费×赶工强度系数K×（1＋其他直接费率）×（1＋间接费费率）×（1＋利润率）×（1＋综合税率），分项工程机械费基本直接费＝投标报价文件综合单价分析表中相应各项工程中的机械费之和。

赶工增加的人工费、机械费计算详见表3。

表3   赶工增加的人工费、机械费计算表

序号	项目名称	合同人工基本直接费/元	合同机械基本直接费/元	赶工强度系数K	其他直接费率/%	间接费费率/%	增加人工费合计/元	增加机械费合计/元
一	施工巷道进口工程							
1	土石方明挖	57436	303225	2.45	4.6	17.01	185231	977900
2	锚杆	3529	27935	2.19	4.6	15.39	10032	79415
二	施工巷道洞内工程							
1	石方洞挖	1217171	10931085	0.39	4.6	17.01	624855	5611656
2	超前灌浆	243401	99465	0.39	4.6	14.43	122199	49936
3	固结灌浆	14136	56791	0.39	4.6	14.43	7097	28512
三	主洞室工程							
1	石方洞挖	8278470	86455764	0.18	4.6	17.01	1961488	20484700
2	喷混凝土及锚杆	2039162	9628043	0.18	4.6	15.39	476467	2249670
3	钻孔及灌浆	1467688	6114236	0.18	4.6	14.43	340084	1416755
4	混凝土	821785	657573	0.18	4.6	10.73	184262	147442
四	小计	14142778	114274117				3911715	31045986

（3）赶工增加措施项目费。

1）总价措施项目。合同进退场费、临时生产管理和生活设施费、施工通风费用属于总价包干项目，各项费用已包含了管理费及税金，均视为与赶工资源投入正相关的关系，仍可采用赶工强度系数的方法计算相应增加的赶工措施费。

赶工增加的总价措施费＝Σ（合同总价措施费×赶工强度系数K×各分项工程权重）

2）周转性材料增加费。周转性材料增加费是因采

取赶工措施而需增加的周转性材料（如模板、脚手架等）的费用。

周转性材料增加费＝（需增加的周转性材料数量×单价－周转性材料残值）×（1＋间接费费率）×（1＋利润率）×综合税率

材料单价采用按当地造价管理部门公布信息价计取，周转性材料的数量根据监理批复的赶工措施数量计算。

3）其他临时措施费。其他临时设如增加的临时道

路、施工通道等，根据经监理批复的赶工措施计列。

4.5 赶工补充协议的签订

为了使赶工费用计算合法依规、公平公正地进行，发包人邀请了水电水利规划设计总院可再生能源定额站以及初步设计概算及招标控制价编制和审批单位等单位的专家、学者开展相关咨询工作并委托律师事务所出具了《某国储项目赶工费补偿法律意见书》，其补偿原则及处理方法得到了业内专家及专业律师的肯定。通过参建各方精心组织和密切配合，经监理人、发包人及第三方造价咨询机构审核，发、承包双方就上述赶工费用达成一致意见，并签订了赶工补充协议，在赶工过程中分阶段及时兑现赶工费用，充分调动了参建各方的积极性，最终全面实现了既定的赶工目标，为实现提前储油目标奠定了良好的基础。

5 结语

赶工强度系数法，将赶工费用进行定量计算，结果直观，计算方便。本项目属于业主指示赶工的合同责任界定明晰、赶工时段明确的典型赶工方式，且有须事前签订赶工补充协议的要求。赶工强度系数法在本项目的实践和应用，减少后期赶工费用的争议处理及审核难度，快速解决赶工产生的经济问题，缓解了承包人的资金压力，为赶工节点目标的顺利实现起到了积极的促进作用。

本项目赶工费用计算方法及解决方案，程序合法、依规依据，有效地维护了合同双方的合法权益，做到"算得准、说得清、问得明"，大大降低了工程竣工审计风险，为类似工程提供一定的参考。

征 稿 启 事

各网员单位、联络员：

广大热心作者、读者：

《水利水电施工》是全国水利水电施工技术信息网的网刊，是全国水利水电施工行业内刊载水利水电工程施工前沿技术、创新科技成果、科技情报资讯和工程建设管理经验的综合性技术刊物。本刊宗旨是：总结水利水电工程前沿施工技术，推广应用创新科技成果，促进科技情报交流，推动中国水电施工技术和品牌走向世界。《水利水电施工》编辑部于2008年1月从宜昌迁入北京后，由全国水利水电施工技术信息网和中国电力建设集团有限公司联合主办，并在北京以双月刊出版、发行。截至2016年年底，已累计发行54期（其中正刊36期，增刊和专辑18期）。

自2009年以来，本刊发行数量已增至2000册，发行和交流范围现已扩大到120个单位，深受行业内广大工程技术人员特别是青年工程技术人员的欢迎和有关部门的认可。为进一步增强刊物的学术性、可读性、价值性，自2017年起，对刊物进行了版式调整，由杂志型调整为丛书型。调整后的刊物继承和保留了原刊物国际流行大16开本，每辑刊载精美彩页6～12页，内文黑白印刷的原貌。本刊真诚欢迎广大读者、作者踊跃投稿；真诚欢迎企业管理人员、行业内知名专家和高级工程技术人员撰写文章，深度解析企业经营与项目管理方略、介绍水利水电前沿施工技术和创新科技成果，同时也热烈欢迎各网员单位、联络员积极为本刊组织和选送优质稿件。

投稿要求和注意事项如下：

（1）文章标题力求简洁、题意确切，言简意赅，字数不超过20字。标题下列作者姓名与所在单位名称。

（2）文章篇幅一般以3000～5000字为宜（特殊情况除外）。论文需论点明确，逻辑严密，文字精练，数据准确；论文内容不得涉及国家秘密或泄露企业商业秘密，文责自负。

（3）文章应附150字以内的摘要，3～5个关键词。

（4）正文采用西式体例，即例"1""1.1""1.1.1"，并一律左顶格。如文章层次较多，在"1.1.1"下，条目内容可依次用"（1）""①"连续编号。

（5）正文采用宋体、五号字、Word文档录入，1.5倍行距，单栏排版。

（6）文章须采用法定计量单位，并符合国家标准《量和单位》的相关规定。

（7）图、表设置应简明、清晰，每篇文章以不超过5幅插图为宜。插图用CAD绘制时，要求线条、文字清楚，图中单位、数字标注规范。

（8）来稿请注明作者姓名、职称、职务、工作单位、邮政编码、联系电话、电子邮箱等信息。

（9）本刊发表的文章均被录入《中国知识资源总库》和《中文科技期刊数据库》。文章一经采用严禁他投或重复投稿。为此，《水利水电施工》编委会办公室慎重敬告作者：为强化对学术不端行为的抑制，中国学术期刊（光盘版）电子杂志社设立了"学术不端文献检测中心"。该中心将采用"学术不端文献检测系统"（简称AMLC）对本刊发表的科技论文和有关文献资料进行全文比对检测。凡未能通过该系统检测的文章，录入《中国知识资源总库》的资格将被自动取消；作者除文责自负、承担与之相关联的民事责任外，还应在本刊载文向社会公众致歉。

（10）发表在企业内部刊物上的优秀文章，欢迎推荐本刊选用。

（11）来稿一经录用，即按2008年国家制定的标准支付稿酬（稿酬只发放到各单位，原则上不直接面对作者，非网员单位作者不支付稿酬）。

来稿请按以下地址和方式联系。

联系地址：北京市海淀区车公庄西路22号A座
投稿单位：《水利水电施工》编委会办公室
邮编：100048
编委会办公室：杜永昌
联系电话：010－58368849
E－mail：kanwu201506@powerchina.cn

全国水利水电施工技术信息网秘书处
《水利水电施工》编委会办公室
2017年1月30日